“十二五”普通高等教育本科国家级规划教材配套用书
普通高等院校计算机类专业规划教材·精品系列

数据库技术与应用新概念教程学习指导

（第二版）

武文芳 主 编
王 洪 刘文艳 杨 淼 副主编

中国铁道出版社有限公司
CHINA RAILWAY PUBLISHING HOUSE CO., LTD.

内 容 简 介

本书是中国铁道出版社出版的“十二五”普通高等教育本科国家级规划教材《数据库技术与应用新概念教程（第二版）》的配套实验学习指导教材。

根据数据库新技术的发展以及课程教学内容要求，本书共有8章，包括数据库原理实验、创建数据库和数据表实验、数据的导入和导出实验、数据库查询与SQL操作实验、窗体设计与制作实验、报表实验、宏操作实验、VBA编程实验等内容，每一章都包括实验目的和实验内容。书的最后附有主教材第1~8章的习题及其参考答案。

本书既可以与主教材配套使用，通过上机实验巩固理论知识，加强实际操作能力；也可以单独使用，通过实验操作和习题测试，引导读者一步步掌握Access 2010数据库设计、操作与应用能力。

本书内容紧密结合医学特点，突出了对医学生进行理科教育的理念，实验新颖翔实，信息量丰富，适合作为医学院校本科数据库技术与应用的辅助教材，也可作为计算机等级考试（二级）的复习参考书。

图书在版编目（CIP）数据

数据库技术与应用新概念教程学习指导 / 武文芳主编．—2版．—北京：中国铁道出版社，2016.8（2020.6重印）
“十二五”普通高等教育本科国家级规划教材配套用书
普通高等院校计算机类专业规划教材．精品系列
ISBN 978-7-113-21999-4

Ⅰ．①数…　Ⅱ．①武…　Ⅲ．①数据库系统-高等学校-教学参考资料　Ⅳ．①TP311．13

中国版本图书馆CIP数据核字（2016）第148523号

书　　名：数据库技术与应用新概念教程学习指导（第二版）
作　　者：武文芳

策　　划：刘丽丽　周海燕　　　　读者热线：（010）51873202
责任编辑：周海燕　彭立辉
封面设计：穆　丽
封面制作：白　雪
责任校对：汤淑梅
责任印制：樊启鹏

出版发行：中国铁道出版社有限公司（100054，北京市西城区右安门西街8号）
网　　址：http：//www.tdpress.com/51eds/
印　　刷：中国铁道出版社印刷厂
版　　次：2011年8月第1版　2016年8月第2版　2020年6月第3次印刷
开　　本：787 mm×1 092 mm　1/16　印张：13　字数：300千
书　　号：ISBN 978-7-113-21999-4
定　　价：32.00元

第二版前言

本书是中国铁道出版社出版的“十二五”普通高等教育本科国家级规划教材《数据库技术与应用新概念教程（第二版）》的配套实验学习指导教材。本书内容完整，深入浅出，各章前后内容连贯，引导读者一步步掌握 Access 2010 数据库设计、操作与应用，提高读者的实践能力和理论水平。同时，书中各章习题包括选择题、填空题、简答题等多种题型，涵盖了本章主要内容，并融会了相关知识的整体理解和应用的要求，除了可以作为数据库技术与应用的辅助教材，还可以为学生参加计算机等级考试（二级）提供复习参考。

本书共分 8 章，包括数据库原理实验、创建数据库和数据表实验、数据的导入和导出实验、数据库查询与 SQL 操作实验、窗体设计与制作实验、报表实验、宏操作实验、VBA 编程实验等内容。每一章都包括实验目的和实验内容，通过学习使学生熟悉本章的知识要点，训练学生开发数据库应用系统的方法，提高学生数据库操作的实践能力。在书的最后附有主教材第 1 ~8 章的习题及其参考答案，非常适合教学和自学，并为主教材提供了相得益彰的学习和实验指导。本书在第一版的基础上，引入了医学信息学的知识，加入了 Access 2010 的新功能，同时扩展了各章知识的广度和深度，更加注重培养学生的科学思维。本书涉及的素材可到 http://www.51eds.com 下载。

本书由武文芳任主编，王洪、刘文艳、杨淼任副主编。其中，第 1 章由刘文艳编写，第 2 章由王洪编写，第 3 章由杨秋英、周萍编写，第 4 章由周震编写，第 5 章由武文芳编写，第 6 章由张楠编写，第 7 章由武博编写，第 8 章由杨淼编写。

在本书的编写过程中，许多老师和相关人员提供了帮助，在此表示衷心的感谢。

由于时间仓促，编者水平有限，书中疏漏和不妥之处在所难免，欢迎广大读者和同行批评指正。

武文芳
2016 年 3 月
于首都医科大学

第一版前言

本书是《数据库技术与应用新概念教程》（杜菁主编，中国铁道出版社）的配套实验学习指导教材。本书实验内容完整，深入浅出，各章前后内容连贯，以引导读者一步步掌握实际的 Access 2007 数据库设计、操作与应用。同时，书中各章习题包括选择题、填空题、简答题等多种题型，涵盖了本章主要内容，并融合了相关知识的整体理解和应用的要求，可以为学生参加计算机等级考试提供复习参考。

全书分两部分，每部分有 9 章，第一部分包括数据库原理、创建数据库、数据查询与 SQL 命令、使用外部数据、窗体、报表、宏操作、VBA 编程和数据库安全等内容的相关实验。每章都包括实验目的和实验内容，通过实验目的使学生熟悉本章的知识要点，通过实验内容训练学生开发数据库应用系统的方法，提高学生数据库操作的实践能力。第二部分附有相应章节的习题及其参考答案，非常适合教学和自学，为主教材提供了相得益彰的学习和实验指导。

本书由武文芳任主编，杨淼任副主编。其中第 1 章实验及习题由王洪编写，第 2 章实验及习题由周萍编写，第 3 章、第 4 章、第 5 章、第 6 章实验及习题由武文芳编写，第 7 章、第 9 章实验及习题由杨淼编写，第 8 章实验及习题由杜菁编写。

我们衷心感谢帮助和关心本书出版的所有朋友和工作人员。由于编写时间仓促，编者水平有限，书中疏漏和不妥之处在所难免，欢迎广大读者和同行批评指正。

武文芳
2011 年 7 月于首都医科大学

目　　录

第1章

数据库原理实验 <<<

一、实验目的

（1）学习关系型数据库的基本概念。

（2）熟悉数据库的设计方法。

（3）熟悉数据库的设计步骤。

（4）了解 Access 数据库窗口的基本组成、工作环境。

（5）掌握创建数据库的方法。

二、实验内容

1. 设计某一地区的社区专科诊所业务信息管理数据库

系统主要功能：

（1）录入前来就诊的居民信息，包括：病患居民的姓名、性别、出生日期、居住社区的地址、医疗保险情况。

（2）录入居民的就诊记录信息，包括：就诊的时间、接诊的医生、基本的诊断情况、费用、治疗情况、用药情况。

（3）录入社区专科诊所的情况，包括：诊所的编号、名称、地址、电话。

（4）录入医生情况，包括：医生的编号、姓名、性别、职称、出生日期、毕业院校、是否博士、专长、照片、所属诊所、挂号费。

（5）按照各种方式浏览就诊的病患居民的情况。

（6）统计分析病患就诊的相关数据。

设计步骤：

（1）需求分析：建立一个社区诊所业务信息数据库，完成诊所日常工作的信息录入和统计功能。

（2）概念结构设计：

①确定系统包含的实体及属性：本系统有病患、医生和社区诊所 3 个实体，病患的属性包括病患编号、姓名、性别、出生日期、居住地址、医疗保险情况；医生的属性包括医生编号、姓名、性别、职称、出生日期、毕业院校、是否博士、专长、照片、所属诊所编号、挂号费；社区诊所的属性包括诊所编号、名称、地址、电话。

②确定实体间的联系：“病患”实体与“医生”实体间存在多对多的“就诊”联系，

"医生"实体与"社区诊所"实体间存在多对一的"隶属"联系。

③确定联系本身的属性："就诊"联系具有就诊日期、诊断情况、费用、治疗情况、用药情况等属性。

根据以上分析画出病患、医生及社区诊所三者关系的 E－R 图，如图 1－1 所示。

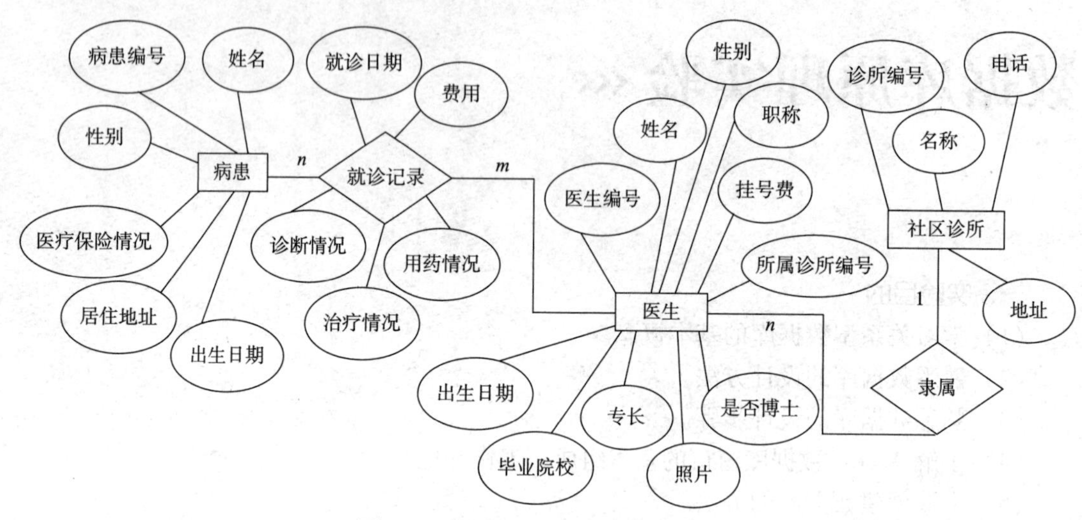

图 1－1　社区诊所业务管理 E－R 图

（3）逻辑结构设计：将 E－R 图转换成表，写出表的关系模式并标明各自的主键。

病患（<u>病患编号</u>，姓名，性别，出生日期，居住地址，医疗保险情况）。

医生（<u>医生编号</u>，姓名，性别，职称，出生日期，毕业院校，是否博士，专长，照片，所属诊所编号，挂号费）。

社区诊所（<u>诊所编号</u>，名称，地址，电话）。

就诊记录（<u>病患编号</u>，<u>医生编号</u>，<u>就诊日期</u>，诊断情况，费用，治疗情况，用药情况）。

2. 设计学生成绩管理系统数据库

数据库的具体要求如下：

（1）录入学生信息包括：学号、姓名、性别、班级、出生日期。

（2）录入课程信息包括：课程名称、学分、课程简介。

（3）录入学生选修信息包括：所选课程、选课学生、成绩、是否重修。

（4）可查询学生的选课情况及成绩。

（5）对选课情况及成绩做统计分析。

设计步骤：

（1）需求分析：建立一个学生成绩管理数据库，完成学生成绩录入、查询及统计功能。

（2）概念结构设计：

①系统信息主要来自两大实体："学生"实体和"课程"实体，学生的属性包括学号、姓名、性别、班级、出生日期；课程的属性包括课程号、课程名称、学分、课程简介。

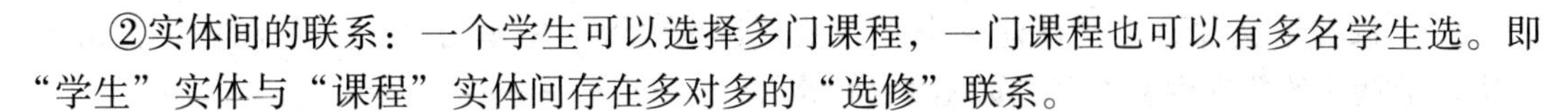

②实体间的联系：一个学生可以选择多门课程，一门课程也可以有多名学生选。即“学生”实体与“课程”实体间存在多对多的“选修”联系。

③确定联系本身的属性：成绩、是否重修。

根据以上分析画出系统的 E－R 图，如图 1－2 所示。

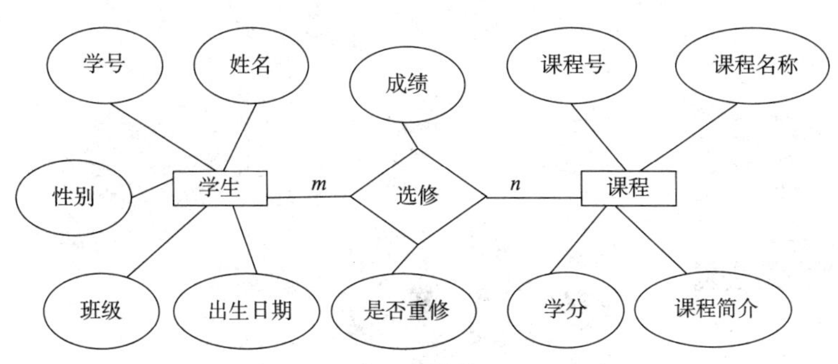

图 1－2 学生成绩管理 E－R 图

（3）逻辑结构设计：将 E－R 图转换为关系数据模型，确定所需要的表、表结构及主键。

学生（学号，姓名，性别，班级，出生日期）。

课程（课程号，课程名称，学分，课程简介）。

选修（学号，课程号，成绩，是否重修）。

3. 熟悉 Access 2010 的操作环境

启动 Access 2010，熟悉软件操作界面。

操作提示：

（1）在 Windows“开始”菜单中选择“所有程序”｜“Microsoft Office”｜“Microsoft Office Access 2010”命令启动 Access 2010，界面如图 1－3 所示。

图 1－3 Access 启动界面

（2）选择“文件”|“新建”命令，在“样本模板”中单击“学生”图标，在窗体右边显示默认的数据库文件名，如图1-4所示。

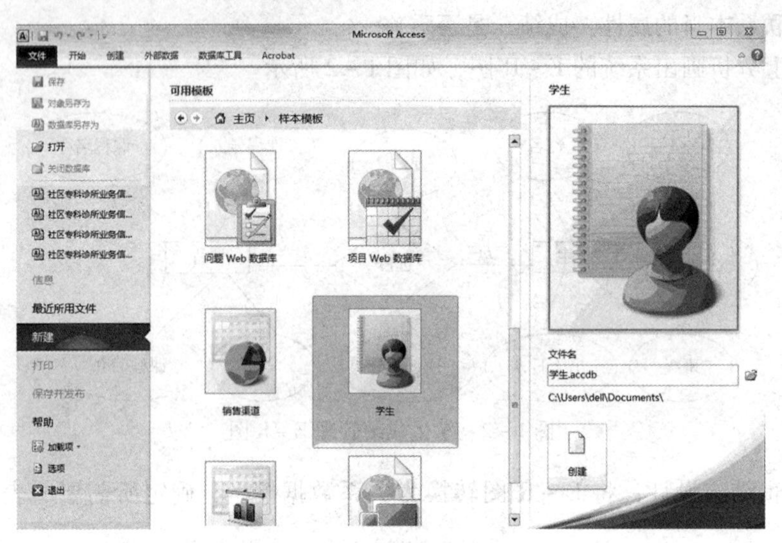

图1-4　选择模板示意图

（3）单击“创建”按钮，系统自动创建一个基于“学生”模板的数据库，如图1-5所示。

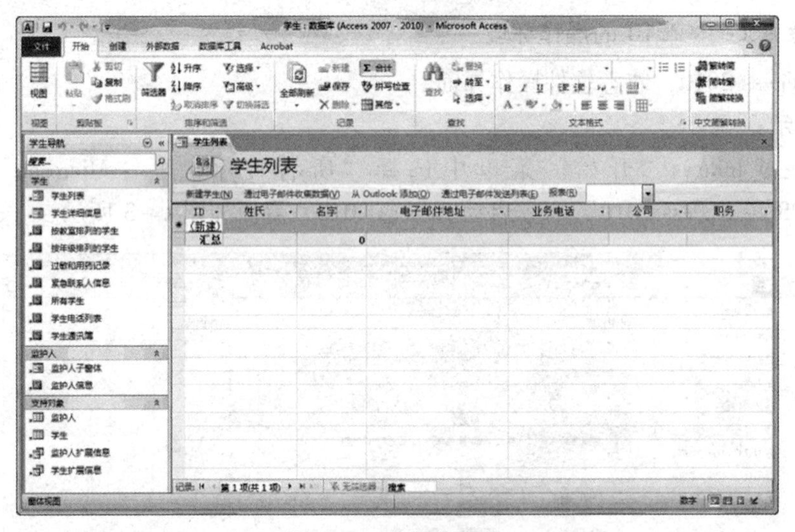

图1-5　数据库窗口

（4）在左侧导航窗体双击某一个数据表、窗体或报表，在窗体中部显示所选对象。

（5）在“开始”选项卡的“视图”组中单击“视图”图标，在下拉列表中选择“设计视图”选项，查看当前对象的设计情况。

（6）右击当前对象标签，在弹出的快捷菜单中选择“关闭”命令关闭当前对象。

（7）选择“文件”|“关闭数据库”命令，或选择“文件”|“退出”命令，也可以单击数据库窗口标题栏的“关闭”按钮关闭数据库。

第2章

创建数据库和数据表实验 «<

一、实验目的

(1) 掌握 Access 数据库常用的创建和维护方法。

(2) 掌握 Access 数据表常用的创建和维护方法。

(3) 掌握 Access 数据表字段属性和表属性的设置。

(4) 掌握 Access 数据表索引和表间关系的设置。

二、实验内容

1. 创建数据库

在 Access 2010 中，创建一个名为“社区专科诊所业务信息”的空数据库。

操作提示：

(1) 设置 Access 2010 默认文件夹：启动 Access 2010 后，选择“文件” | “选项”命令，弹出“Access 选项”对话框，在其“常规”项界面的“默认数据库文件夹”文本框中输入文件夹名，或者单击“浏览”按钮选择一个已经建立好的准备作为所建数据库默认存储位置的文件夹，如图 2 - 1所示。

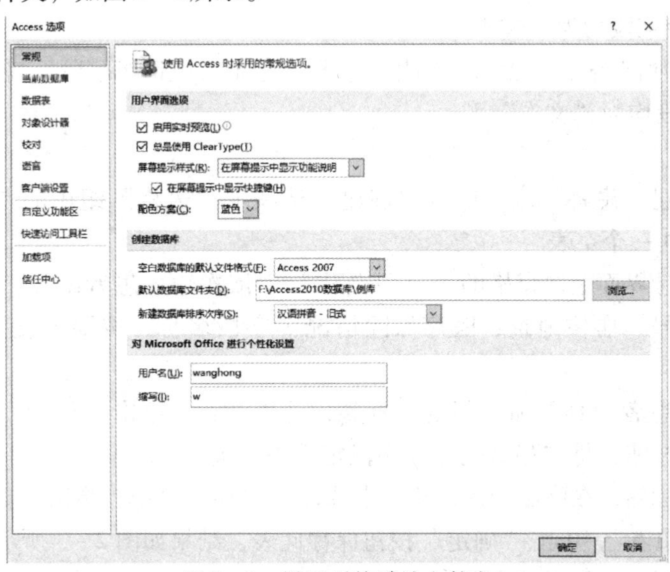

图 2 - 1　设置系统默认文件夹

（2）创建名为“社区专科诊所业务信息”的空数据库。选择“文件”|“新建”命令，在界面中间的“可用模板”中选择“空数据库”，在界面右边的“文件名”文本框中输入“社区专科诊所业务信息”，单击“创建”按钮即可，如图 2-2 所示。

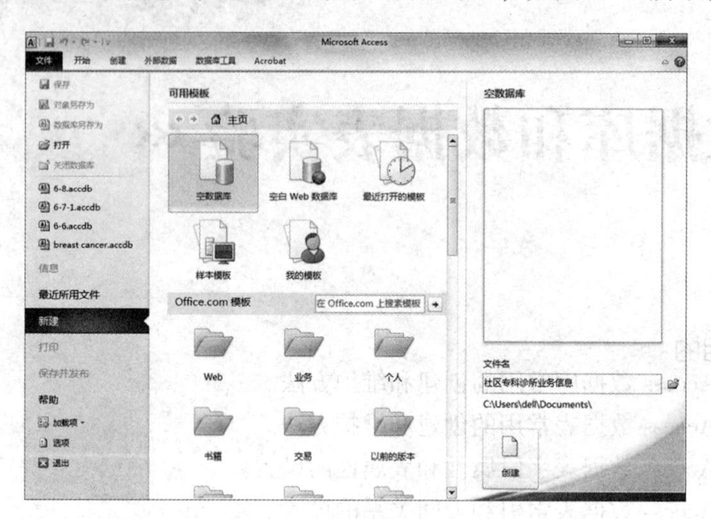

图 2-2　创建空数据库

2. 使用“表设计”功能创建数据表

使用 Access 2010 的“表设计”功能创建如下数据表：

（1）“患者”表：包括患者编号、姓名、性别、出生日期、身份证号、居住地址、医疗保险情况等字段。其中，“患者编号”为主键，“出生日期”为“日期/时间”型，“医疗保险情况”为“是/否”型，其余字段均为“文本”型。

（2）“医生”表：包括医生编号、姓名、性别、职称、出诊科室、挂号费、照片、所属诊所编号等字段。其中，“医生编号”为主键，“挂号费”为“货币”型，“照片”为“附件”型，其余字段均为“文本”型。

（3）“社区诊所”表：包括诊所编号、名称、地址、电话等字段。其中，“诊所编号”为主键，其余字段均为“文本”型。

操作提示：

（1）首先创建“患者”表。单击“创建”选项卡“表格”组中的“表设计”按钮，在设计视图中新建一个空表。

（2）在表设计界面上部窗格的“字段名称”中依次输入患者编号、姓名、性别、出生日期、身份证号、居住地址、医疗保险情况等字段名称，按要求设置各字段的数据类型。

（3）单击“患者编号”所在行的行标签，选中此行，单击“设计”选项卡“工具”组中的“主键”按钮，将“患者编号”字段定义为主键。

（4）右击表标签，在弹出的快捷菜单中选择“保存”命令，弹出“另存为”对话框，输入表名称为“患者”，单击“确定”按钮保存此表，结果如图 2-3 所示。

（5）使用类似方法创建“医生”表和“社区诊所”表。

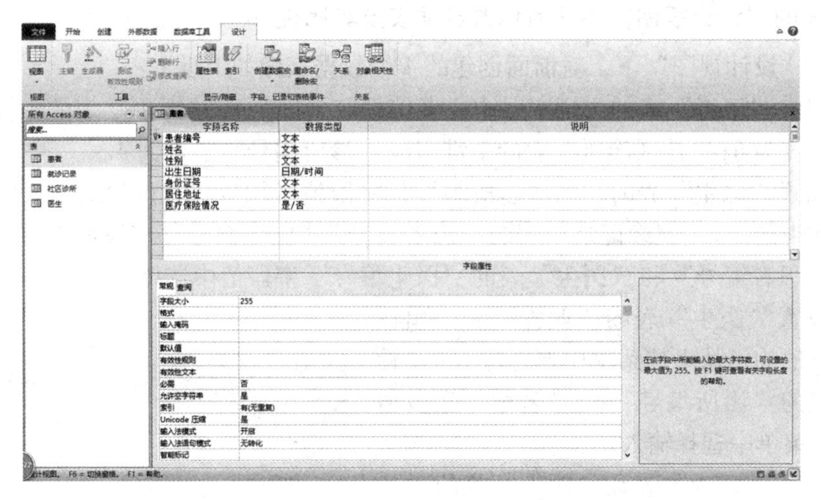

图 2-3　使用“表设计”功能创建“患者”数据表

3. 使用“表”功能创建数据表

使用 Access 2010 的“表”功能创建“就诊记录”数据表：包括 ID、患者编号、医生编号、就诊日期、诊断情况、费用、治疗情况、用药情况等字段。其中，ID 字段为主键，“就诊日期”字段为“日期/时间”型，“费用”字段为“货币”型，其余字段均为“文本”型。

操作提示：

（1）单击“创建”选项卡“表”组中的“表”按钮，创建一个新表，系统默认提供一个名为 ID 的“自动编号”型字段并设置为主键。

（2）保存该表并命名为“就诊记录”。

（3）右击该表的标签，在弹出的快捷菜单中选择“设计视图”命令，切换到设计视图，依次添加其他字段并按要求设置数据类型，结果如图 2-4 所示。

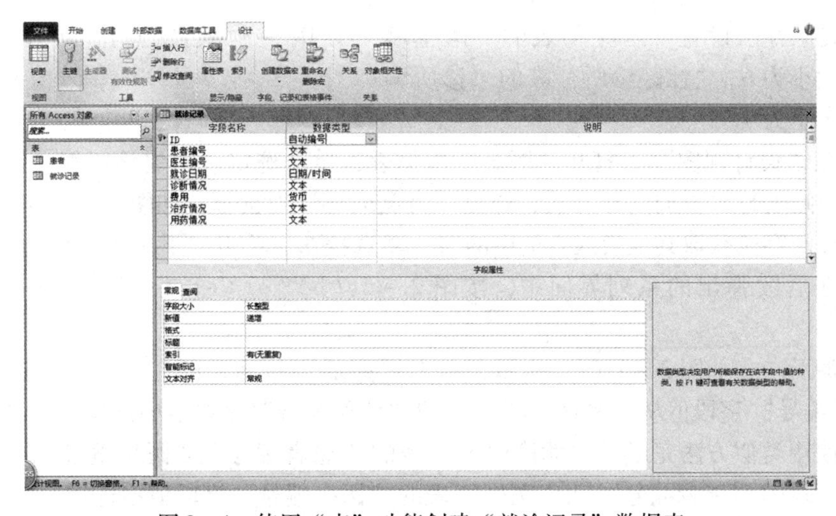

图 2-4　使用“表”功能创建“就诊记录”数据表

4. 在表的“设计视图”下设置修改数据表及其属性

在表的“设计视图”下，对前面创建的4个数据表做如下设置：

（1）定义“患者”表的主键字段“患者编号”长度为8；“医生”表的主键字段“医生编号”长度为6；“社区诊所”表的主键字段“诊所编号”长度为4。

（2）设置“医生”表的“所属诊所编号”字段值必须从“社区诊所”表的“诊所编号”字段值中选择；“就诊记录”表的“患者编号”“医生编号”字段值必须分别从“患者”表的“患者编号”和“医生”表的“医生编号”字段值中选择。

（3）设置“医生”表的“职称”和“出诊科室”字段值均可从下拉菜单中选择输入；“社区诊所”表的“诊所编号”和“名称”字段值也可从下拉菜单中选择输入。

（4）设置“患者”表和“医生”表的“性别”字段均只能接受汉字“男”和“女”作为输入值。

（5）设置“就诊记录”表的“费用”字段值每次就诊费用不能超过2 000元。

（6）设置“患者”表的“身份证号”字段值必须为18位数字字符。

（7）设置“医生”表的“挂号费”字段值可由“职称”字段值计算获得。

操作提示：

（1）在“设计视图”下打开“患者”数据表，单击选定“患者编号”字段，在表设计视图下半部分的“字段属性”窗格“常规”选项的“字段大小”栏中输入8，如图2－5所示。

患者

字段名称	数据类型
患者编号	文本
姓名	文本
性别	文本
出生日期	日期/时间
身份证号	文本
居住地址	文本
医疗保险情况	是/否

常规 查阅

字段大小	8
格式	
输入掩码	
标题	
默认值	
有效性规则	
有效性文本	
必需	否
允许空字符串	是
索引	有(无重复)
Unicode 压缩	是
输入法模式	开启
输入法语句模式	无转化
智能标记	

图2－5　设置“患者”表的“患者编号”字段大小为8

使用类似方法设置“医生”表的“医生编号”字段大小为6；“社区诊所”表的“诊所编号”字段大小为4。

（2）在“设计视图”下打开“医生”数据表，单击选定“所属诊所编号”字段，将其数据类型修改为“查询向导”后，弹出“查阅向导”对话框，如图2－6（a）所示，选中“使用查阅字段获取其他表或查询中的值”单选按钮，单击“下一步”按钮。

（3）在后续弹出的系列界面中，按图2－6（b）～（e）设置后单击“下一步”按钮。

（4）最后一步如图2－6（f）所示，单击“完成”按钮，即完成了对“医生”表的“所属诊所编号”字段值从“社区诊所”表的“诊所编号”字段值中选择的设置。

（5）使用类似方法完成对“就诊记录”表的“患者编号”“医生编号”字段值分别从“患者”表的“患者编号”和“医生”表的“医生编号”字段值中选择的设置。

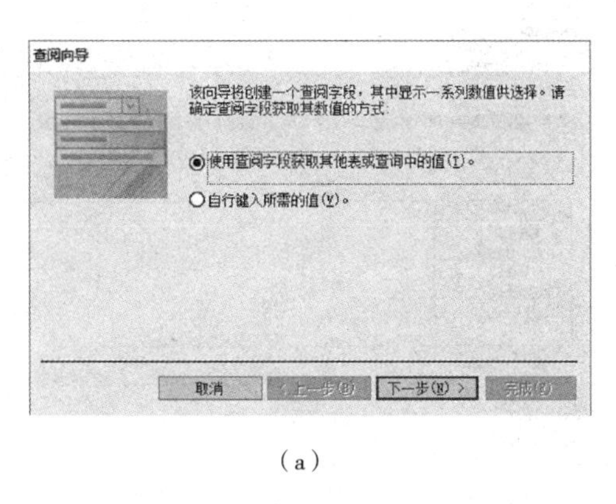

(a)

(b)

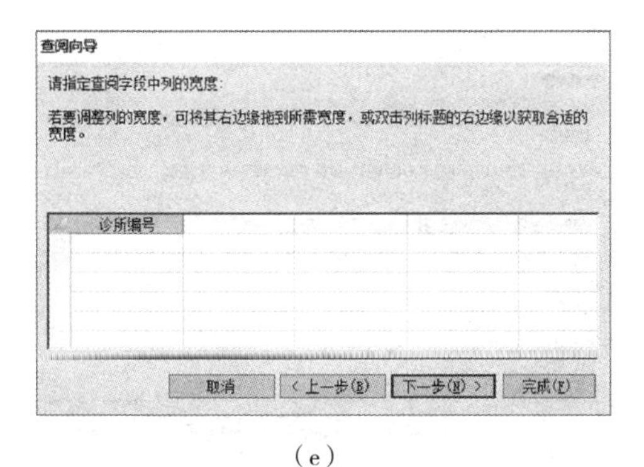

(c)

(d)

(e)

(f)

图2－6　所属诊所字段数据类型的“查阅向导”设置

(6) 在“设计视图”下打开“医生”数据表，单击选定“职称”字段，将其数据类型修改为“查阅向导”后，弹出“查阅向导”对话框，如图2－7 (a) 所示，选中“自行键入所需的值”单选按钮，单击“下一步”按钮。

(7) 在后续弹出的系列界面中，按图2－7 (b)、(c) 设置后单击“下一步”按钮，直至最后一步单击“完成”按钮，即完成了对“医生”表的“职称”字段值从下拉菜单中选择的设置。

(8) 使用类似方法完成对“医生”表的“出诊科室”字段值从下拉菜单中选择的设置，如图2－8 (a)、(b)、(c) 所示。

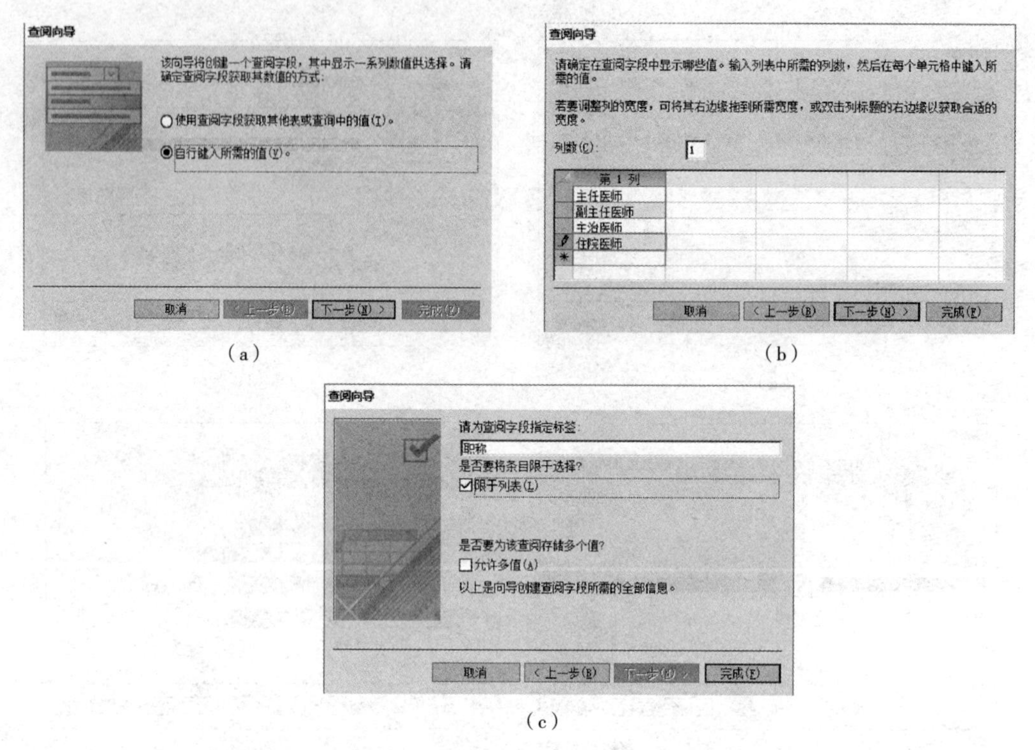

（a） （b）

（c）

图 2－7　职称字段数据类型的“查阅向导”设置

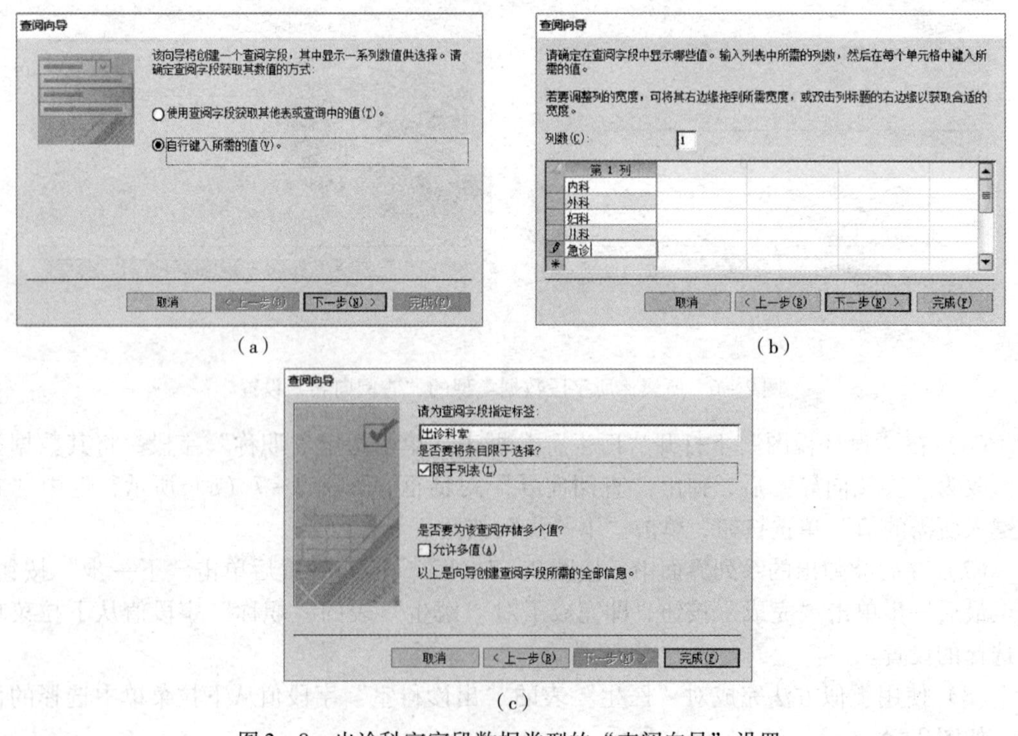

（a） （b）

（c）

图 2－8　出诊科室字段数据类型的“查阅向导”设置

（9）使用类似方法设置“社区诊所”表的“诊所编号”字段值从“1101、1102、1201、1202、1301、1302、1303、1401、1402”等值组成的下拉菜单中选择；“社区诊所”表的“名称”字段值从“西城一诊所、西城二诊所、东城一诊所、东城二诊所、海淀一诊所、海淀二诊所、海淀三诊所、丰台一诊所、丰台二诊所”等值组成的下拉菜单中选择。

（10）在“设计视图”下打开“患者”数据表，单击选定“性别”字段，在其“字段属性”窗格“常规”选项卡的“有效性规则”栏中输入：“男”Or“女”，在“有效性文本”中输入：只能输入数据“男”或“女”，如图2-9所示。

（11）使用类似方法对“医生”表的“性别”字段设置同样的有效性规则。

（12）在“设计视图”下打开“就诊记录”数据表，单击选定“费用”字段，在其“字段属性”窗格“常规”选项卡中的“有效性规则”栏中输入：<=2000，在“有效性文本”中输入：费用金额不能超过2000元，如图2-10所示。

患者

字段名称	数据类型
患者编号	文本
姓名	文本
性别	文本
出生日期	日期/时间
身份证号	文本
居住地址	文本
医疗保险情况	是/否

常规 查阅

字段大小	255
格式	
输入掩码	
标题	
默认值	
有效性规则	"男" Or "女"
有效性文本	只能输入数据"男"或"女"。
必需	否
允许空字符串	是

图2-9　设置“性别”字段的有效性规则

就诊记录

字段名称	数据类型
ID	自动编号
患者编号	文本
医生编号	文本
就诊日期	日期/时间
诊断情况	文本
费用	货币
治疗情况	文本
用药情况	文本

常规 查阅

格式	货币
小数位数	自动
输入掩码	
标题	
默认值	
有效性规则	<=2000
有效性文本	费用金额不能超过2000元。
必需	否
索引	无

图2-10　设置“费用”字段的有效性规则

（13）在“设计视图”下打开“患者”数据表，单击选定“身份证号”字段，在其“字段属性”窗格“常规”选项卡中，单击“输入掩码”栏右边的…按钮，弹出“输入掩码向导”对话框，如图2-11（a）所示，在该对话框中单击选择“身份证号码（15或18位）”项，单击“下一步”按钮，按照图2-11（b）～（d）所示进行设置操作，即可完成利用“输入掩码”属性对“患者”表“身份证号”字段所要求的18位数字字符的输入限制设置。

（14）在“设计视图”下打开“医生”表，右击“挂号费”字段，在弹出的快捷菜单中选择“删除行”命令将原“挂号费”字段删除，然后在原位置上右击，在弹出的快捷菜单中选择“插入行”命令，设置新字段名称仍为“挂号费”，其数据类型修改为“计

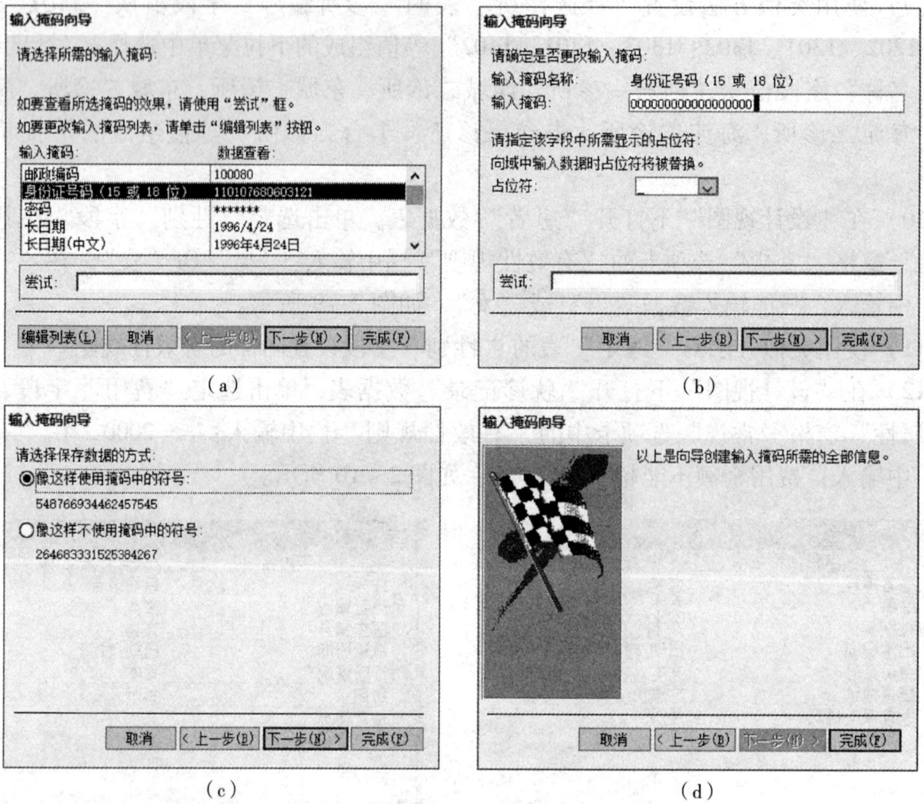

输入掩码向导

请选择所需的输入掩码：

如要查看所选掩码的效果，请使用“尝试”框。

如要更改输入掩码列表，请单击“编辑列表”按钮。

输入掩码：	数据查看：
邮政编码	100080
身份证号码（15 或 18 位）	110107680603121
密码	*******
长日期	1996/4/24
长日期(中文)	1996年4月24日

尝试：

编辑列表(L)　取消　< 上一步(B)　下一步(N) >　完成(F)

（a）

输入掩码向导

请确定是否更改输入掩码：

输入掩码名称：　身份证号码（15 或 18 位）

输入掩码：　000000000000000000

请指定该字段中所需显示的占位符：

向域中输入数据时占位符将被替换。

占位符：　_

尝试：

取消　< 上一步(B)　下一步(N) >　完成(F)

（b）

输入掩码向导

请选择保存数据的方式：

◉像这样使用掩码中的符号：

548766934462457545

○像这样不使用掩码中的符号：

264683331525384267

取消　< 上一步(B)　下一步(N) >　完成(F)

（c）

输入掩码向导

以上是向导创建输入掩码所需的全部信息。

取消　< 上一步(B)　下一步(N) >　完成(F)

（d）

图 2－11　“患者”表“身份证号”字段的“输入掩码”设置

算”，弹出“表达式生成器”对话框，在“表达式”栏中输入表达式，或者在其“字段属性”窗格“常规”选项卡的“表达式”栏中输入表达式：

```
IIf([职称]="主任医师",100,IIf([职称]
        ="副主任医师",80,IIf([职称]="主治医师",50,10)))
```

然后，将“常规”选项卡中的“结果类型”栏设置为“货币”型，如图 2－12 所示。

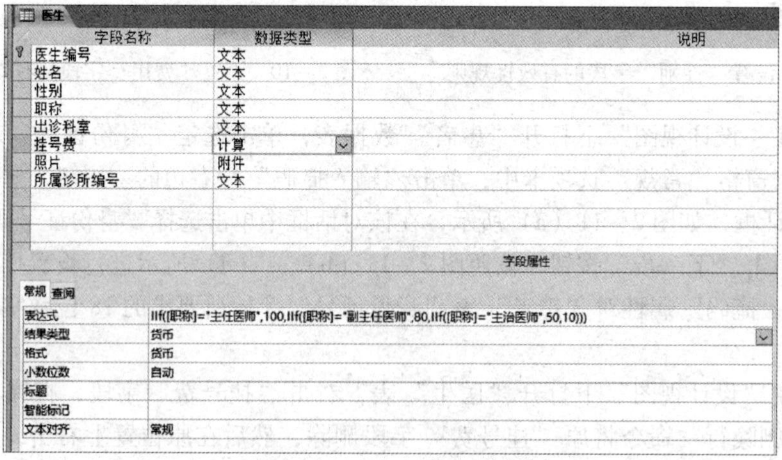

医生

字段名称	数据类型	说明
医生编号	文本	
姓名	文本	
性别	文本	
职称	文本	
出诊科室	文本	
挂号费	计算	
照片	附件	
所属诊所编号	文本	

字段属性

常规　查阅

表达式	IIf([职称]="主任医师",100,IIf([职称]="副主任医师",80,IIf([职称]="主治医师",50,10)))
结果类型	货币
格式	货币
小数位数	自动
标题	
智能标记	
文本对齐	常规

图 2－12　“医生”表的“挂号费”字段值由“职称”字段值计算获得

(15) 保存各个数据表。

5. 建立数据库中各数据表的表间关系

建立“社区专科诊所业务信息”数据库中4个表的表间关系，若系统已自动建立了若干表间关系，请先将其删除，再重新手工创建。

操作提示：

(1) 单击“数据库工具”选项卡“关系”组中的“关系”按钮，打开“关系”界面，若已存在系统自动建立的表间关系，则右击关系连线，在弹出的快捷菜单中选择“删除”命令，将原有关系删除。

(2) 若打开的“关系”界面为空白界面，即不存在系统自动创建的表间关系，则单击“设计”选项卡“关系”组中的“显示表”命令，弹出“显示表”对话框，选中数据库中的4个表，单击“添加”按钮将4个表添加到“关系”界面中，如图2-13所示。添加数据表后关闭“显示表”对话框。

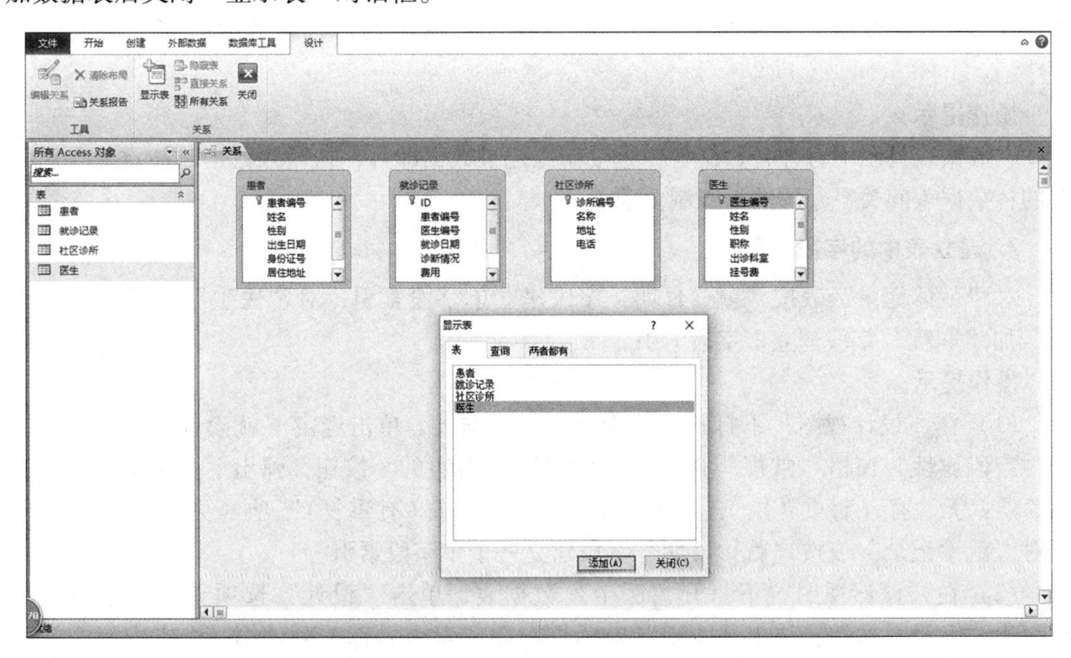

图2-13 为“关系”界面添加数据表

(3) 按住左键，拖动“患者”表中“患者编号”字段到“就诊记录”表中“患者编号”字段位置，松开按键后，弹出“编辑关系”对话框，按如图2-14所示进行设置。

(4) 用类似方法，设置“医生”表的“医生编号”字段与“就诊记录”表的“医生编号”字段之间，以及“社区诊所”表的“诊所编号”字段与“医生”表的“所属诊所编号”字段之间的关系。设置完成的关系图结果如图2-15所示。

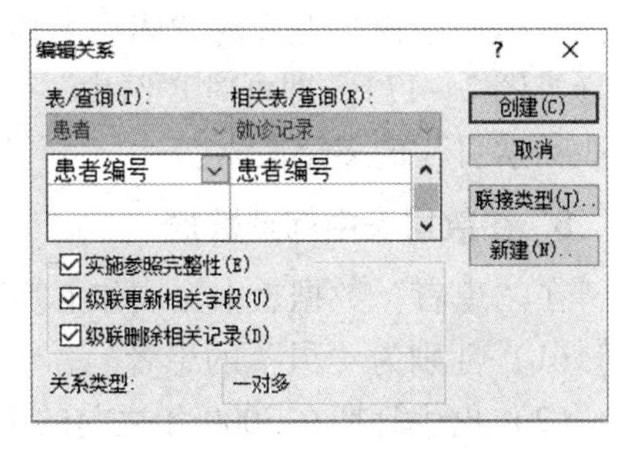

图2-14 “编辑关系”对话框

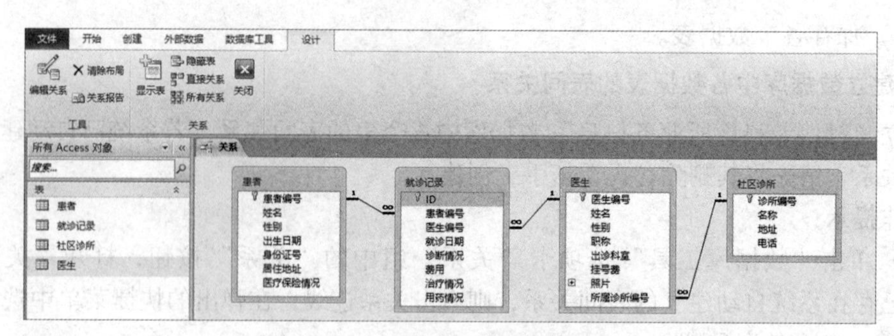

图 2-15　设置完成的表间关系

（5）单击“快速访问工具栏”中的“保存”按钮保存数据库。

6. 在数据表中输入记录数据

在数据表中输入数据，要求“患者”表、“医生”表、“就诊记录”表不少于10条记录，“社区诊所”表不少于5条记录，输入数据注意符合各数据表间关系及属性要求。

操作提示：

在数据表视图下打开各数据表，直接输入记录数据即可，在输入数据时注意符合已设置的各数据表间关系及属性的限制要求。

7. 建立表中的字段索引

对“就诊记录”表按“就诊日期”字段建立单字段索引；对“医生”表按“出诊科室”加“职称”字段建立多字段索引。

操作提示：

（1）在“设计视图”下打开“就诊记录”数据表，单击选定“就诊日期”字段，单击“字段属性”窗格“常规”选项卡“索引”栏右边的按钮，弹出下拉菜单，其中包括3项：无、有（有重复）、有（无重复），选择“有（有重复）”项（见图2-16），即可对“就诊记录”表按“就诊日期”字段建立一个单字段索引。

（2）在“设计视图”下打开“医生”数据表，单击“设计”选项卡“显示/隐藏”组中的“索引”按钮，弹出“索引”对话框，在“索引名称”列的第一个空白栏中输入准备建立的索引名称，如“科室职称索引”；在“字段名称”列，与“科室职称索引”索引名称同一行的栏中选定“出诊科室”字段，在其下一行中选定“职称”字段（注意：字段名称“职称”左边的“索引名称”栏必须为空白）；根据需要任意设置“排列次序”列（见图2-17），即可对“医生”表按“出诊科室”加“职称”字段建立一个名为“科室职称索引”的多字段索引。

8. 在数据表中筛选数据

在“患者”数据表中完成如下筛选操作：

（1）性别为“男”的患者。

（2）出生日期在2000年之前的患者。

（3）患者编号结尾数字为5的患者。

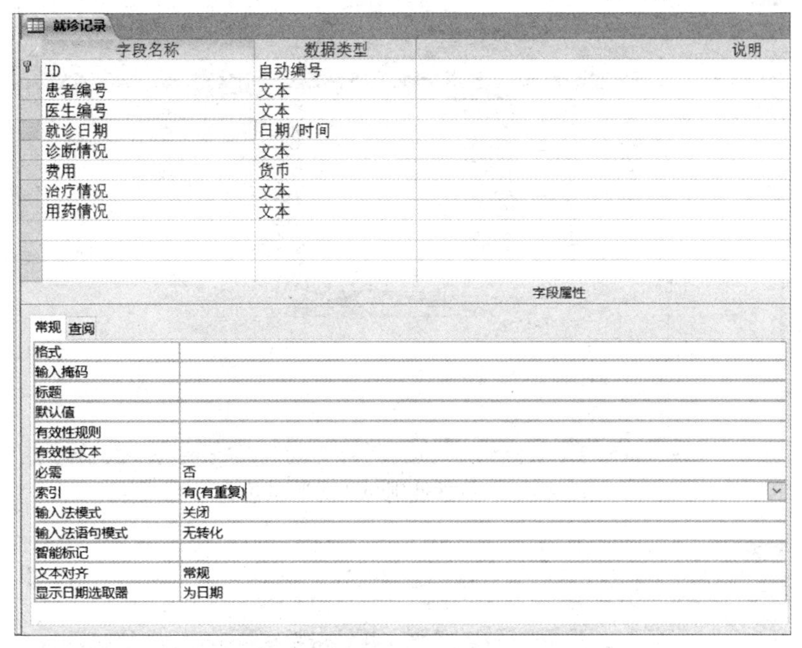

图2－16　为“就诊记录”表按“就诊日期”字段建立单字段索引

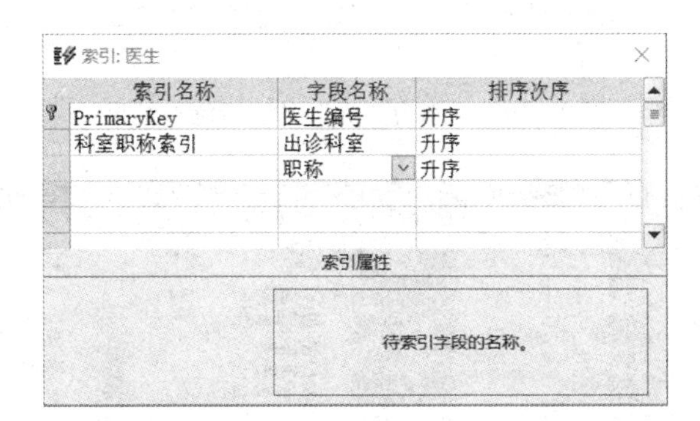

图2－17　为“医生”表按“出诊科室”加“职称”字段建立多字段索引

（4）姓名中含有“无”字的患者。

操作提示：

（1）在“数据表视图”下打开“患者”数据表，单击“性别”字段列标签右侧的下拉按钮，在弹出的下拉菜单的“文本筛选器”中选定“男”（见图2－18），单击“确定”按钮，即可筛选出所需结果，如图2－19所示。

（2）在进行第二次筛选操作之前，首先应该去除上一次筛选结果，否则将会把两次筛选结果叠加。在“性别”字段的下拉菜单中选择“全选”项，去除筛选性别为“男”患者的操作，单击“确定”按钮。

（3）单击“出生日期”字段列标签中右侧的三角形下拉按钮，在弹出的下拉菜单中选择“日期筛选器”|“之前”命令（见图2－20），弹出“自定义筛选”对话框，输入筛选日期（见图2－21），单击“确定”按钮即可筛选出所需结果。

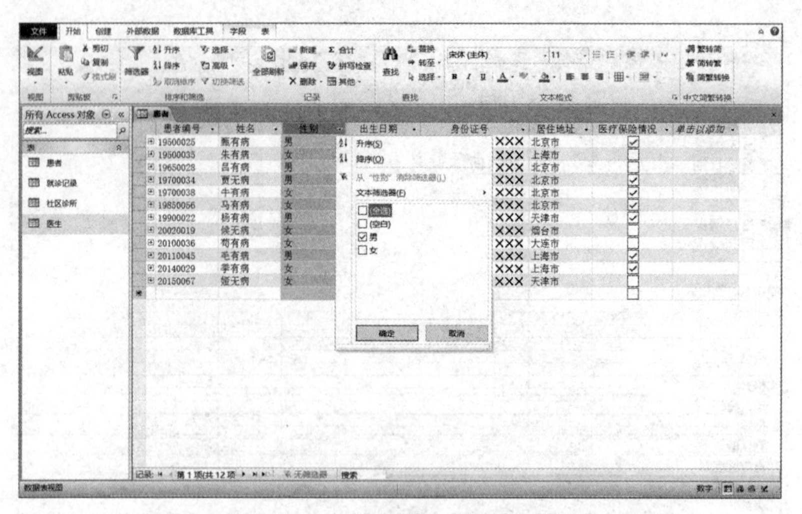

图 2－18　筛选性别为“男”的患者

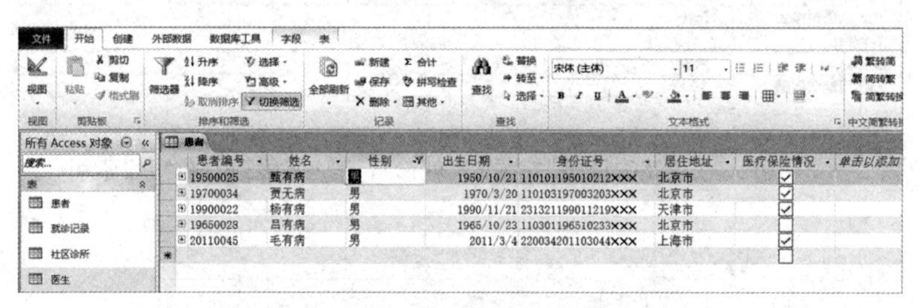

图 2－19　性别为“男”的患者筛选结果

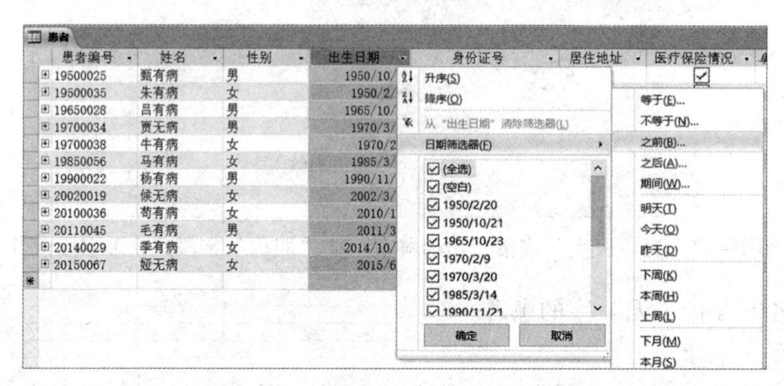

图 2－20　使用“日期筛选器”筛选

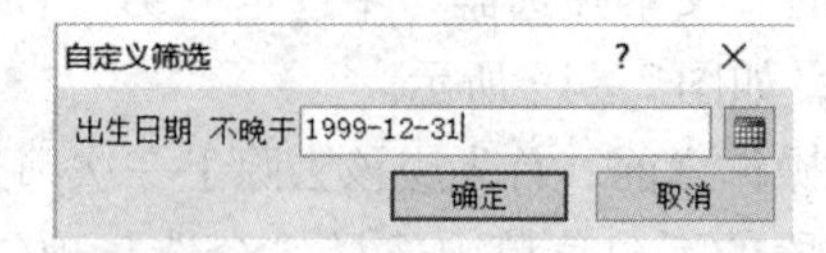

图 2－21　筛选 2000 年之前出生的患者

（4）去除上一次筛选结果，然后单击“患者编号”字段列标签右侧的下拉按钮，在弹出的下拉菜单中选择“文本筛选器”｜“结尾是”命令（见图 2－22），弹出“自定义筛选”对话框，输入结尾数据（见图 2－23），单击“确定”按钮即可筛选结果。

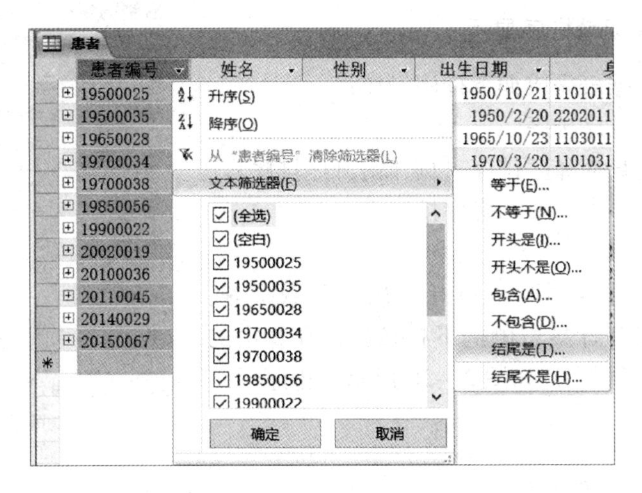

图 2-22 选择“文本筛选器”|“结尾是”筛选命令

图 2-23 筛选“患者编号”结尾为数字 5 的患者

（5）去除上一次筛选结果，然后单击“姓名”字段列标签右侧的下拉按钮，在弹出的下拉菜单中选择“文本筛选器”|“包含”命令（见图 2-24），弹出“自定义筛选”对话框，输入数据如图 2-25 所示，单击“确定”按钮即可筛选结果。

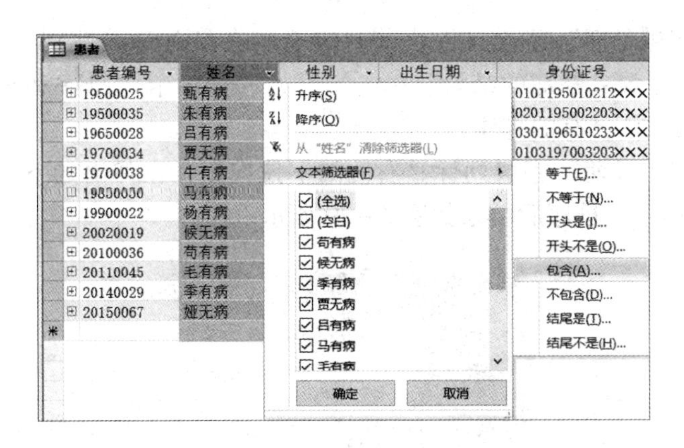

图 2-24 使用“文本筛选器|包含”筛选命令

图 2-25 筛选姓名中含有“无”字的患者

9. 对数据表中记录排序显示

对“患者”数据表完成如下排序操作：

（1）只按性别升序排序。

（2）只按出生日期降序排序（即年龄升序排序）。

（3）按性别升序出生日期降序排序。

操作提示：

（1）在“数据表视图”下打开“患者”数据表，单击“性别”字段列标签右侧的下拉按钮，在弹出的下拉菜单中选定“升序”，如图2-26所示。排序后结果如图2-27所示。

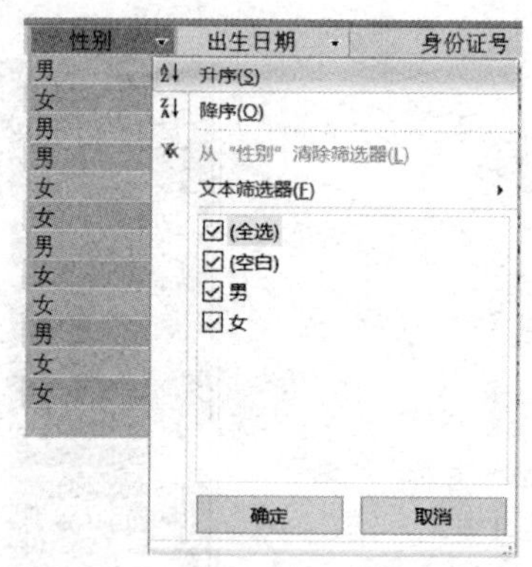

图2-26　通过“性别”字段的下拉菜单对“性别”字段排序

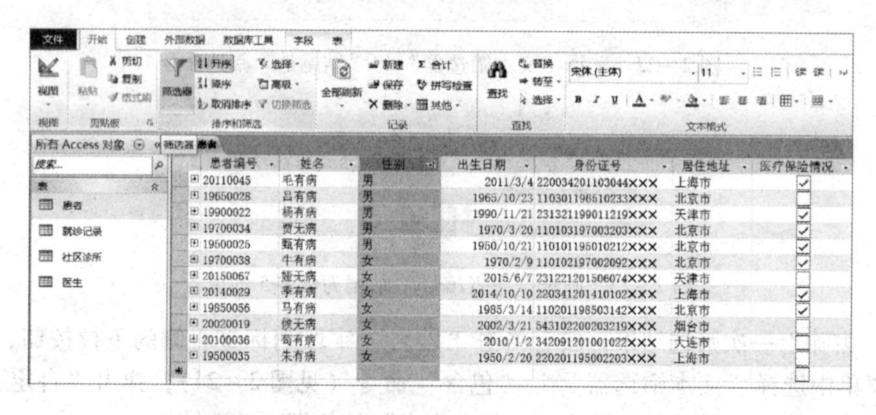

图2-27　对“性别”字段升序排序后的结果

（2）在对“出生日期”字段排序之前，应该消除前面对“性别”字段已有的排序，否则将产生两次排序效果叠加的结果。单击“开始”选项卡“排序和筛选”组中的“取消排序”按钮即可取消已有的排序。

（3）单击“出生日期”字段列标签右侧的下拉按钮，在弹出的下拉菜单中选择“降序”，如图2-28所示。排序后结果如图2-29所示。

图2-28　通过“出生日期”字段的下拉菜单对“出生日期”字段排序

患者编号	姓名	性别	出生日期	身份证号	居住地址	医疗保险情况
20150067	娅无病	女	2015/6/7	231221201506074×××	天津市	☐
20140029	季有病	女	2014/10/10	220341201410102×××	上海市	☑
20110045	毛有病	男	2011/3/4	220034201103044×××	上海市	☑
20100036	苟有病	女	2010/1/2	342091201001022×××	大连市	☐
20020019	候无病	女	2002/3/21	543102200203219×××	烟台市	☐
19900022	杨有病	男	1990/11/21	231321199011219×××	天津市	☑
19850056	马有病	女	1985/3/14	110201198503142×××	北京市	☑
19700034	贾无病	男	1970/3/20	110103197003203×××	北京市	☑
19700038	牛有病	女	1970/2/9	110102197002092×××	北京市	☑
19650028	吕有病	男	1965/10/23	110301196510233×××	北京市	☐
19500025	甄有病	男	1950/10/21	110101195010212×××	北京市	☑
19500035	朱有病	女	1950/2/20	220201195002203×××	上海市	☐

图2－29　对“出生日期”字段降序排序后的结果

（4）取消前面已有排序结果，单击“出生日期”字段列标签右侧的下拉按钮，在弹出的下拉菜单中选择“降序”，再单击“性别”字段列标签右侧的下拉按钮，在弹出的下拉菜单中选定“升序”即可按照两个字段进行组合排序（注意两个字段排序操作的先后顺序，后选的字段为第一排序关键字）。排序后的结果如图2－30所示。

患者

患者编号	姓名	性别	出生日期	身份证号	居住地址	医疗保险情况
20110045	毛有病	男	2011/3/4	220034201103044×××	上海市	☑
19900022	杨有病	男	1990/11/21	231321199011219×××	天津市	☑
19700034	贾无病	男	1970/3/20	110103197003203×××	北京市	☑
19650028	吕有病	男	1965/10/23	110301196510233×××	北京市	☐
19500025	甄有病	男	1950/10/21	110101195010212×××	北京市	☑
20150067	娅无病	女	2015/6/7	231221201506074×××	天津市	☐
20140029	季有病	女	2014/10/10	220341201410102×××	上海市	☑
20100036	苟有病	女	2010/1/2	342091201001022×××	大连市	☐
20020019	候无病	女	2002/3/21	543102200203219×××	烟台市	☐
19850056	马有病	女	1985/3/14	110201198503142×××	北京市	☑
19700038	牛有病	女	1970/2/9	110102197002092×××	北京市	☑
19500035	朱有病	女	1950/2/20	220201195002203×××	上海市	☐

图2－30　按性别升序出生日期降序排序后的结果

第 3 章

数据的导入和导出实验

一、实验目的

（1）熟悉 Access 使用的外部数据类型。

（2）掌握 Access 导入数据操作。

（3）掌握 Access 导出数据操作。

二、实验内容

1. 导入 Access 数据

将“社区专科诊所业务信息”数据库文件中的“社区诊所”表导入新的 Access 数据库中。

操作提示：

（1）选择“文件”|“新建”命令，在面板中间“可用模板”区域选择“空数据库”，在面板右侧“空数据库”区域单击“创建”按钮，新建一个数据表，结果如图 3-1 所示。

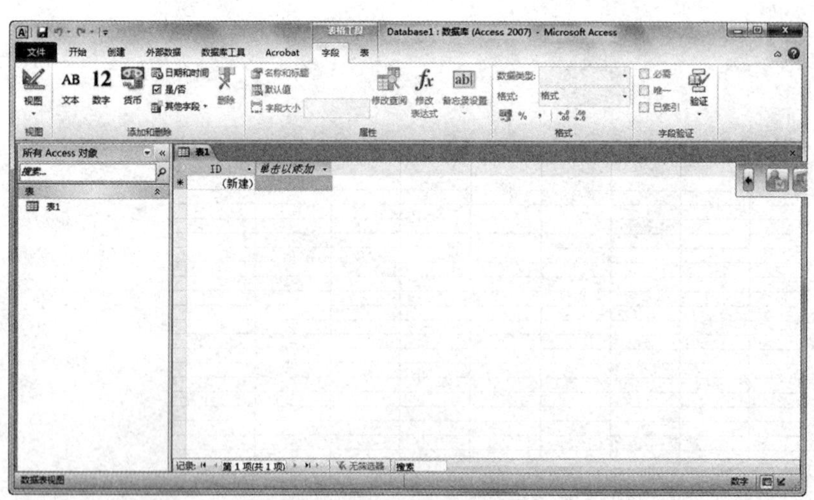

图 3-1　新建数据表

（2）单击“外部数据”选项卡“导入并链接”组中的“Access”按钮，弹出“获取外部数据-Access 数据库”对话框。

（3）在“获取外部数据 - Access 数据库”对话框中单击“浏览”按钮，弹出“打开”对话框，选择数据库“社区专科诊所业务信息”，单击“确定”按钮，如图 3 - 2 所示。

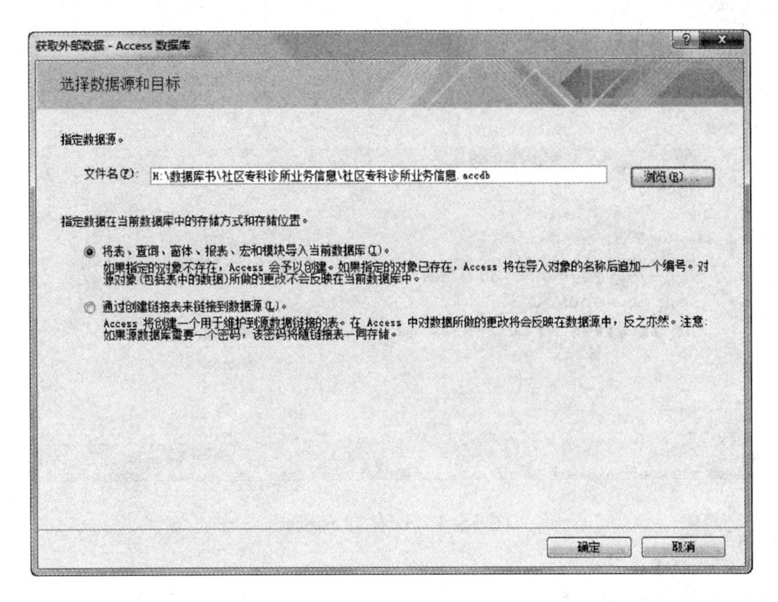

图 3 - 2　“获取外部数据 - Access 数据库”对话框

（4）弹出“导入对象”对话框，如图 3 - 3 所示。在“表”选项卡中选择“社区诊所”，单击“确定”按钮。

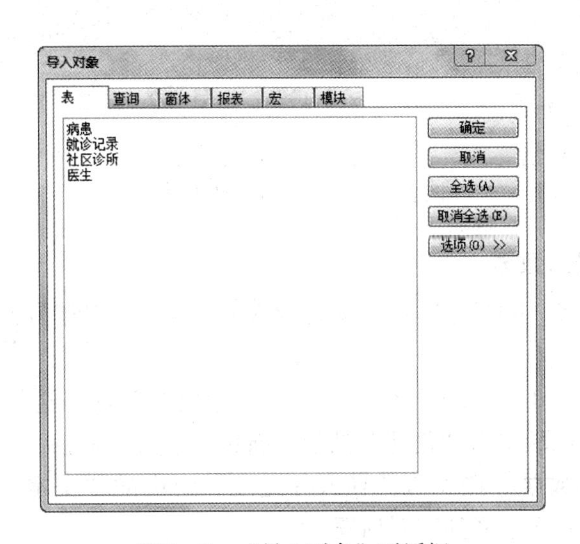

图 3 - 3　“导入对象”对话框

（5）在弹出的“获取外部数据 - Access 数据库”对话框中，选中“保存导入步骤”复选框，单击“保存导入”按钮，如图 3 - 4 所示。

（6）将“社区专科诊所业务信息”数据库文件中的“社区诊所”表导入 Access，结果如图 3 - 5 所示。

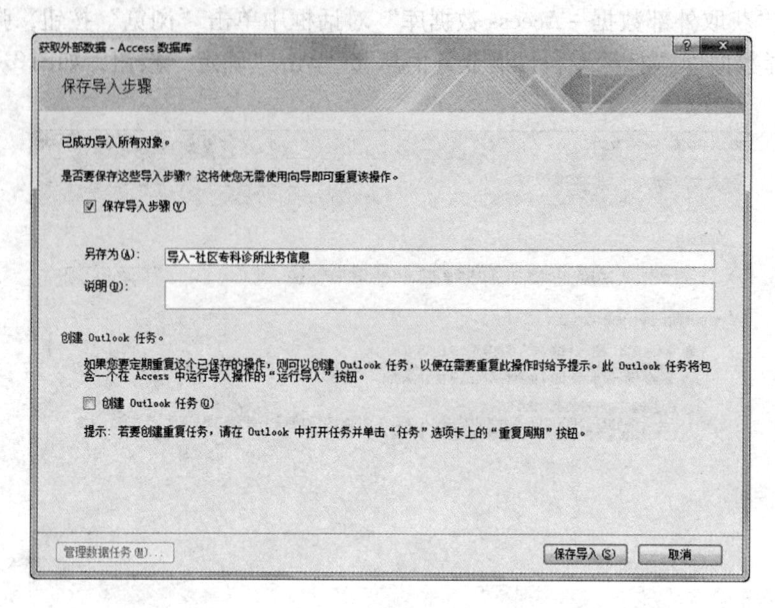

图 3－4　保存导入步骤

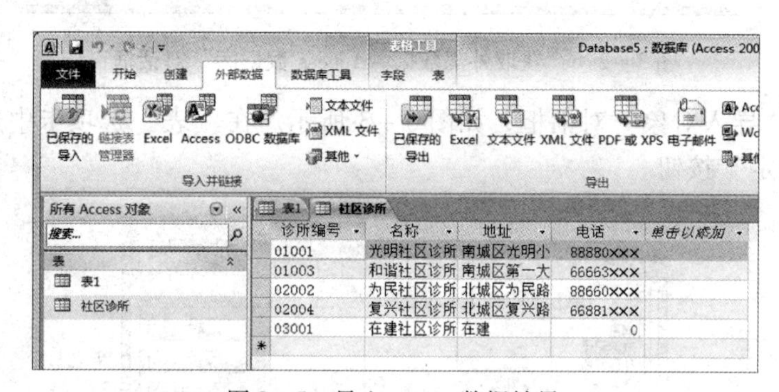

图 3－5　导入 access 数据结果

2. 利用链接表导入数据

利用链接表功能将“病患－X. txt”文件导入 Access，并保存为表“病患－Txt”。

操作提示：

（1）选择“文件”|“新建”命令，在“可用模板”区域选择“空数据库”，在面板右侧“空数据库”区域单击“创建”按钮，新建一个数据表。

（2）单击“外部数据”选项卡“导入并链接”组中的“文本文件”按钮 文本文件，弹出“获取外部数据－文本文件”对话框。

（3）在“获取外部数据－文本文件”对话框中单击“浏览”按钮，弹出“打开”对话框，选择文本文件“病患－X”，在“指定数据在当前数据库中的存储方式和存储位置”处，选中“通过创建链接表来链接到数据源”，单击“确定”按钮，如图 3－6 所示。

（4）弹出“链接文本向导”对话框，选中“带分隔符－用逗号或制表符之类的符号分隔每个字段”单选按钮，单击“下一步”按钮，如图 3－7 所示。

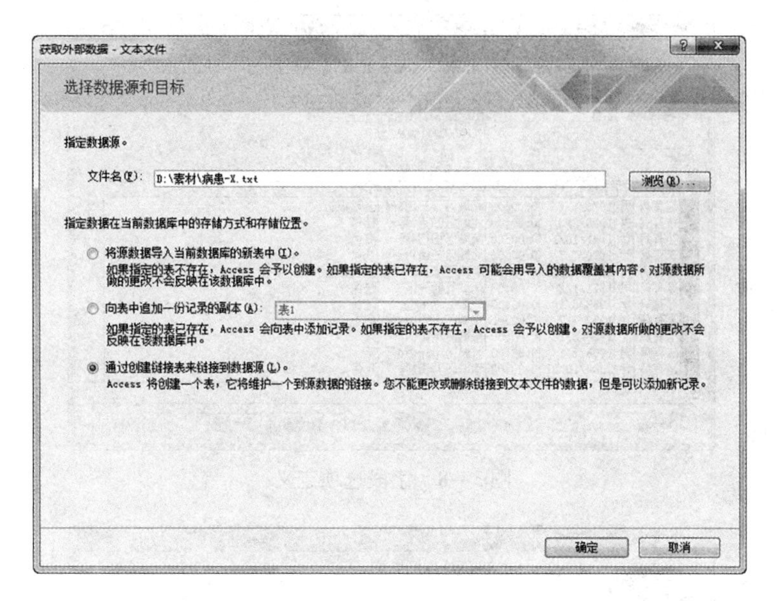

图 3-6　“获取外部数据 - 文本文件”对话框

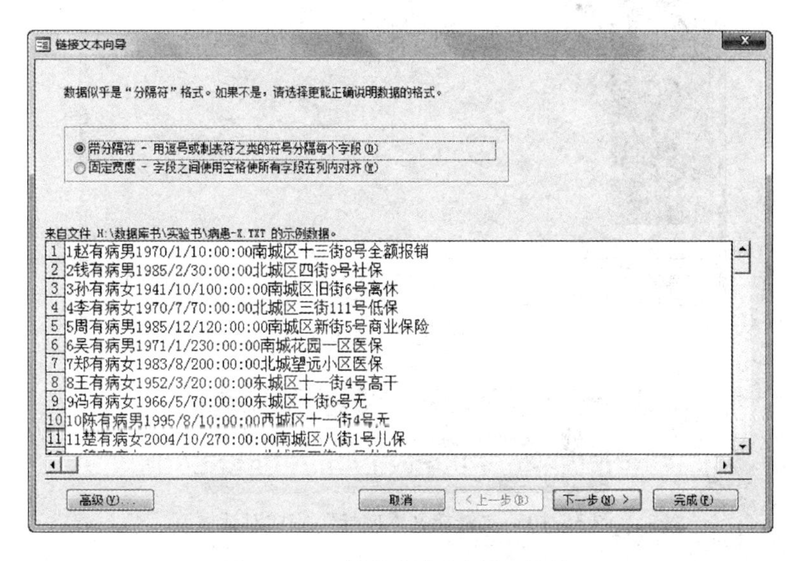

图 3-7　“链接文本向导”对话框

(5) 在“链接文本向导”对话框的“请选择字段分隔符”区选择“制表符”，单击“下一步”按钮，如图 3-8 所示，单击“下一步”按钮。

(6) 在弹出的“链接文本向导”对话框中，“链接表名称”框中输入“病患 - Txt”，单击“完成”按钮，如图 3-9 所示。

(7) 弹出如图 3-10 所示的“链接文本向导”对话框，单击“确定”按钮完成将“病患 - X. txt”文件利用链接表功能导入 Access 的操作。

(8) 在导航窗格中双击“病患 - Txt”，结果如图 3-11 所示。导航窗格中“病患 - Txt”前面有箭头标识表示此表为链接导入数据。

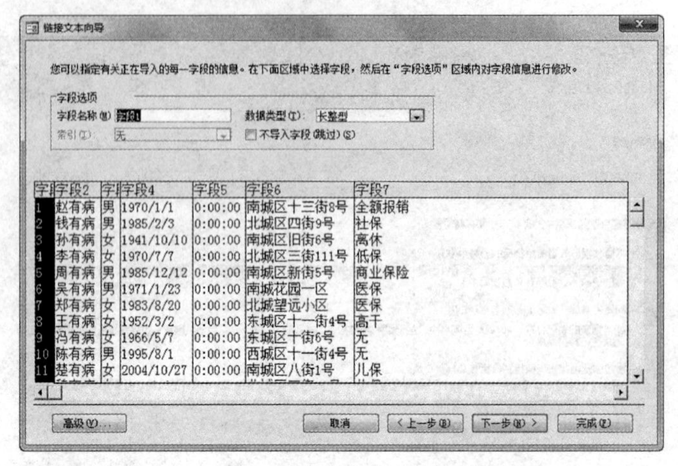

图 3－8　字段选项定义

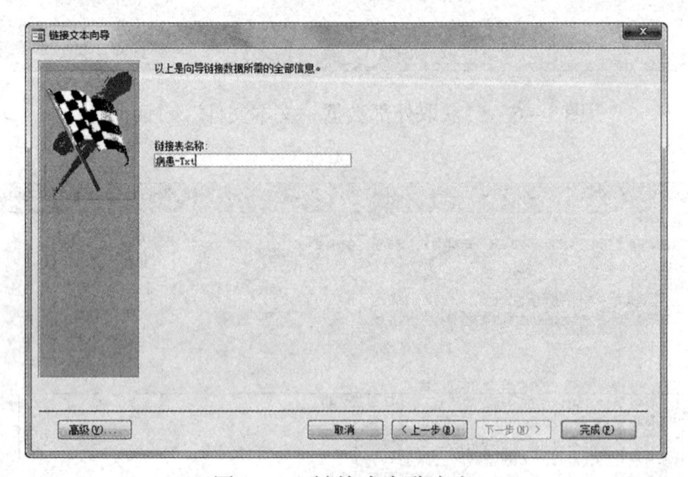

图 3－9　链接表名称定义

图 3－10　“链接文本向导”完成对话框

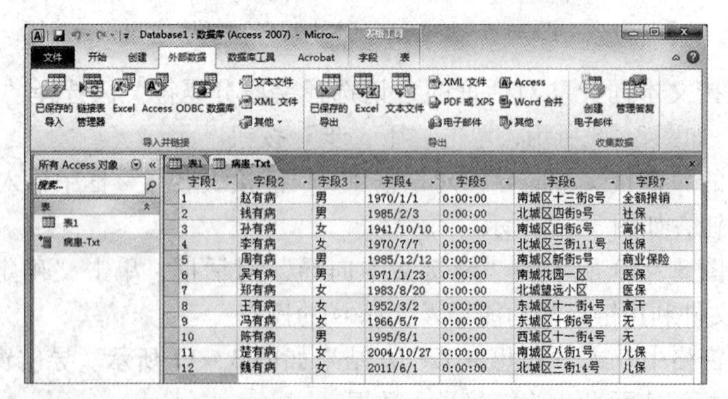

图 3－11　链接表导入文本文件对象结果

（9）退出 Access，打开“病患 - X”文本文件，增加一条记录“13 霍有病男 1988/5/40：00：00 南城区五街 6 号医保”（字段之间用 Tab 键分割），保存文件，如图 3 - 12 所示。

病患-X - 记事本

文件(F) 编辑(E) 格式(O) 查看(V) 帮助(H)

1	赵有病	男	1970/1/1	0:00:00	南城区十三街8号	全额报销
2	钱有病	男	1985/2/3	0:00:00	北城区四街9号	社保
3	孙有病	女	1941/10/10	0:00:00	南城区旧街6号	离休
4	李有病	女	1970/7/7	0:00:00	北城区三街111号	低保
5	周有病	男	1985/12/12	0:00:00	南城区新街5号	商业保险
6	吴有病	男	1971/1/23	0:00:00	南城花园一区	医保
7	郑有病	女	1983/8/20	0:00:00	北城望远小区	医保
8	王有病	女	1952/3/2	0:00:00	东城区十一街4号	高干
9	冯有病	女	1966/5/7	0:00:00	东城区十街6号	无
10	陈有病	男	1995/8/1	0:00:00	西城区十一街4号	无
11	楚有病	女	2004/10/27	0:00:00	南城区八街1号	儿保
12	魏有病	女	2011/6/1	0:00:00	北城区三街14号	儿保
13	霍有病	男	1988/5/4	0:00:00	南城区五街6号	医保

图 3 - 12　增加记录后“病患 - X. txt”文件

（10）打开数据库表“病患 - Txt”，增加的记录 13 已显示在表中，如图 3 - 13 所示。

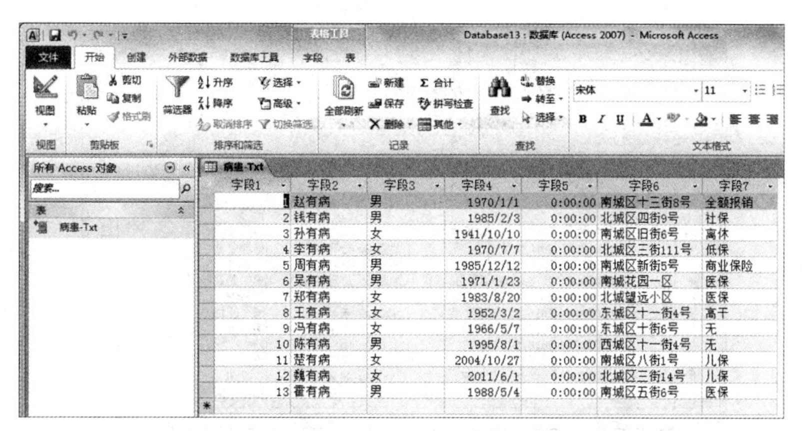

字段1	字段2	字段3	字段4	字段5	字段6	字段7
1	赵有病	男	1970/1/1	0:00:00	南城区十三街8号	全额报销
2	钱有病	男	1985/2/3	0:00:00	北城区四街9号	社保
3	孙有病	女	1941/10/10	0:00:00	南城区旧街6号	离休
4	李有病	女	1970/7/7	0:00:00	北城区三街111号	低保
5	周有病	男	1985/12/12	0:00:00	南城区新街5号	商业保险
6	吴有病	男	1971/1/23	0:00:00	南城花园一区	医保
7	郑有病	女	1983/8/20	0:00:00	北城望远小区	医保
8	王有病	女	1952/3/2	0:00:00	东城区十一街4号	高干
9	冯有病	女	1966/5/7	0:00:00	东城区十街6号	无
10	陈有病	男	1995/8/1	0:00:00	西城区十一街4号	无
11	楚有病	女	2004/10/27	0:00:00	南城区八街1号	儿保
12	魏有病	女	2011/6/1	0:00:00	北城区三街14号	儿保
13	霍有病	男	1988/5/4	0:00:00	南城区五街6号	医保

图 3 - 13　链接表导入文本文件对象增加记录后结果

3. 导入 Excel 数据

将“就诊记录 . xlsx”导入 Access，并保存为表“就诊记录 - Excel”。

操作提示：

（1）选择“文件”|“新建”命令，在面板中间“可用模板”区域选择“空数据库”，在面板右侧“空数据库”区域单击“创建”按钮，新建一个数据表。

（2）单击“外部数据”选项卡“导入并链接”组中的“Excel”按钮，弹出“获取外部数据 - Excel 电子表格”对话框。

（3）在“获取外部数据 - Excel 电子表格”对话框中单击“浏览”按钮弹出“打开”对话框，选择电子表格“就诊记录 . xlsx”，单击“确定”按钮，如图 3 - 14 所示。

（4）弹出“导入数据表向导”对话框，选中“显示工作表”单选按钮，选择“就诊记录”工作表，单击“下一步”按钮，如图 3 - 15 所示。

（5）在“导入数据表向导”对话框中选择“第一行包含列标题”复选框，单击“下一步”按钮，结果如图 3 - 16 所示。

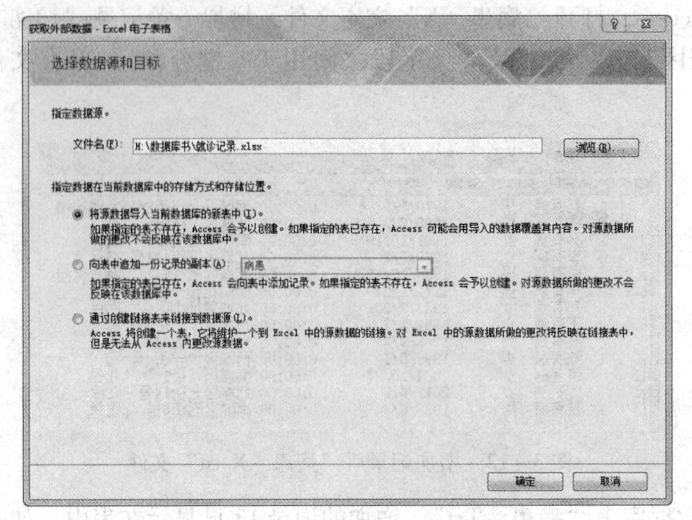

图 3-14 “获取外部数据 - Excel 电子表格”对话框

导入数据表向导

电子表格文件含有一个以上工作表或区域。请选择合适的工作表或区域：

◉ 显示工作表(W)　就诊记录
○ 显示命名区域(R)

工作表“就诊记录”的示例数据。

1	ID	病患编号	医生编号	就诊日期	诊断情况	费用	治疗情况	用药情况
2	4	2	0100001	2016/1/6	冠心病	500.00	好转	硝酸甘油
3	5	5	0100005	2016/1/2	虫牙	900.00	好转	甲硝锉
4	6	1	0100002	2016/1/5	流行性感冒	100.00	办理转院	速效感冒胶囊
5	7	3	0100001	2016/1/22	脑血栓	990.00	未见明显好转	紫杉酮
6	8	4	0100004	2016/2/2	不孕症	800.00	未孕	阿司匹林
7	9	4	0100005	2016/2/3	牙龈炎	50.00	口腔消炎	漱口液
8	10	12	0400001	2016/2/3	麻疹	300.00	隔离	芦根
9	11	8	0200001	2016/3/1	老年器官衰竭	10.00	转院	吸氧
10	12	10	0200005	2016/3/8	失眠	200.00	康复	安眠药
11	13	9	0200005	2016/3/8	三叉神经痛	900.00	康复	神经阻断剂

取消　<上一步(B)　下一步(N)>　完成(F)

图 3-15 “导入数据表向导”对话框

导入数据表向导

您可以指定有关正在导入的每一字段的信息。在下面区域中选择字段，然后在“字段选项”区域内对字段信息进行修改。

字段选项
字段名称(M)：费用　数据类型(T)：双精度型
索引(I)：有(有重复)　□ 不导入字段(跳过)(S)

	ID	病患编号	医生编号	就诊日期	诊断情况	费用	治疗情况	用药情况
1	4	2	0100001	2016/1/6	冠心病	500.00	好转	硝酸甘油
2	5	5	0100005	2016/1/2	虫牙	900.00	好转	甲硝锉
3	6	1	0100002	2016/1/5	流行性感冒	100.00	办理转院	速效感冒胶囊
4	7	3	0100001	2016/1/22	脑血栓	990.00	未见明显好转	紫杉酮
5	8	4	0100004	2016/2/2	不孕症	800.00	未孕	阿司匹林
6	9	4	0100005	2016/2/3	牙龈炎	50.00	口腔消炎	漱口液
7	10	12	0400001	2016/2/3	麻疹	300.00	隔离	芦根
8	11	8	0200001	2016/3/1	老年器官衰竭	10.00	转院	吸氧
9	12	10	0200005	2016/3/8	失眠	200.00	康复	安眠药
10	13	9	0200005	2016/3/8	三叉神经痛	900.00	康复	神经阻断剂
11	14	6	0200003	2016/3/8	肺炎	500.00	康复	先锋六

取消　<上一步(B)　下一步(N)>　完成(F)

图 3-16 字段选项定义

（6）单击“费用”列，在“字段选项”区中，将“字段名称”框内的“费用”改为“金额”，单击“数据类型”列表的下拉按钮，选择“单精度型”，单击“下一步”按钮，结果如图3－17所示。

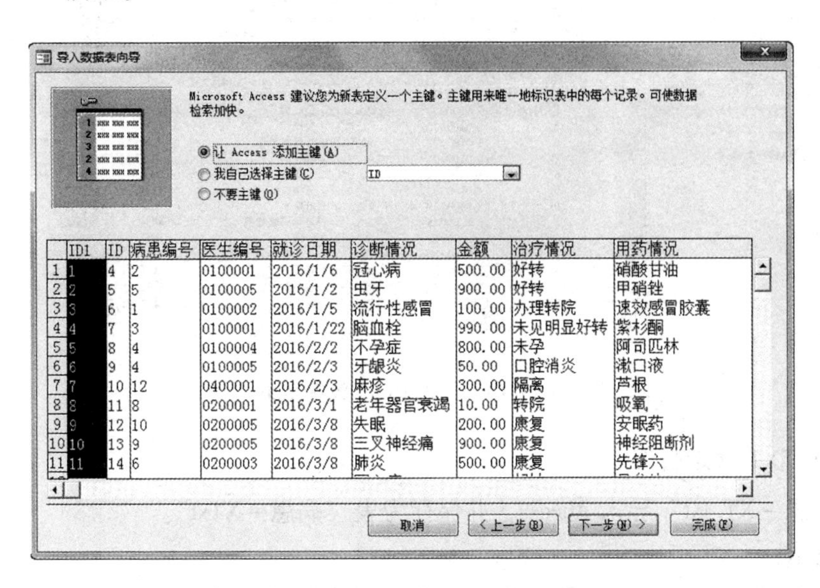

图3－17 定义主键

（7）在图3－17中，选中“不要主键”单选按钮，单击“下一步”按钮，在“导入到表”框中输入“就诊记录－Excel”，单击“完成”按钮，如图3－18所示。

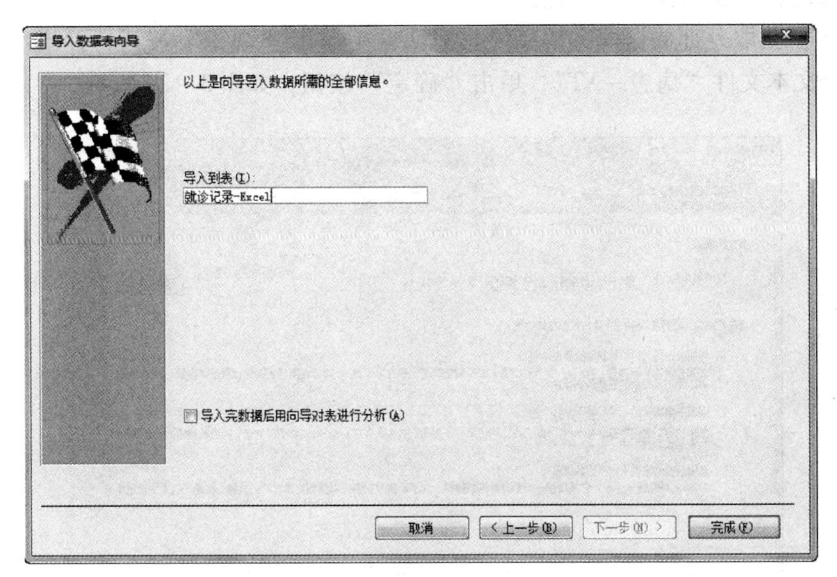

图3－18 确定导入到表名称

（8）在弹出的“获取外部数据－Excel电子表格”对话框中，选中“保存导入步骤”复选框，单击“保存导入”按钮，将“就诊记录.xlsx”电子表格导入Access，并保存为表“就诊记录－Excel”，结果如图3－19所示。

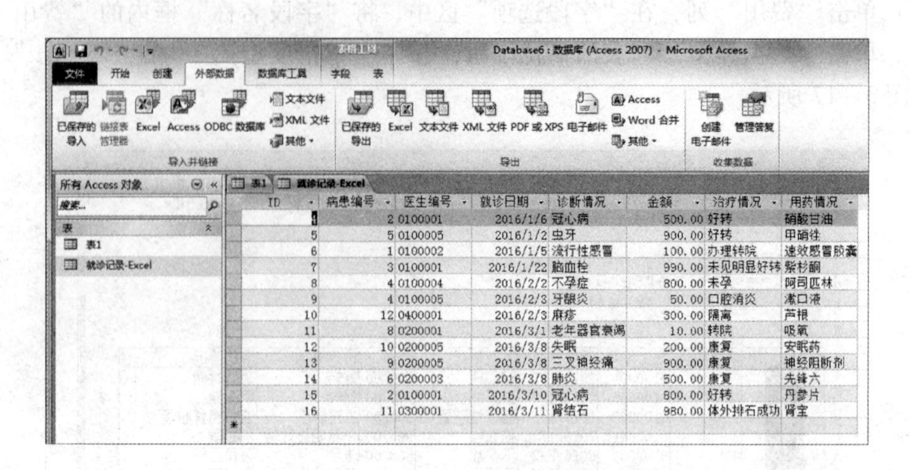

图 3 – 19　导入 Excel 数据结果

4. 导入 TXT 文本数据

将“病患 – XT. txt”导入 Access，并保存为表“病患 – XTxt”。

操作提示：

（1）选择“文件”｜“新建”命令，在面板中间“可用模板”区域选择“空数据库”，在面板右侧“空数据库”区域单击“创建”按钮，新建一个数据表。

（2）单击“外部数据”选项卡“导入并链接”组中的“文本文件”按钮，弹出“获取外部数据 – 文本文件”对话框。

（3）在“获取外部数据 – 文本文件”对话框中单击“浏览”按钮，弹出“打开”对话框，选择文本文件“病患 – XT”，单击“确定”按钮，如图 3 – 20 所示。

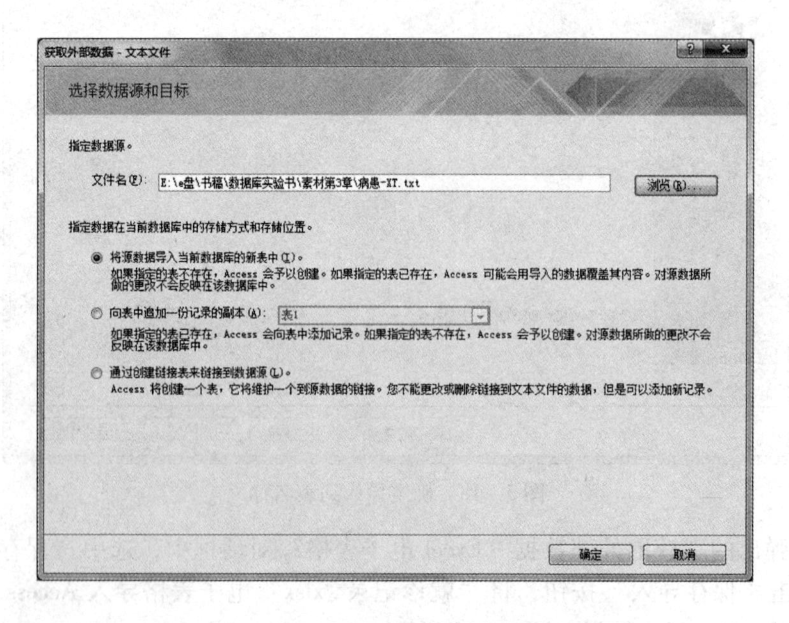

图 3 – 20　“获取外部数据 – 文本文件”对话框

（4）弹出“导入文本向导”对话框，选中“带分隔符－用逗号或制表符之类的符号分隔每个字段”单选按钮，单击“下一步”按钮，如图3－21所示。

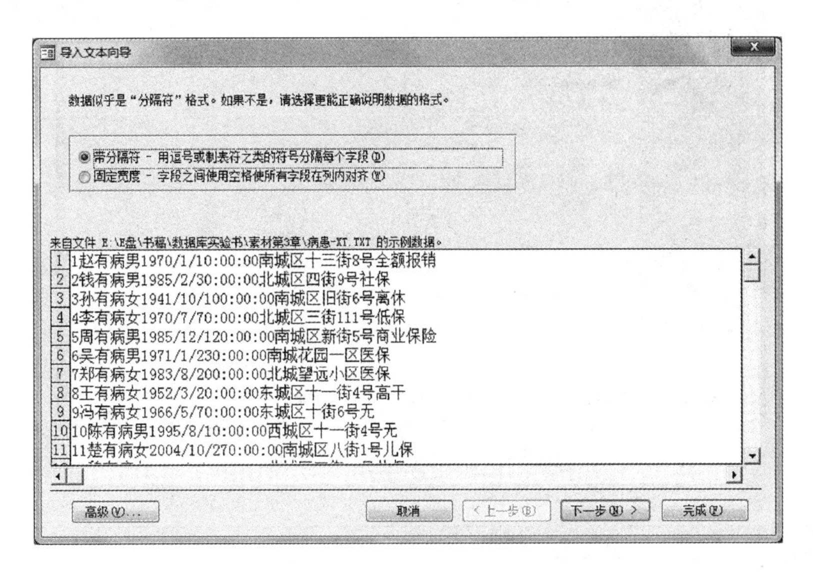

图3－21 “导入文本向导”对话框

（5）在“导入文本向导”对话框的“请选择字段分割符”区选择“制表符”单选框，单击“下一步”按钮，如图3－22所示，单击“下一步”按钮。

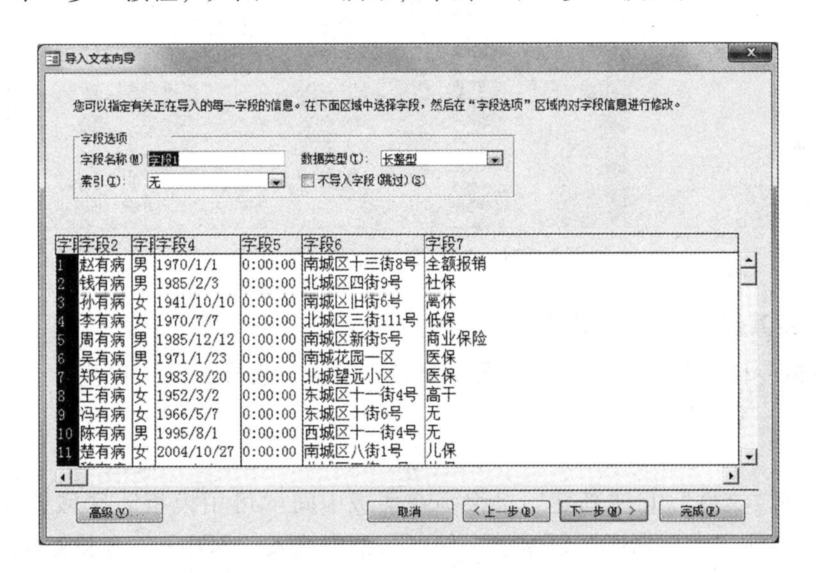

图3－22 字段选项定义

（6）选中“让Access添加主键”单选按钮，单击“下一步”按钮，在“导入到表”框中输入“病患－XTxt”，如图3－23所示，单击“完成”按钮。

（7）在弹出的“获取外部数据－文本文件”对话框中，选择“保存导入步骤”复选框，单击“保存导入”按钮，将“病患－X.txt”，导入Access，并保存为表“病患－XTxt”结果如图3－24所示。

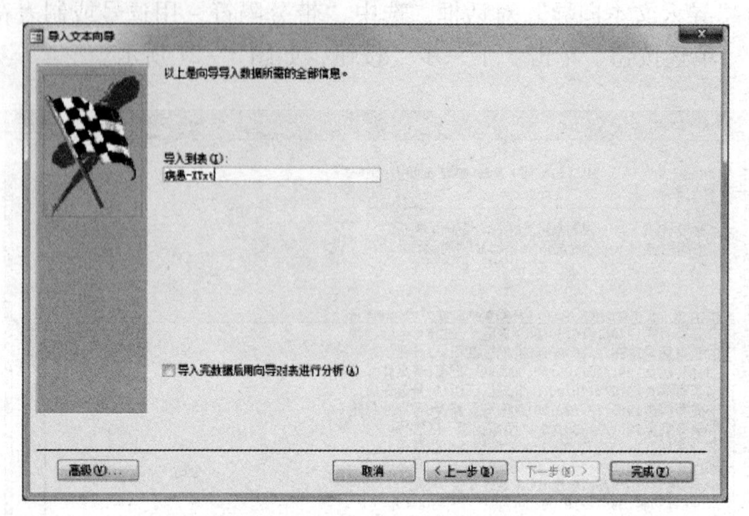

图 3－23　确定导入到表名称

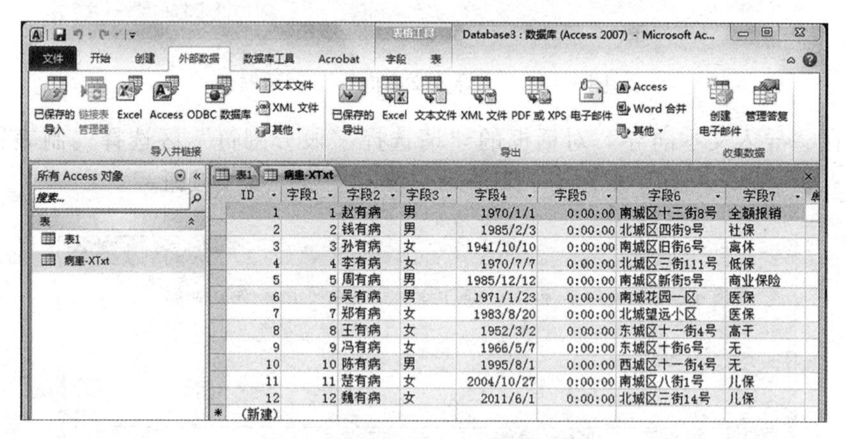

图 3－24　导入 TXT 文本数据结果

5. 导出到其他 Access 数据库

将“社区专科诊所业务信息”数据库中的“医生”表导出到“医生”数据库中，并命名为“医生－X”表。

操作提示：

（1）选择“文件”｜“新建”命令，在面板中间“可用模板”区域选择“空数据库”，在面板右侧“空数据库”区域“文件名”框中输入“医生”，单击文本框后的“浏览”按钮，选择保存新建数据库的存储位置为“D:\”，单击“创建”按钮。

（2）打开“社区专科诊所业务信息”数据库，在导航窗格中双击“医生：表”，单击“外部数据”选项卡“导出”组中的“Access”按钮文本文件，弹出“导出－Access 数据库”对话框。

（3）单击“浏览”按钮弹出“保存文件”对话框，选择新建的“医生”数据库，如图 3－25 所示，单击“确定”按钮。

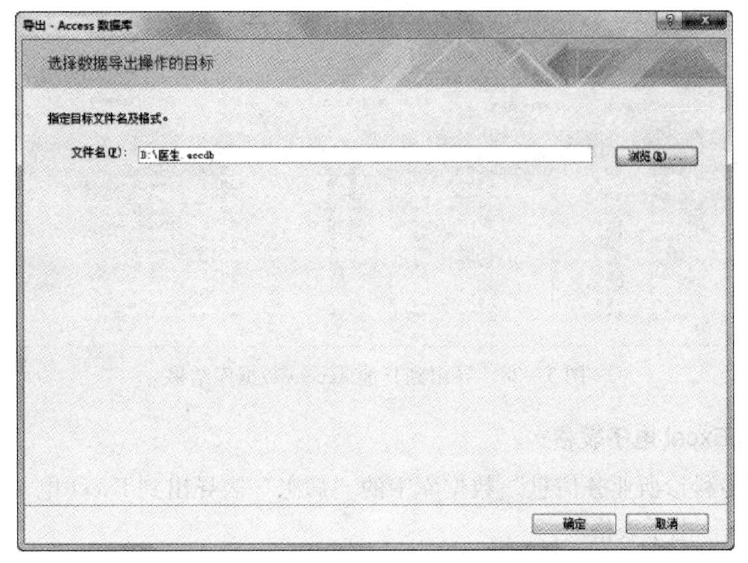

图 3 - 25 “导出 - Access 数据库”对话框

（4）弹出“导出”对话框，在“将医生导出到:”文本框内输入“医生 - X”，如图 3 - 26所示。

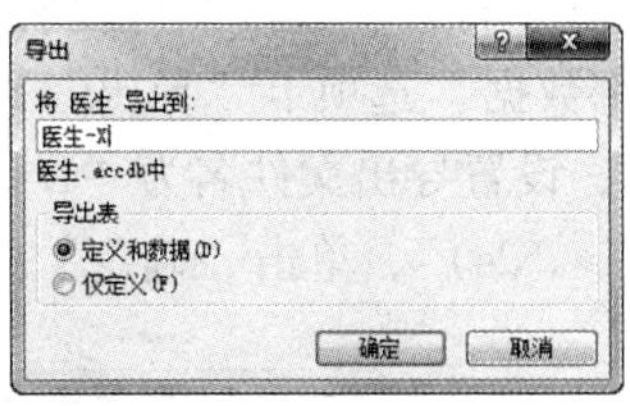

图 3 - 26 “导出”对话框

（5）单击“确定”按钮，在弹出的“导出 - Access数据库”对话框中，选中“保存导出步骤”复选框，如图 3 - 27 所示，单击“保存导出”按钮。

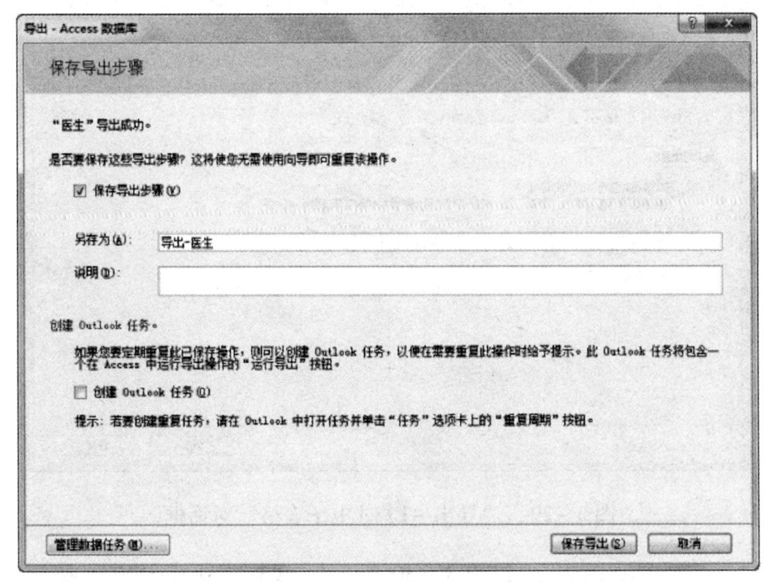

图 3 - 27 保存导出步骤

（6）将“社区专科诊所业务信息”数据库中的“医生”表导出到“医生”数据库中名为“医生 - X”的表中，如图 3 - 28 所示。

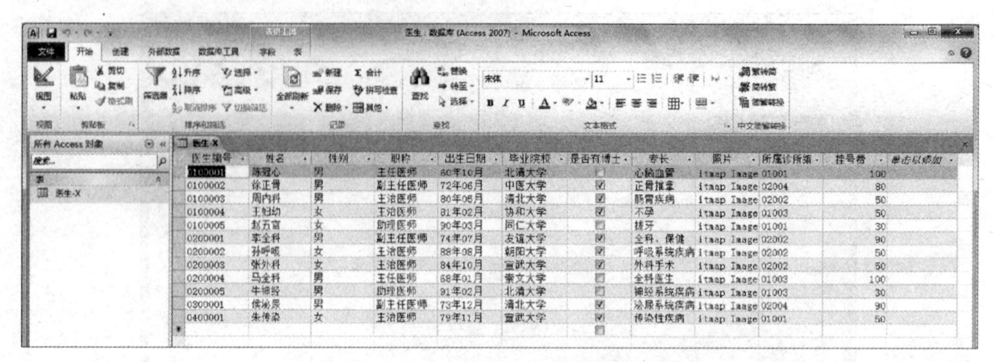

图 3－28　导出到其他 Access 数据库结果

6. 导出到 Excel 电子表格

将“社区专科诊所业务信息”数据库中的“病患”表导出到 Excel 电子表格中，并命名为“病患－X”电子表格。

操作提示：

（1）打开“社区专科诊所业务信息”数据库，在导航窗格中双击“病患：表”，单击“外部数据”选项卡“导出”组中的“Excel”按钮，弹出“导出－Excel 电子表格”对话框，设置导出文件名为“D:\ 病患－X. xls”，文件格式为“Excel 97－Excel 2003 工作簿（＊. xls）”，单击“确定”按钮，如图 3－29 所示。

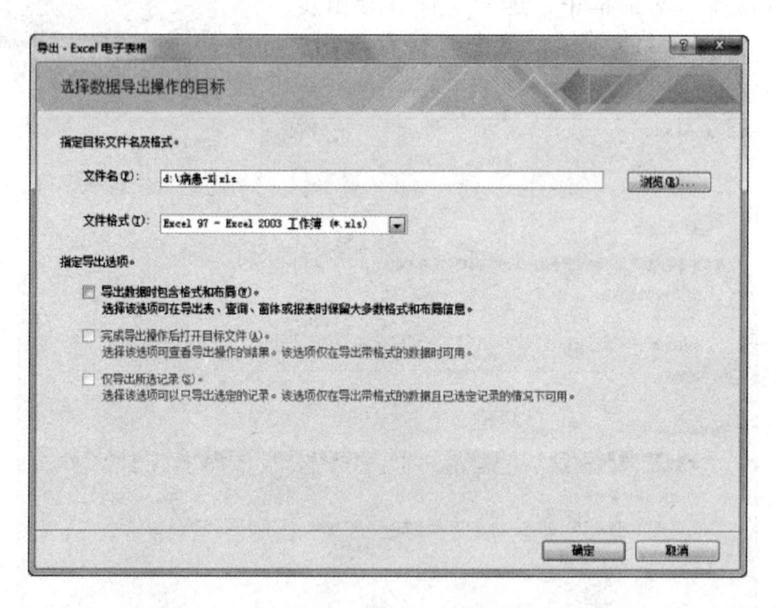

图 3－29　“导出－Excel 电子表格”对话框

（2）选择“保存导出步骤”，如图 3－30 所示，单击“保存导出”按钮，实现将“社区专科诊所业务信息”数据库中的“病患”表导出到 Excel 电子表格操作，并将其命名为“病患－X”电子表格。

（3）打开 D 盘导出后的 Excel 文件“病患－X. xls”，如图 3－31 所示。

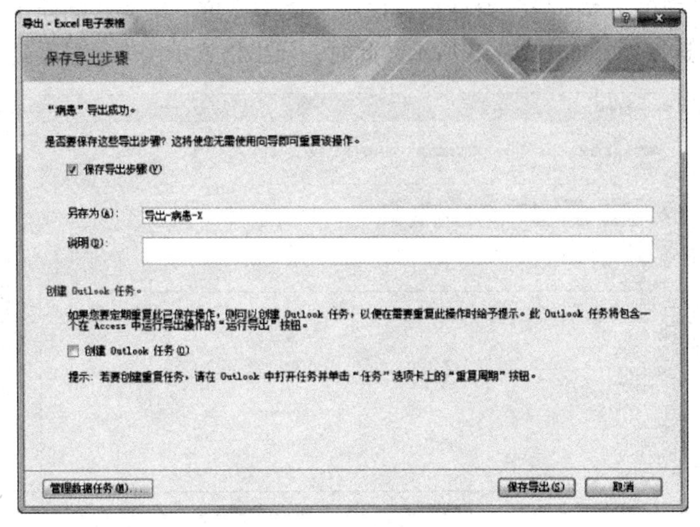

图 3－30 保存导出步骤

7. 导出为 TXT 文本数据

将“社区专科诊所业务信息”数据库中的“医生”表导出为 TXT 文本数据，并命名为“医生－X”文本文件。

操作提示：

(1) 打开“社区专科诊所业务信息”数据库，在导航窗格中双击“医生：表”，选择“外部数据”选项卡“导出”组中的“文本文件”按钮，弹出“导出－文本文件”对话框，设置导出文件名为“D:\ 医生－X”，文件格式为“文本文件”，单击“确定”按钮，如图 3－32 所示。

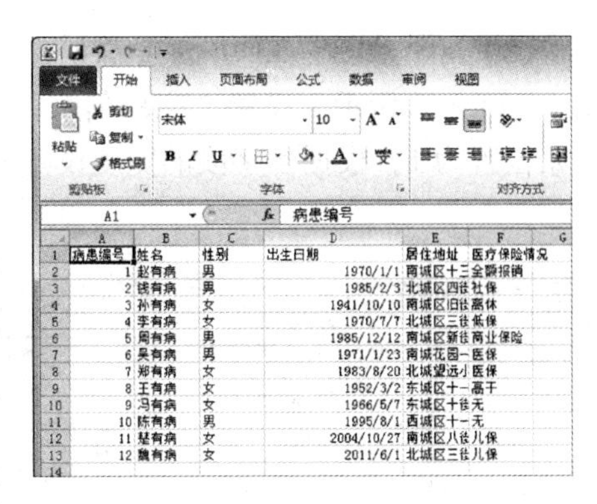

图 3－31 导出到 Excel 电子表格结果

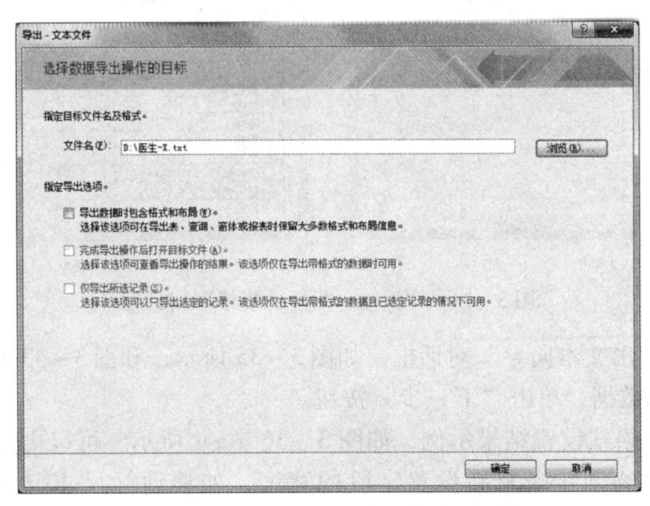

图 3－32 “导出－文本文件”对话框

（2）弹出“导出文本向导”对话框，选中“固定宽度－字段之间使用空格使所有字段在列内对齐”单选按钮，如图3－33所示，此时，导出格式示例中，只看到第一列数据。

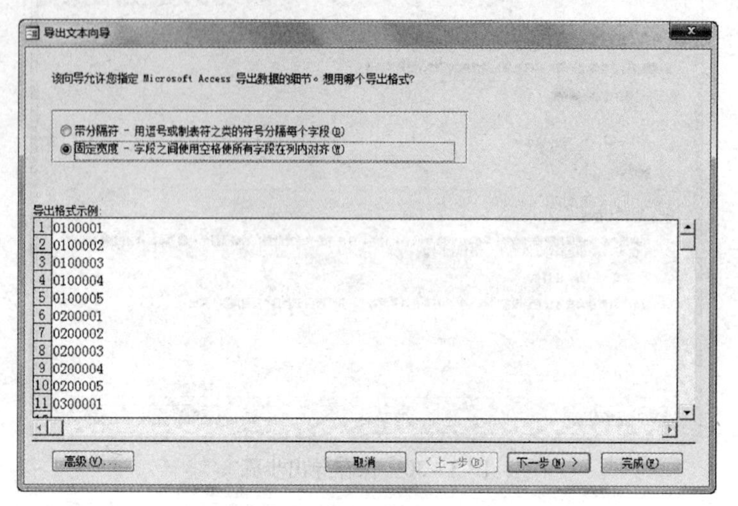

图3－33　导出格式设置

（3）单击图3－33中的“高级”按钮，弹出“医生－X　导出规格”对话框，如图3－34（a）所示。设置“字段信息”区内各字段名的宽度均为10，“医生编号”字段名起始位置为1，根据各字段的宽度设定其起始位置，单击“确定”按钮，如图3－34（b）所示。

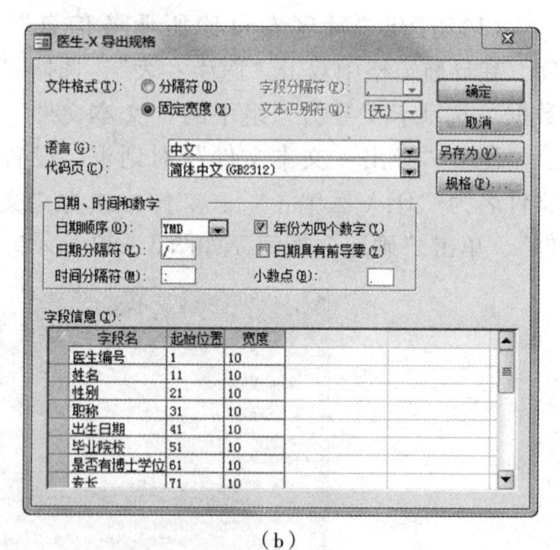

（a）　　　　　　　　　　　　（b）

图3－34　“医生－X导出规格”对话框

（4）返回“导出文本向导”对话框，如图3－35所示，和图3－33相比，导出格式示例中，看到了多列数据，单击“下一步”按钮。

（5）弹出导出格式设置结果示例，如图3－36（a）所示，可以更直观地观察字段分割结果，并可通过移动线条重新设置字段的宽度，如移动标尺40处线条到45，结果如图3－36（b）。

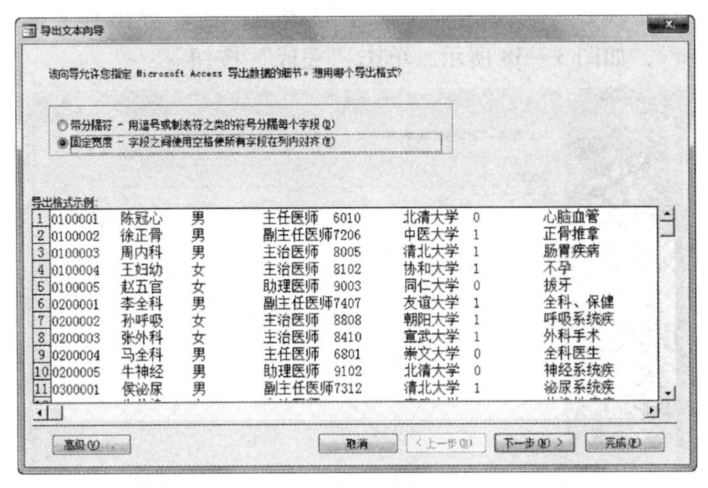

图 3－35　导出格式设置结果

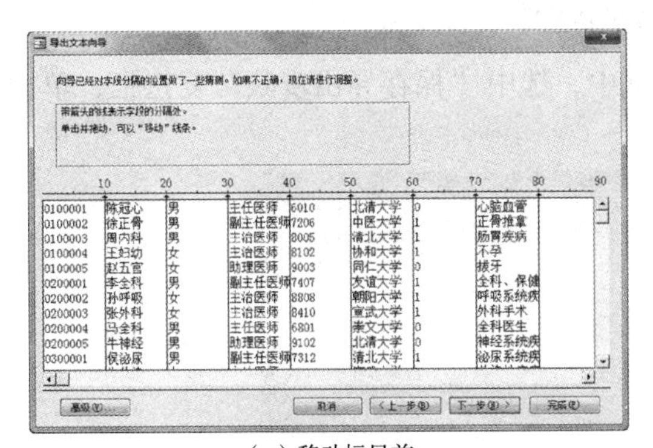

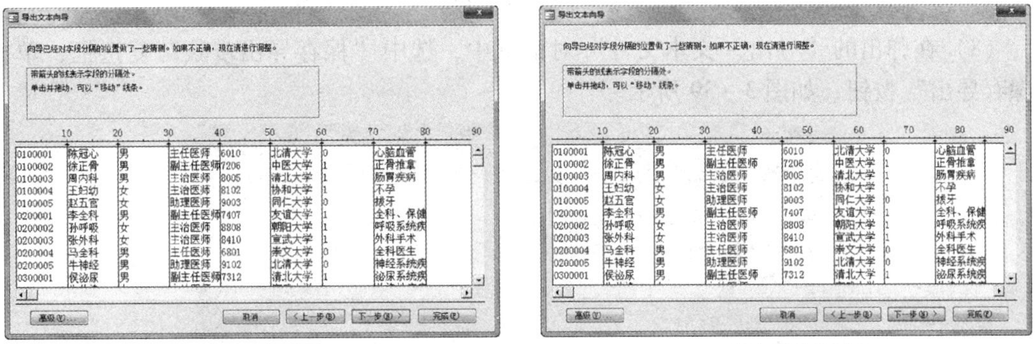

（a）移动标尺前

导出文本向导
向导已经对字段分隔的位置做了一些猜测。如果不正确，现在请进行调整。
带箭头的线表示字段的分隔处。
单击并拖动，可以“移动”线条。
10 20 30 40 50 60 70 80 90
0100001 陈冠心 男 主任医师 6010 北清大学 0 心脑血管
0100002 徐正骨 男 副主任医师 7206 中医大学 1 正骨推拿
0100003 周内科 男 主治医师 8005 清北大学 1 肠胃疾病
0100004 王妇幼 女 主治医师 8102 协和大学 1 不孕
0100005 赵五官 女 助理医师 9003 同仁大学 0 拔牙
0200001 李全科 男 副主任医师 7407 友谊大学 1 全科、保健
0200002 孙呼吸 女 主治医师 8808 朝阳大学 1 呼吸系统疾
0200003 张外科 女 主治医师 8410 宣武大学 1 外科手术
0200004 马全科 男 主任医师 6801 崇文大学 0 全科医生
0200005 牛神经 男 助理医师 9102 北清大学 0 神经系统疾
0300001 侯泌尿 男 副主任医师 7312 清北大学 1 泌尿系统疾
高级(V)... 取消 <上一步(B) 下一步(N)> 完成(F)

（b）移动标尺后

图 3－36　导出格式设置示例

（6）此时，单击“高级”按钮，弹出的“医生－X 导出规格”对话框如图 3－37 所示，“职称”一行的宽度已根据移动线条的位置被修改为 15，而且“字段信息”区内“职称”下面各字段的起始位置也做了相应修改，单击“确定”按钮返回到图 3－36（b）。

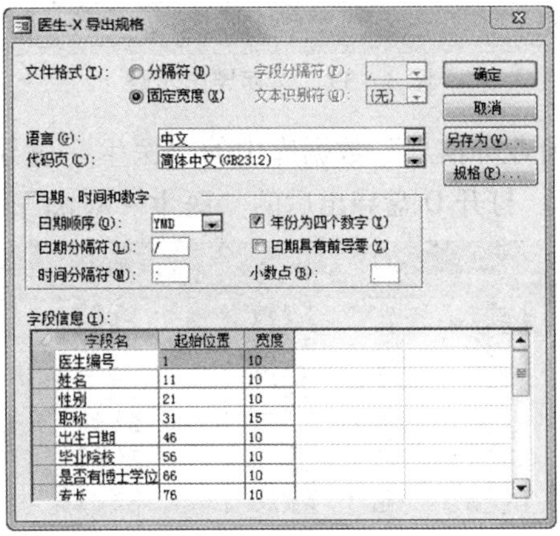

医生-X 导出规格
文件格式(T)： 分隔符(D) 字段分隔符(E)：, 确定
固定宽度(X) 文本识别符(Q)：{无} 取消
语言(G)：中文 另存为(V)...
代码页(C)：简体中文(GB2312) 规格(P)...
日期、时间和数字
日期顺序(O)：YMD 年份为四个数字(Y)
日期分隔符(L)：/ 日期具有前导零(Z)
时间分隔符(M)：: 小数点(E)：
字段信息(I)：

字段名	起始位置	宽度
医生编号	1	10
姓名	11	10
性别	21	10
职称	31	15
出生日期	46	10
毕业院校	56	10
是否有博士学位	66	10
专长	76	10

图 3－37　“医生－X 导出规格”修改后结果

（7）在图 3-36（b）中，单击“下一步”按钮，在“导出到文件”文本框中输入“D:\ 医生-X. txt”，如图 3-38 所示，单击“完成”按钮。

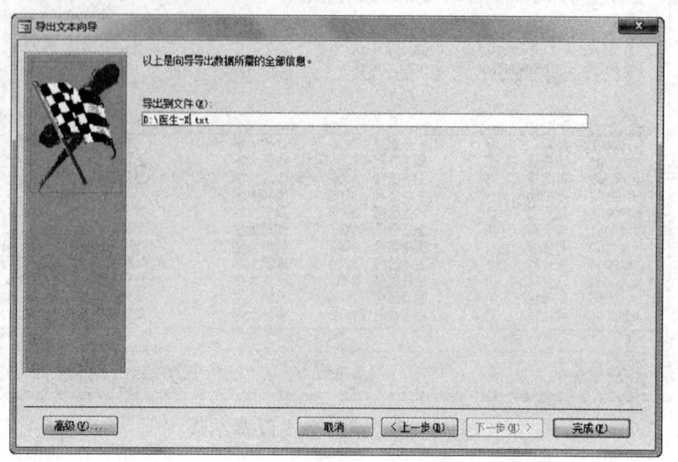

图 3-38　导出到文件

（8）在弹出的“导出-文本文件”对话框中，选中“保存导出步骤”复选框，单击“保存导出”按钮，如图 3-39 所示。

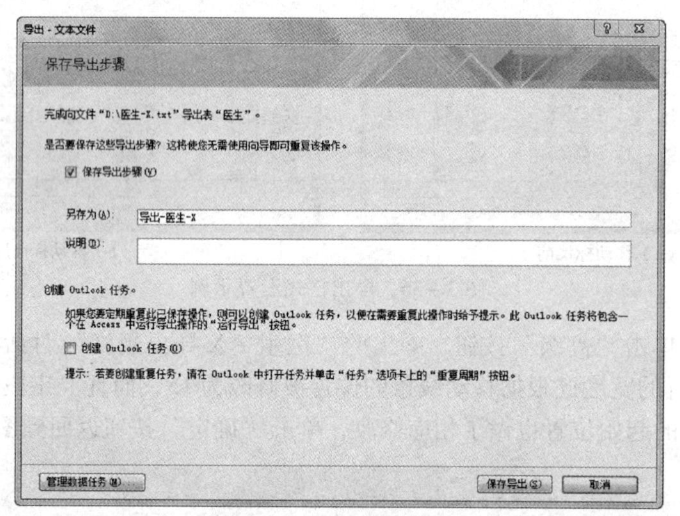

图 3-39　保存导出步骤

（9）将“社区专科诊所业务信息”数据库中的“医生”表导出为 TXT 文本数据，并命名为“医生-X”文本文件。打开 D 盘导出后的“医生-X. txt”，结果如图 3-40 所示。

医生-X - 记事本

文件(F)　编辑(E)　格式(O)　查看(V)　帮助(H)

0100001	陈冠心	男	主任医师	6010	北清大学	0	心脑血管	01001	100
0100002	徐正骨	男	副主任医师	7206	中医大学	1	正骨推拿	02004	80
0100003	周内科	男	主治医师	8005	清北大学	1	肠胃疾病	02002	50
0100004	王妇幼	女	主治医师	8102	协和大学	1	不孕	01003	50
0100005	赵五官	女	助理医师	9003	同仁大学	0	拔牙	01001	30
0200001	李全科	男	副主任医师	7407	友谊大学	1	全科、保健	02002	90
0200002	孙呼吸	女	主治医师	8808	朝阳大学	1	呼吸系统疾病	02002	50
0200003	张外科	女	主治医师	8410	宣武大学	1	外科手术	02002	50
0200004	马全科	男	主任医师	6801	崇文大学	0	全科医生	01003	100
0200005	牛神经	男	助理医师	9102	北清大学	0	神经系统疾病	01003	30
0300001	侯泌尿	男	副主任医师	7312	清北大学	1	泌尿系统疾病	02004	90
0400001	朱传染	女	主治医师	7911	宣武大学	1	传染性疾病	01001	50

图 3-40　导出到 TXT 文本数据结果

8. 按照保存的步骤导出数据

将已保存导出的“D:\ 医生 - X. txt”文本文件导出到“D:\ 医生 - X1. txt”。

操作提示：

(1) 打开“社区专科诊所业务信息”数据库中的“医生”表，将其导出到“D:\ 医生 - X. txt”文本数据。

(2) 单击“外部数据”选项卡“导出”组中的“已保存的导出”按钮，弹出“管理数据任务”对话框，选择“已保存的导出”选项卡，如图3-41所示。

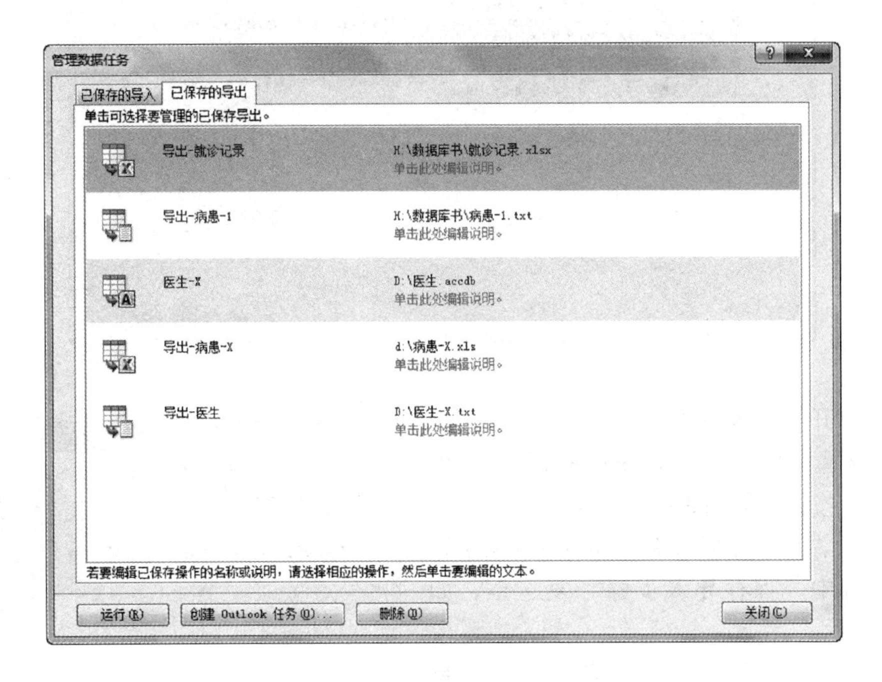

图3-41 “管理数据任务”对话框

(3) 单击“D:\ 医生 - X. txt”弹出文本框，将此文本框中的“D:\ 医生 - X. txt”修改为“D:\ 医生 - X1. txt”单击“运行”按钮，弹出如图3-42所示的对话框，单击“确定”按钮，完成将已保存导出的“D:\ 医生 - X. txt”文本文件导出到“D:\ 医生 - X1. txt”。打开D盘，可以看到，存在导出的两个TXT文件“医生 - X. txt”和“医生 - X1. txt”。

图3-42 “导出成功”对话框

9. 导入Access的数据库对象

向“breast cancer”数据库中导入KEGG. accdb中的“Wnt signaling pathway”表。

操作提示：

(1) 打开breast cancer数据库，单击“外部数据”选项卡“导入并链接”工具组中的“Access”按钮，弹出“获取外部数据 - Access数据库”对话框。

（2）在“获取外部数据 - Access 数据库”对话框，单击“浏览”按钮弹出“打开”对话框，选择导入 KEGG 数据库，单击“确定”按钮，如图 3 - 43 所示。

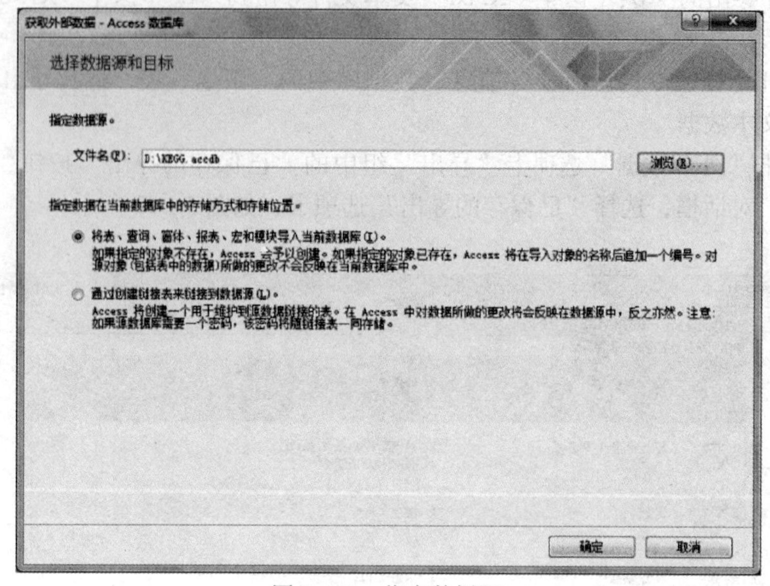

图 3 - 43　指定数据源

（3）打开“导入对象”对话框，在“表”选项卡中选择“Wnt signaling pathway”表，单击“确定”按钮，如图 3 - 44 所示。

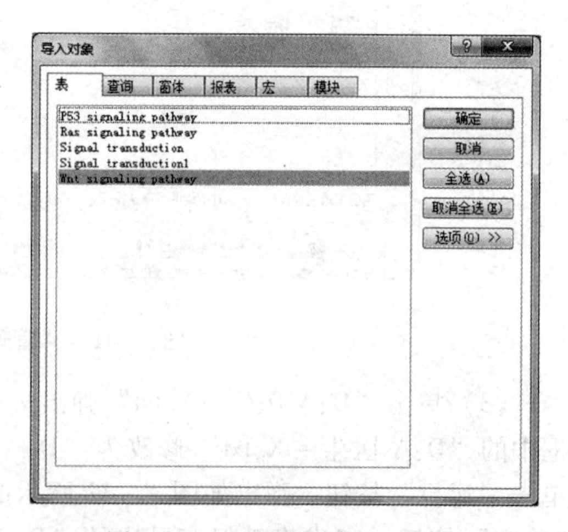

图 3 - 44　“导入对象”对话框

（4）在“获取外部数据 - Access 数据库”对话框中选中“保存导入步骤”复选框，如图 3 - 45所示。

（5）单击“保存导入”按钮，成功将“KEGG 通路”数据库中 Wnt signaling pathway 表导入“breast cancer”数据库中，如图 3 - 46 所示。

10. 导入 Excel 电子表格

向 breast cancer 数据库中导入 characteristics. xlsx 中的数据。

操作提示：

（1）打开“breast cancer”数据库，单击“外部数据”选项卡“导入并链接”工具组中的“Excel”按钮，弹出“获取外部数据 - Excel 电子表格”对话框。

（2）在“获取外部数据 - Excel 电子表格”对话框，单击“浏览”按钮弹出“打开”对话框，选择导入 characteristics. xlsx 文件，单击“确定”按钮，如图 3 - 47 所示。

（3）打开“导入数据表向导”对话框，选择“第一行包含列标题”复选框，单击“下一步”按钮，如图 3 - 48 所示。

（4）如图 3 - 49 所示，可以对相应字段进行修改，单击“下一步”按钮。

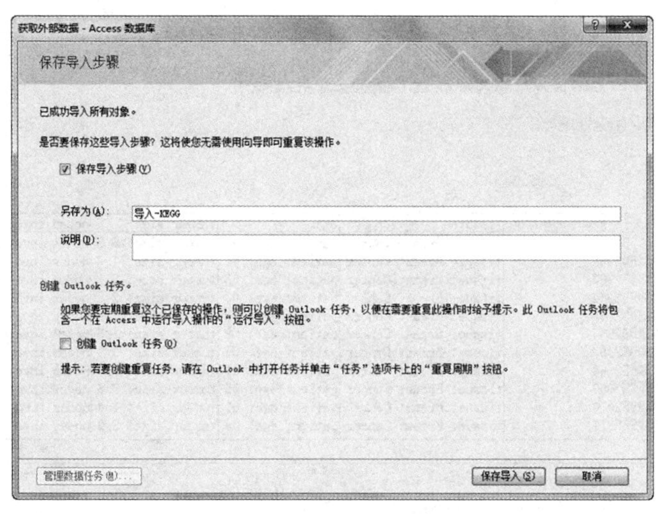

获取外部数据 - Access 数据库
保存导入步骤
已成功导入所有对象。
是否要保存这些导入步骤？这将使您无需使用向导即可重复该操作。
保存导入步骤(V)
另存为(A)：
导入-KEGG
说明(D)：
创建 Outlook 任务。
如果您要定期重复这个已保存的操作，则可以创建 Outlook 任务，以便在需要重复此操作时给予提示。此 Outlook 任务将包含一个在 Access 中运行导入操作的"运行导入"按钮。
创建 Outlook 任务(O)
提示：若要创建重复任务，请在 Outlook 中打开任务并单击"任务"选项卡上的"重复周期"按钮。
管理数据任务(M)...
保存导入(S)
取消

图 3－45　保存导入步骤

breast cancer : 数据库 (Access 2007 - 2010)
Wnt signaling pathway
gene
gene name
APC
adenomatous polyposis coli [KO:K02085]
APC2
adenomatosis polyposis coli 2 [KO:K02085]
AXIN1
axin 1 [KO:K02157]
AXIN2
axin 2 [KO:K04385]
BAMBI
BMP and activin membrane-bound inhibitor [KO:K10162]
BTRC
CACYBP
calcyclin binding protein [KO:K04507]
CCND1
cyclin D1 [KO:K04503]
CCND2
cyclin D2 [KO:K10151]
CCND3
cyclin D3 [KO:K10152]
CER1
cerberus 1, DAN family BMP antagonist [KO:K01645]
CHD8
CREBBP

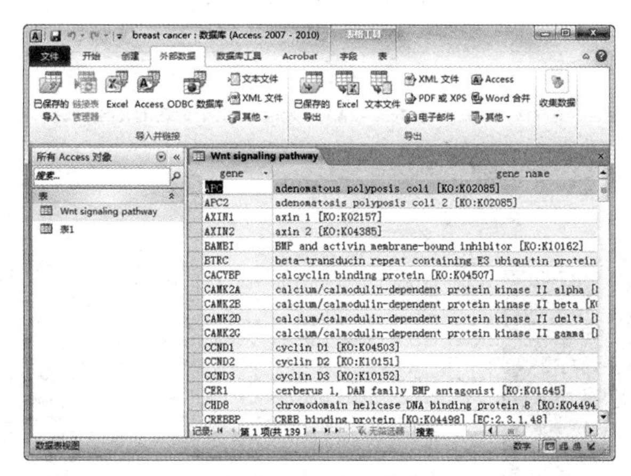

图 3－46　导入结果

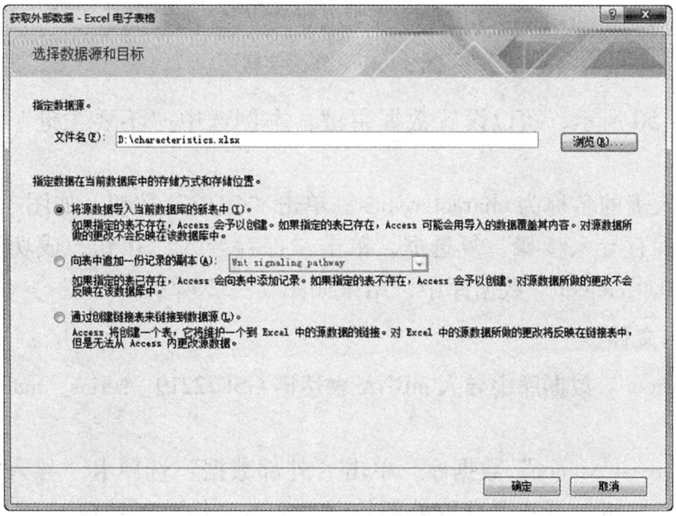

获取外部数据 - Excel 电子表格
选择数据源和目标
指定数据源。
文件名(F)：
D:\characteristics.xlsx
浏览(R)...
指定数据在当前数据库中的存储方式和存储位置。
将源数据导入当前数据库的新表中(I)。
如果指定的表不存在，Access 会予以创建。如果指定的表已存在，Access 可能会用导入的数据覆盖其内容。对源数据所做的更改不会反映在该数据库中。
向表中追加一份记录的副本(A)：
Wnt signaling pathway
如果指定的表已存在，Access 会向表中添加记录。如果指定的表不存在，Access 会予以创建。对源数据所做的更改不会反映在该数据库中。
通过创建链接表来链接到数据源(L)。
Access 将创建一个表，它将维护一个到 Excel 中的源数据的链接。对 Excel 中的源数据所做的更改将反映在链接表中，但是无法从 Access 内更改源数据。
确定
取消

图 3－47　选择数据源

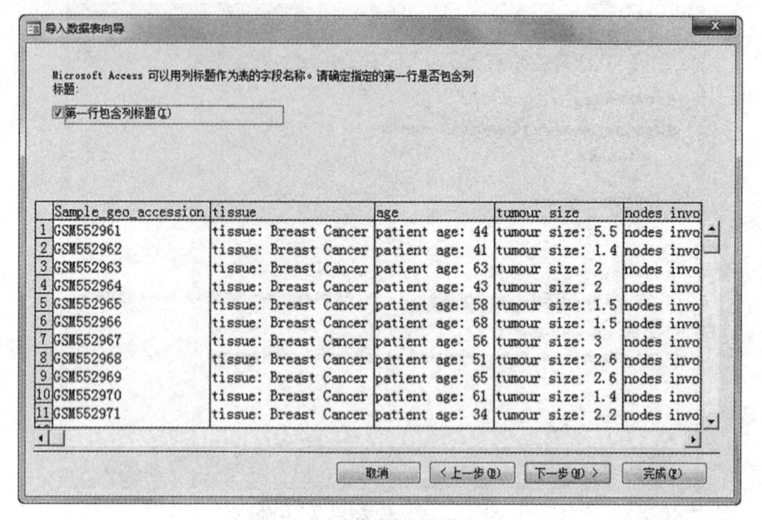

图 3－48　确定标题行

图 3－49　修改字段

（5）如图 3－50 所示，可以设置数据主键，本例选中“不要主键”单选按钮，单击“下一步”按钮。

（6）输入导入表的名称为 characteristics，单击“完成”按钮，如图 3－51 所示。

（7）选中“保存导入步骤”复选框，单击“保存导入”按钮，成功将 characteristics.xls 数据导入“breast cancer”数据库中，结果如图 3－52 所示。

11. 导入文本文件

向“breast cancer”数据库中导入 mRNA 表达谱 GSE22219_ series_ matrix. txt 中的数据。

操作提示：

（1）打开“breast cancer”数据库，单击“外部数据”选项卡“导入并链接”工具组中的“文本文件”按钮，打开“获取外部数据－文本文件”对话框。

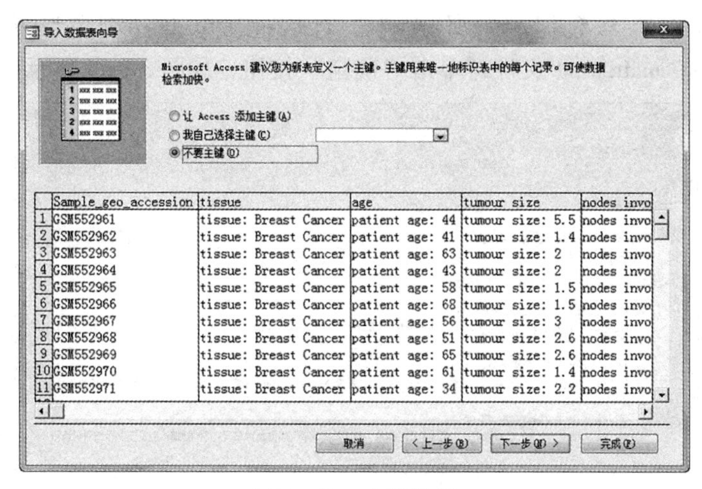

图 3－50　主键设置

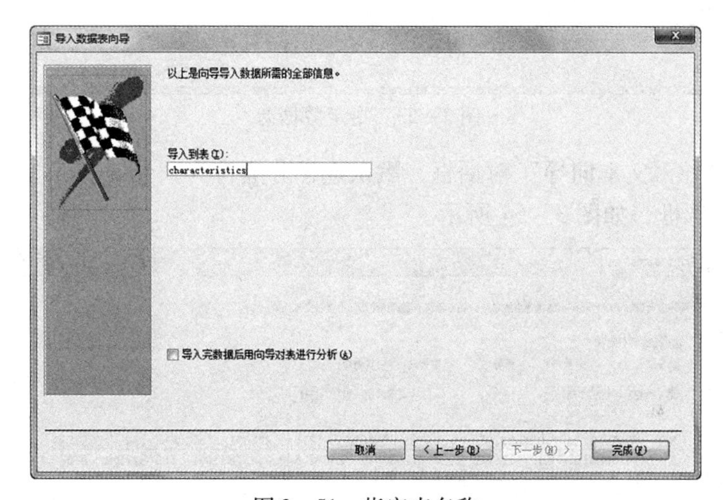

图 3－51　指定表名称

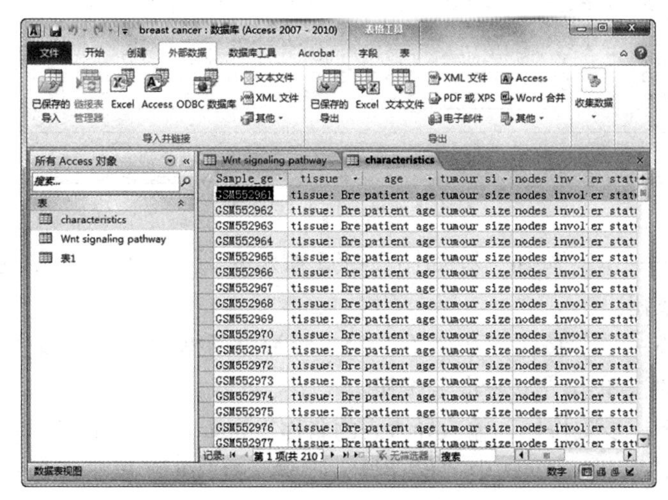

图 3－52　导入结果图

（2）在“获取外部数据 - 文本文件”对话框，单击“浏览”按钮，选择导入GSE22219_ series_ matrix. txt 文件，单击“确定”按钮，如图 3 – 53 所示。

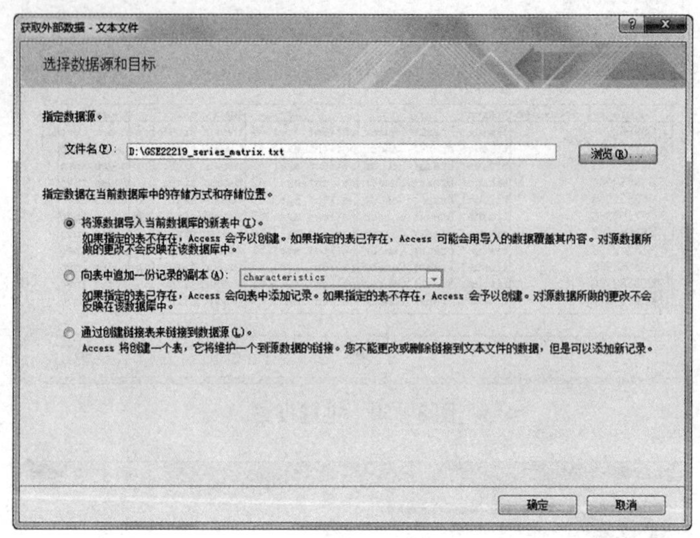

图 3 – 53　指定数据源

（3）打开“导入文本向导”对话框，默认选择分隔符为“制表符”，选中“第一行包含字段名称”复选框，如图 3 – 54 所示。

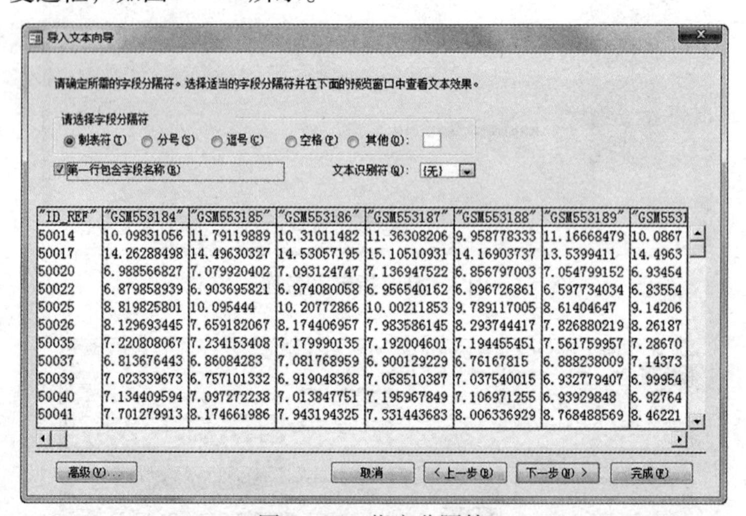

"ID_REF"	"GSM553184"	"GSM553185"	"GSM553186"	"GSM553187"	"GSM553188"	"GSM553189"	"GSM5531
50014	10.09831056	11.79119889	10.31011482	11.36308206	9.958778333	11.16668479	10.0867
50017	14.26288498	14.49630327	14.53057195	15.10510931	14.16903737	13.5399411	14.4963
50020	6.988566827	7.079920402	7.093124747	7.136947522	6.856797003	7.054799152	6.93454
50022	6.879858939	6.903695821	6.974080058	6.956540162	6.996726861	6.597734034	6.83554
50025	8.819825801	10.095444	10.20772866	10.00211853	9.789117005	8.61404647	9.14206
50026	8.129693445	7.659182067	8.174406957	7.983586145	8.293744417	7.826880219	8.26187
50035	7.220808067	7.234153408	7.179990135	7.192004601	7.194455451	7.561759957	7.28670
50037	6.813676443	6.86084283	7.081768959	6.900129229	6.76167815	6.888238009	7.14373
50039	7.023339673	6.757101332	6.919048368	7.058510387	7.037540015	6.932779407	6.99954
50040	7.134409594	7.097272238	7.013847751	7.195967849	7.106971255	6.93929848	6.92764
50041	7.701279913	8.174661986	7.943194325	7.331443683	8.006336929	8.768488569	8.46221

图 3 – 54　指定分隔符

（4）单击“下一步”按钮，在如图 3 – 55 所示对话框中可以对相应字段进行修改，单击“下一步”按钮。

（5）单击“下一步”按钮，在如图 3 – 56 所示对话框中可以设置数据主键。本例选中 ID_ REF 为主键。单击“下一步”按钮。

（6）单击“下一步”按钮，输入导入表的名称为 breast cancer mRNA，如图 3 – 57 所示。

（7）单击“完成”按钮，选中“保存导入步骤”复选框，单击“保存导入”按钮，如图 3 –45所示，成功将乳腺癌基因表达谱数据导入“breast cancer”数据库中，如图 3 – 58 所示。

图 3－55　修改字段

图 3－56　设置主键

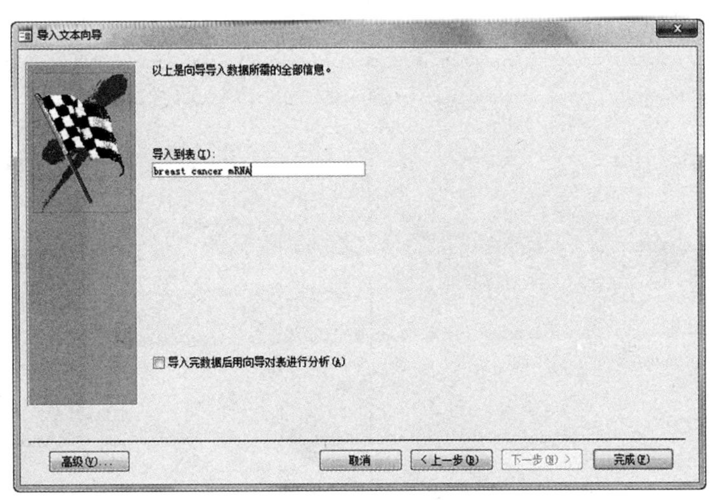

图 3－57　设置表名称

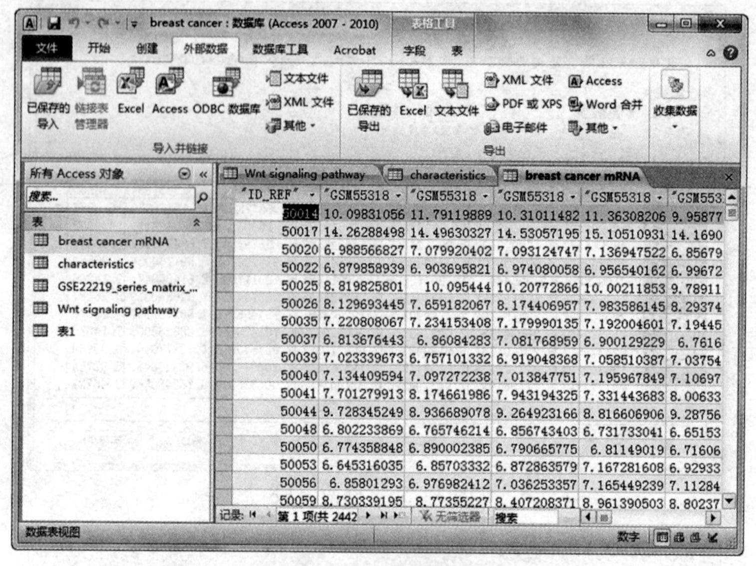

ID_REF	GSM55318	GSM55318	GSM55318	GSM55318	GSM553
50014	10.09831056	11.79119889	10.31011482	11.36308206	9.95877
50017	14.26288498	14.49630327	14.53057195	15.10510931	14.1690
50020	6.988566827	7.079920402	7.093124747	7.136947522	6.85679
50022	6.879858939	6.903695821	6.974080058	6.956540162	6.99672
50025	8.819825801	10.095444	10.20772866	10.00211853	9.78911
50026	8.129693445	7.659182067	8.174406957	7.983586145	8.29374
50035	7.220808067	7.234153408	7.179990135	7.192004601	7.19445
50037	6.813676443	6.86084283	7.081768959	6.900129229	6.7616
50039	7.023339673	6.757101332	6.919048368	7.058510387	7.03754
50040	7.134409594	7.097272238	7.013847751	7.195967849	7.10697
50041	7.701279913	8.174661986	7.943194325	7.331443683	8.00633
50044	9.728345249	8.936689078	9.264923166	8.816606906	9.28756
50048	6.802233869	6.765746214	6.856743403	6.731733041	6.65153
50050	6.774358848	6.890002385	6.790665775	6.81149019	6.71606
50053	6.645316035	6.85703332	6.872863579	7.167281608	6.92933
50056	6.85801293	6.976982412	7.036253357	7.165449239	7.11284
50059	8.730339195	8.77355227	8.407208371	8.961390503	8.80237

图 3－58　导入效果图

第4章

数据库查询与SQL操作实验

一、实验目的

(1) 掌握 Access 数据库查询向导的使用。

(2) 掌握 Access 查询设计器的使用。

(3) 掌握 Access SQL 查询的编写。

(4) 掌握 Access 常用函数。

二、实验内容

1. 使用向导创建选择查询

要求利用单表查询医生的基本信息，显示医生的姓名和职称。

操作提示：

(1) 打开“社区专科诊所业务信息”数据库。

(2) 单击“创建”选项卡“查询”组中的“查询向导”按钮，弹出“新建查询”对话框，如图4－1所示。

(3) 在“新建查询”对话框中选择“简单查询向导”，然后单击“确定”按钮，弹出“简单查询向导”对话框，如图4－2所示。

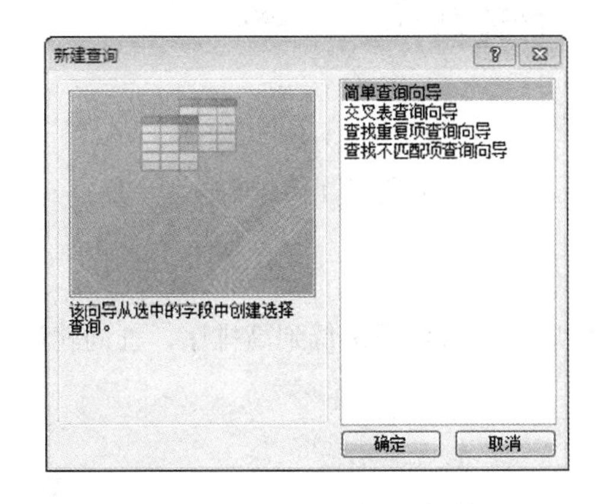

图4－1 “新建查询”对话框

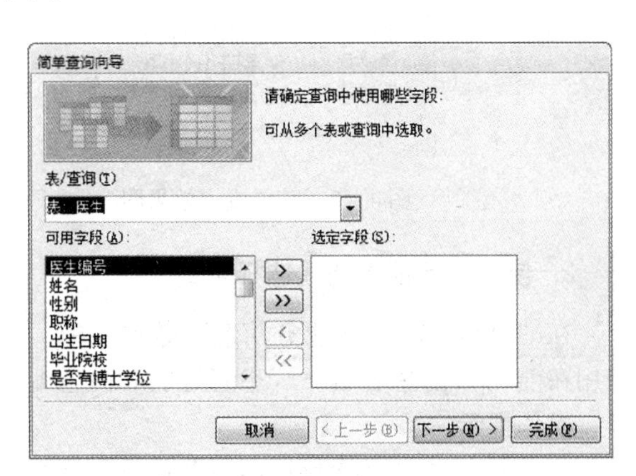

图4－2 “简单查询向导”对话框

（4）在“表/查询”列表框中选择“表：医生”，在“可用字段”列表框中选择“姓名”字段，单击 > 按钮，将“姓名”字段添加到“选定字段”列表框中，同样把“职称”字段添加到“选定字段”列表框中，如图4-3所示。

（5）单击“下一步”按钮，设置查询标题为“实验1”，如图4-4所示。

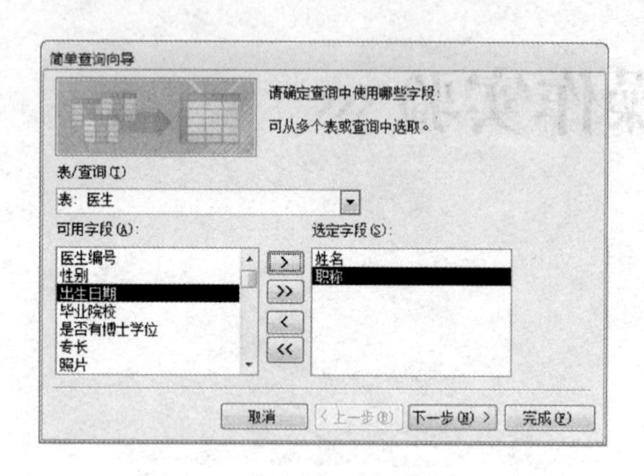

图4-3　添加查询字段

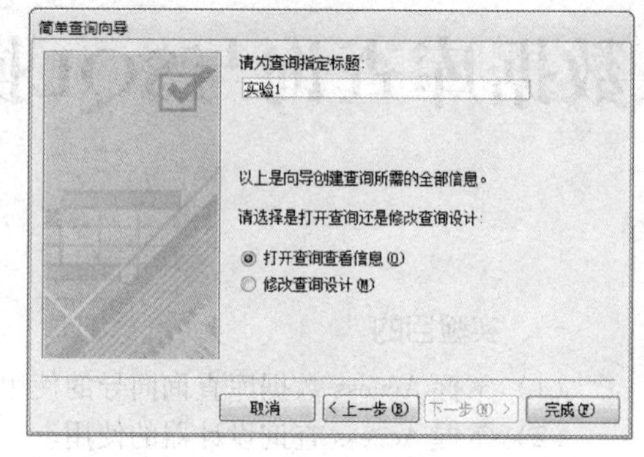

图4-4　指定查询标题

（6）单击“完成”按钮，结果如图4-5所示。

（7）右击“实验1”标签，在弹出的快捷菜单中选择“SQL视图”命令，打开查询的SQL视图，观察本实验结果的SQL语句，如图4-6所示。

姓名	职称
陈冠心	主任医师
徐正骨	副主任医师
周内科	主治医师
王妇幼	主治医师
赵五官	助理医师
李全科	副主任医师
孙呼吸	主治医师
张外科	主治医师
马全科	主任医师
牛神经	助理医师
侯泌尿	副主任医师
朱传染	主治医师

图4-5　简单查询效果图

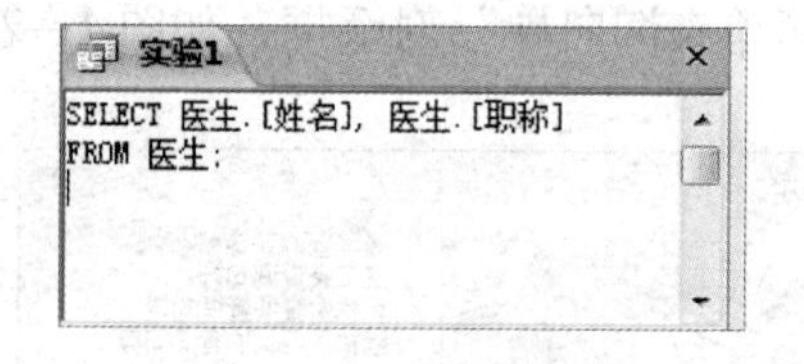

图4-6　实验1的SQL语句

2. 使用设计视图创建选择查询

在“社区专科诊所业务信息”数据库中，按照病人就诊费用由低到高排序，查询就诊费用在前50%的患者编号、患者姓名和医生编号。

操作提示：

（1）打开“社区专科诊所业务信息”数据库。

（2）添加查询表。单击“创建”选项卡“查询”组中的“查询设计”按钮，进入查询的设计视图，弹出“显示表”对话框，如图4-7所示，选择包含患者信息的“病

患”和挂号信息的“就诊记录”表，单击“添加”按钮后关闭对话框，设计视图如图4－8所示。

图4－7　添加查询表

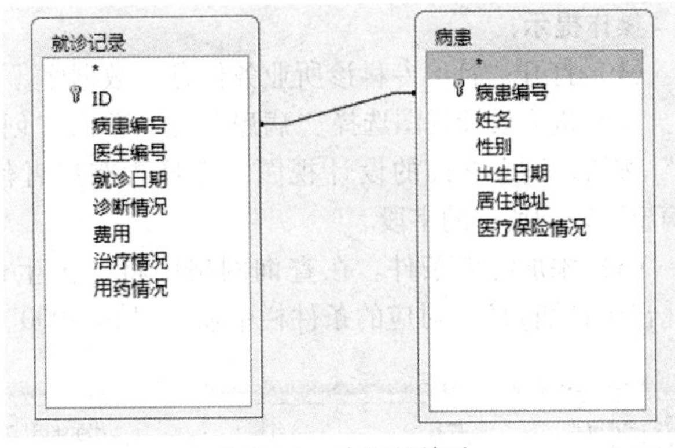

图4－8　表间的关系

（3）查询设置。在“设计”选项卡的“查询设置”中设定“返回”值为50%，设定查询网格中的查询字段分别为“病患编号”“姓名”“医生编号”“费用”，费用排序选择“降序”，如图4－9所示。

字段:	病患编号	姓名	医生编号	费用
表:	就诊记录	病患	就诊记录	就诊记录
排序:				降序
显示:	☑	☑	☑	☑
条件:				
或:				

图4－9　设置查询内容

（4）运行查询。单击“设计”选项卡“结果”组中的“运行”按钮，并保存为“实验2”，查询结果如图4－10所示。

实验2

病患编号	姓名	医生编号	费用
3	孙有病	0100001	$990.00
11	楚有病	0300001	$980.00
9	冯有病	0200005	$900.00
5	周有病	0100005	$900.00
2	钱有病	0100001	$800.00
4	李有病	0100004	$800.00
6	吴有病	0200003	$500.00
2	钱有病	0100001	$500.00
*			

图4－10　实验2查询结果

（5）打开“SQL视图”，查看SQL语句。观察代码如图4－11所示。

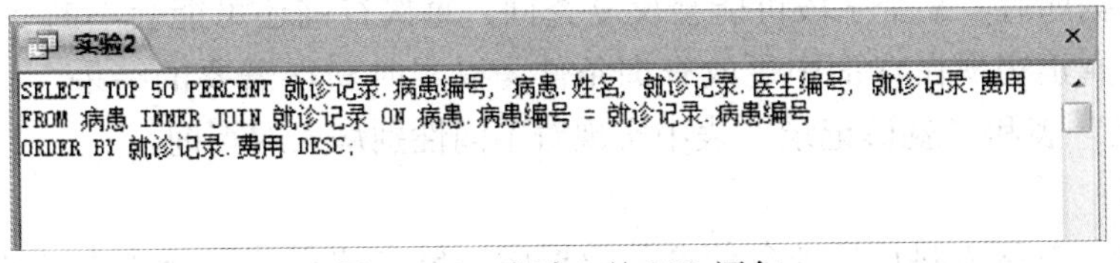

图4－11　实验2的SQL语句

3. 使用表达式查询

在“社区专科诊所业务信息”数据库中，查询2000年（含）之后出生的患者信息。

操作提示：

（1）打开“社区专科诊所业务信息”数据库。

（2）进入设计视图选择“病患”表。单击“创建”选项卡“查询”组中的“查询设计”按钮，进入查询的设计视图，选择含有患者信息的“病患”表，在字段格中选择“病患”表中所有的字段。

（3）添加约束条件。在查询网格中将“出生日期”字段栏改为“出生年份：Year（[出生日期]）”，对应的条件栏中输入“>=2000”，如图4－12所示。

字段:	病患编号	姓名	性别	出生年份: Year([出生日期])	居住地址	医疗保险情况
表:	病患	病患	病患		病患	病患
排序:						
显示:	☑	☑	☑	☑	☑	☑
条件:				>=2000		
或:						

图4－12　患者信息

（4）查询设置。在“查询工具”选项卡组的“设计”选项卡“查询设置”组中，打开“返回”边的下拉列表框，选择“All”。

（5）运行并保存。单击“设计”选项卡“结果”组中的“运行”按钮，保存查询为“实验3”。查询结果如图4－13所示。

实验3

病患编号	姓名	性别	出生年份	居住地址	医疗保险情
11	楚有病	女	2004	南城区八街1号	儿保
12	魏有病	女	2011	北城区三街14号	儿保
(新建)					

图4－13　实验3查询结果

（6）查看SQL语句，如图4－14所示。

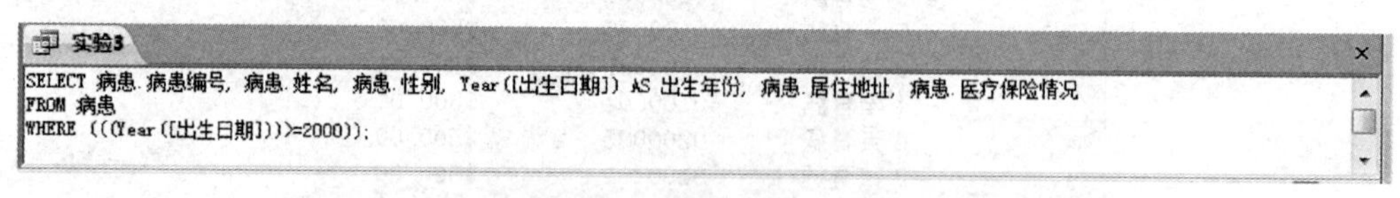

图4－14　实验3的SQL语句

4. 建立单参数查询

在使用数据库时，某个字段可能会反复查询，每次查询还可能会不断变换查询条件，参数查询可以真正实现在查询中更改查询条件，以实时获得需要的结果。利用“参数查询”在“病患”表和“就诊记录”表中实现对不同性别病人的查询。

操作提示：

（1）打开“社区专科诊所业务信息”数据库，单击“创建”选项卡“查询”选项组

中的“查询设计”按钮，弹出“显示表”对话框，按住【Ctrl】键，单击选中“病患”和“就诊记录”表，如图4－15所示。

（2）单击“添加”按钮后，单击“显示表”中的“关闭”按钮关闭“显示表”，窗口显示查询关联表，如图4－16所示。

图4－15　“显示表”对话框

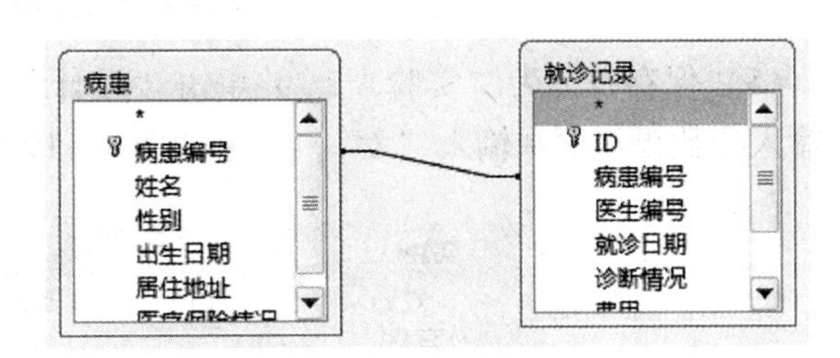

图4－16　查询关联表

（3）在查询关联表中，双击“病患”表中的“姓名”字段，将其添加到查询网格，同样双击“病患”表中的“性别”字段、“就诊记录”表中的“就诊日期”和“诊断情况”字段，将其添加到查询网格，如图4－17所示。

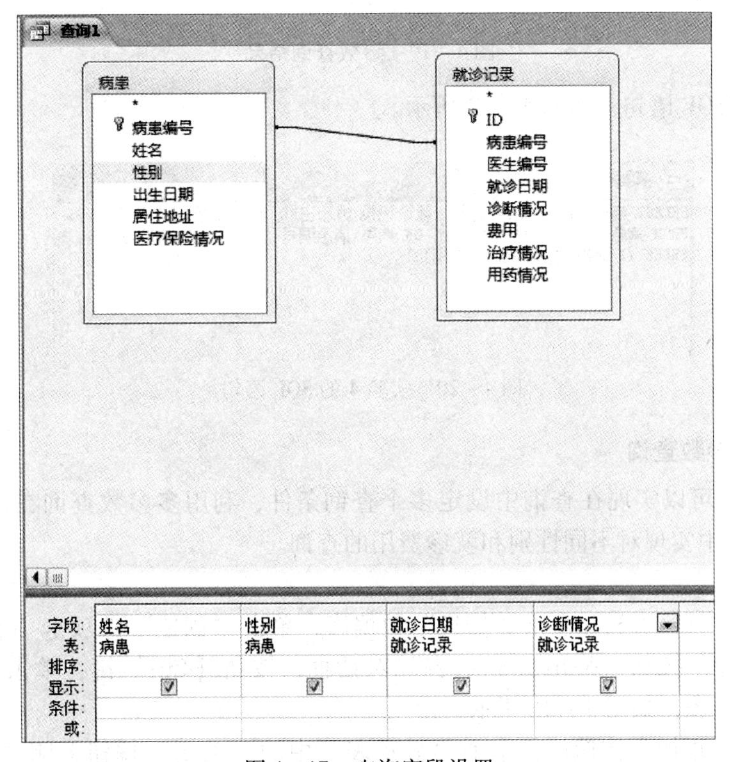

图4－17　查询字段设置

（4）在查询网格的“性别”列中的“条件”行网格中输入“[输入性别]”，如图4－18所示。

字段：	姓名	性别	就诊日期	诊断情况
表：	病患	病患	就诊记录	就诊记录
排序：				
显示：	☑	☑	☑	☑
条件：		[输入性别]		
或：				

图4－18　添加参数

（5）保存查询为“实验4”，并单击“设计”选项卡“结果”组中的“运行”按钮，在输入参数提示框中输入“女”，结果如图4－19所示。

实验4

姓名	性别	就诊日期	诊断情况
孙有病	女	16-01-22	脑血栓
李有病	女	16-02-02	不孕症
李有病	女	16-02-03	牙龈炎
魏有病	女	16-02-03	麻疹
王有病	女	16-03-01	老年器官衰竭
冯有病	女	16-03-08	三叉神经痛
楚有病	女	16-03-11	肾结石
*			

图4－19　参数查询结果

（6）查看SQL语句，如图4－20所示。

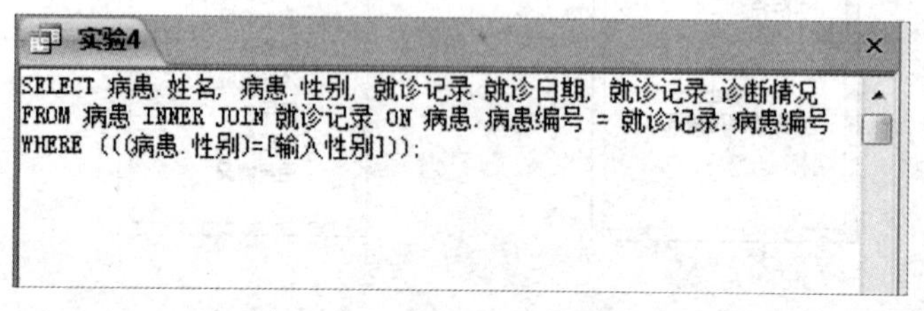

图4－20　实验4的SQL语句

5. 建立多参数查询

多参数查询可以实现在查询中设定多个查询条件，利用多参数查询在“病患”表和“就诊记录”表中实现对不同性别和就诊费用的查询。

操作提示：

（1）打开“社区专科诊所业务信息”数据库，单击“创建”选项卡“查询”选项组中的“查询设计”按钮，弹出“显示表”对话框，按住【Ctrl】键，单击选中“病患”和“就诊记录”表，如图4－21所示。

（2）单击“添加”按钮后，单击“显示表”中的“关闭”按钮关闭“显示表”，窗口显示查询关联表，如图4－22所示。

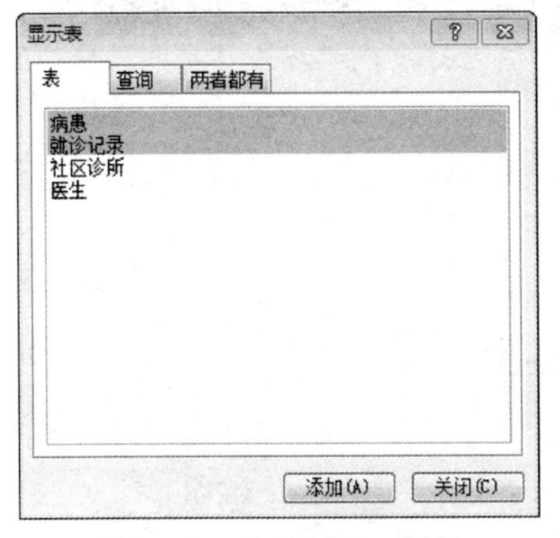

图4-21 “显示表”对话框

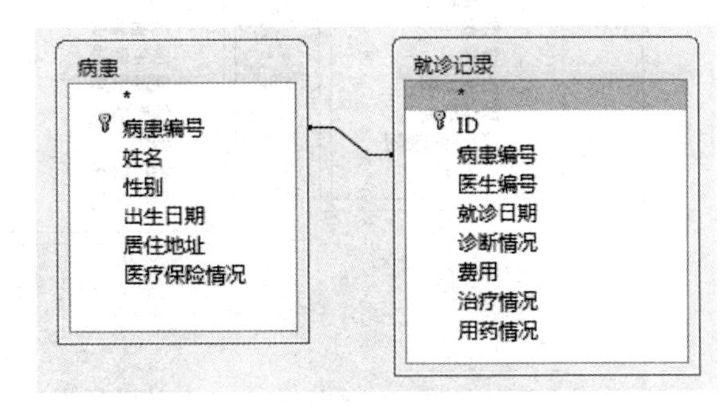

图4-22 查询关联表

（3）在查询关联表中，双击“病患”表中的“姓名”字段，将其添加到查询网格，双击“病患”表中的“性别”字段、“就诊记录”表中的“就诊日期”和“费用”字段，将其添加到查询网格，如图4-23所示。

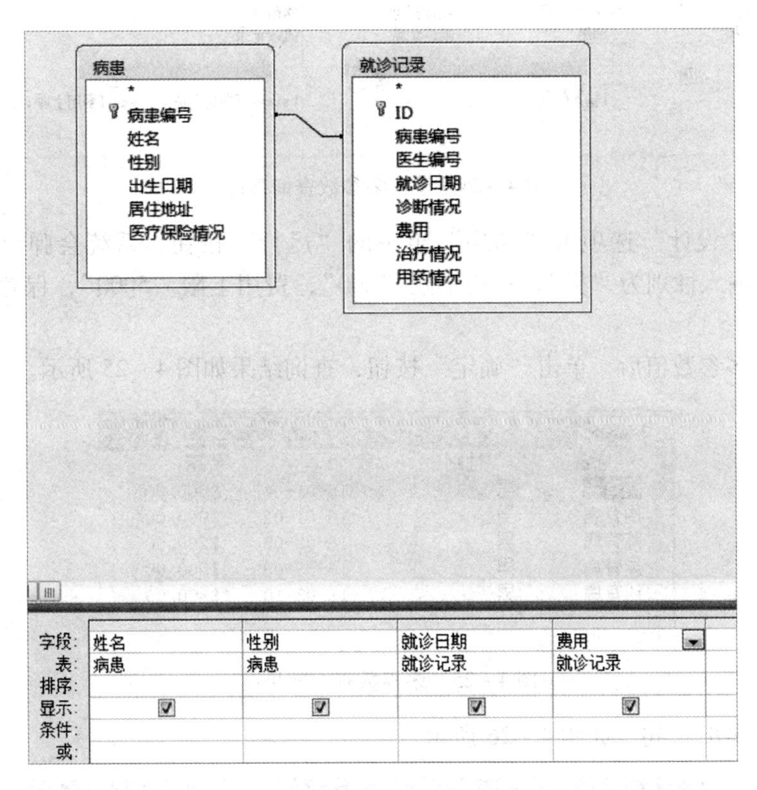

图4-23 参数查询字段设置图

（4）在“性别”列的“条件”行网格中输入“［输入性别:］”，在“费用”列中的“条件”行网格中输入“between［费用下限:］And［费用上限:］”，如图4-24所示。

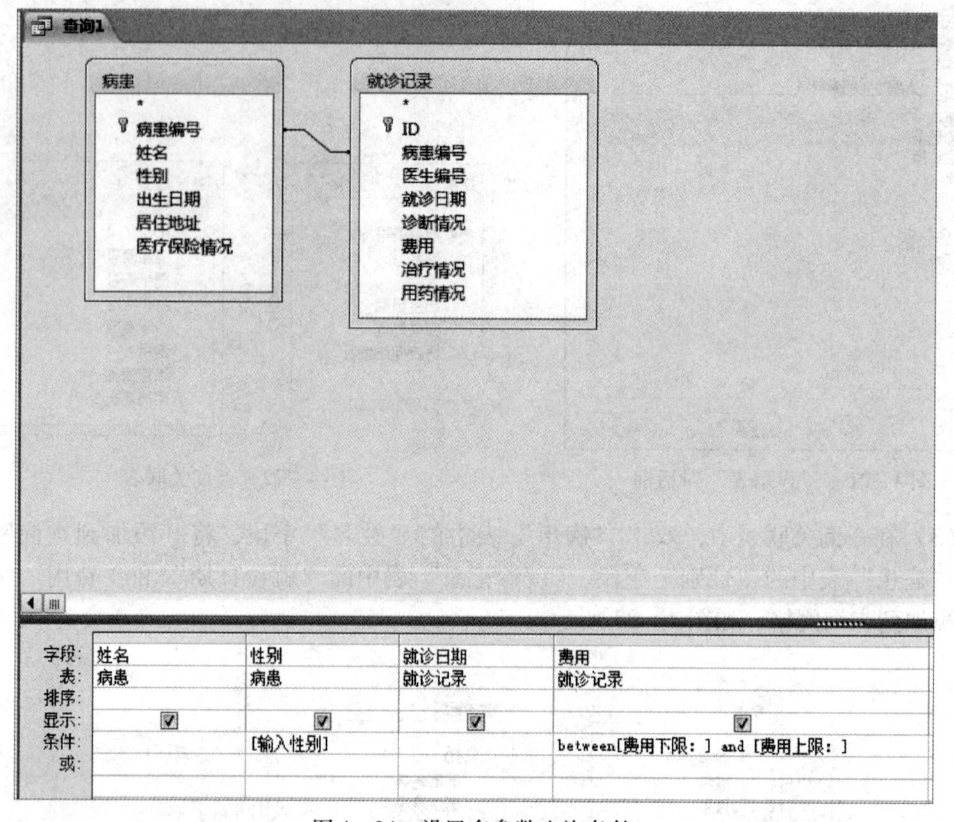

图 4－24　设置多参数查询条件

（5）单击“设计”选项卡“结果”组中的“运行”按钮，系统会弹出“输入参数值”对话框，输入性别为“男”，费用下限“200”，费用上限“5000”，保存查询为“实验 5”。

（6）输入多参数值后，单击“确定”按钮，查询结果如图 4－25 所示。

实验5

姓名	性别	就诊日期	费用
钱有病	男	16-01-06	$500.00
周有病	男	16-01-02	$900.00
陈有病	男	16-03-08	$200.00
吴有病	男	16-03-08	$500.00
钱有病	男	16-03-10	$800.00
*			

图 4－25　多参数查询效果图

（7）查看 SQL 语句，如图 4－26 所示。

实验5

```
SELECT 病患.姓名, 病患.性别, 就诊记录.就诊日期, 就诊记录.费用
FROM 病患 INNER JOIN 就诊记录 ON 病患.病患编号 = 就诊记录.病患编号
WHERE (((病患.性别)=[输入性别]) AND ((就诊记录.费用) Between [费用下限: ] And [费用上限: ]));
```

图 4－26　实验 5 的 SQL 语句

6. 交叉表查询

使用交叉表查询向导对“社区专科诊所业务信息”数据库中的“医生”表创建交叉表查询，显示性别在“博士”与“非博士”上的分布情况。

操作提示：

(1) 打开“社区专科诊所业务信息”数据库。

(2) 选择查询向导。单击“创建”选项卡“查询”组中的“查询向导”按钮，弹出“新建查询”对话框，如图4-27所示。选择“交叉表查询向导”，单击“确定”按钮启动弹出“交叉表查询向导”对话框。

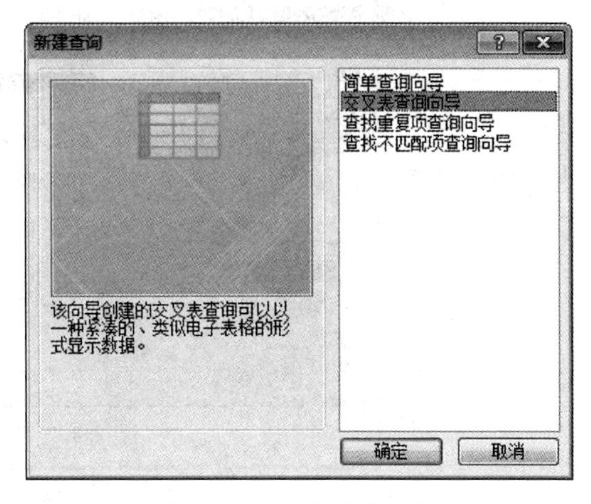

图4-27 选择查询向导

(3) 在“交叉表查询向导”对话框中，选择“表：医生”，单击“下一步”按钮，如图4-28所示。

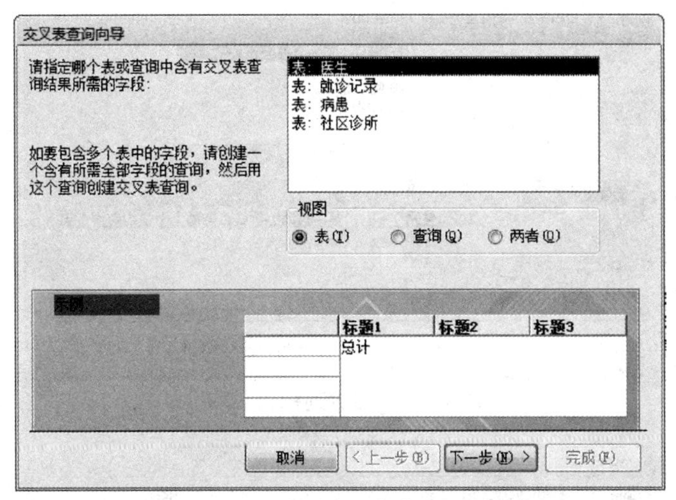

图4-28 “交叉表查询向导”对话框

(4) 设定行标题。打开如图4-29所示对话框，选择“性别”作为行标题，单击[>]按钮将所选字段移到“选定字段”列表框中，单击“下一步”按钮。

(5) 设定列标题。打开如图4-30所示对话框，选择“是否有博士学位”作为列标题，单击“下一步”按钮。

(6) 计算行列交叉点值。打开如图4-31所示对话框，对“Count（医生编号）”进行交叉统计，并根据实际情况是否为每一行做小计，取消勾选各行小计，单击“下一步”按钮。

(7) 输出结果并保存。选择“查看查询”，并保存该查询名称为“实验6”，如图4-32所示。单击“完成”按钮，交叉表查询结果如图4-33所示。

(8) 查看SQL语句，如图4-34所示。

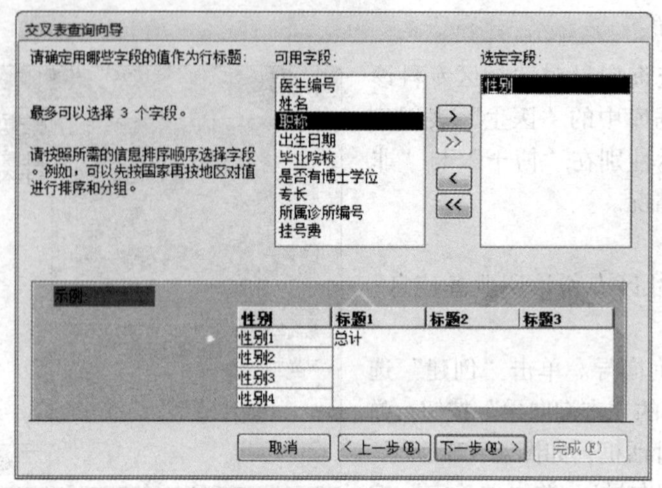

图 4－29　设置行标题字段

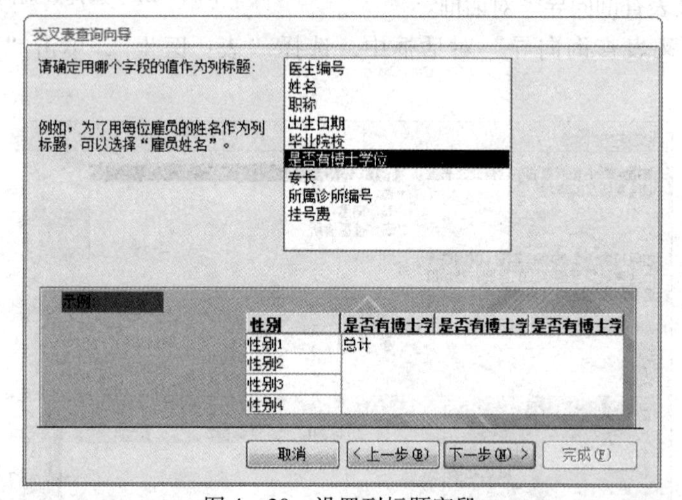

图 4－30　设置列标题字段

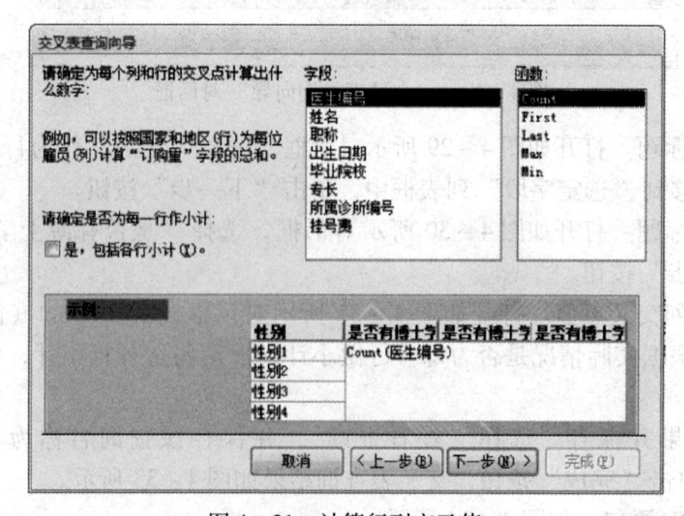

图 4－31　计算行列交叉值

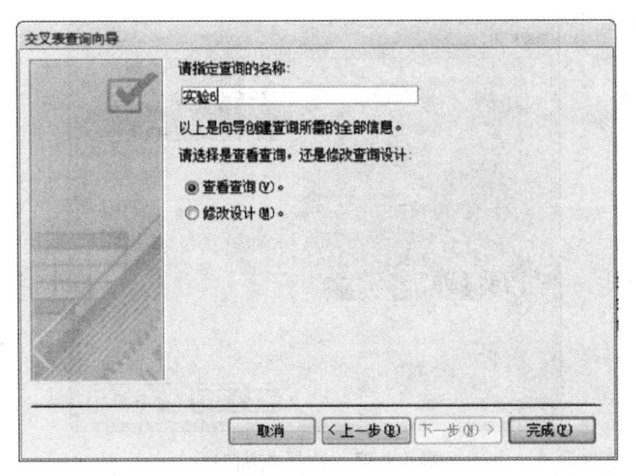

图 4－32　设置完成

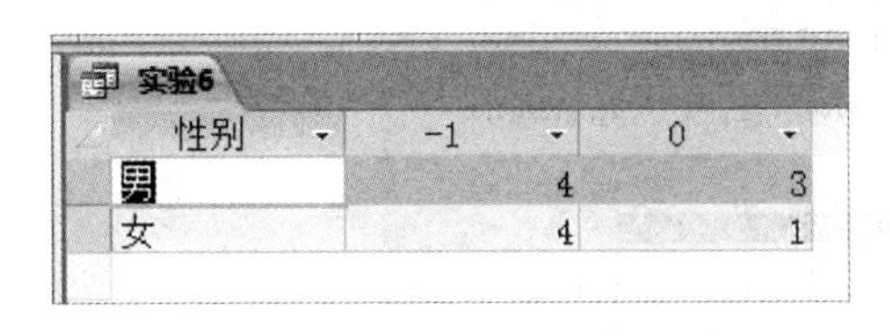

图 4－33　实验 6 交叉表查询结果

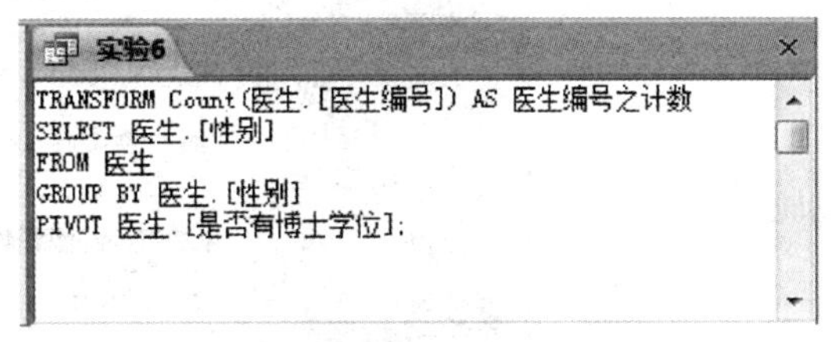

图 4－34　实验 6 的 SQL 语句

（9）修改“是否有博士学位”标题。“是否有博士学位”字段为布尔型数据，系统默认该字段值等于－1 时为博士，等于 0 为非博士，SQL 视图中将代码修改如图 4－35 所示，重新运行后结果如图 4－36 所示。

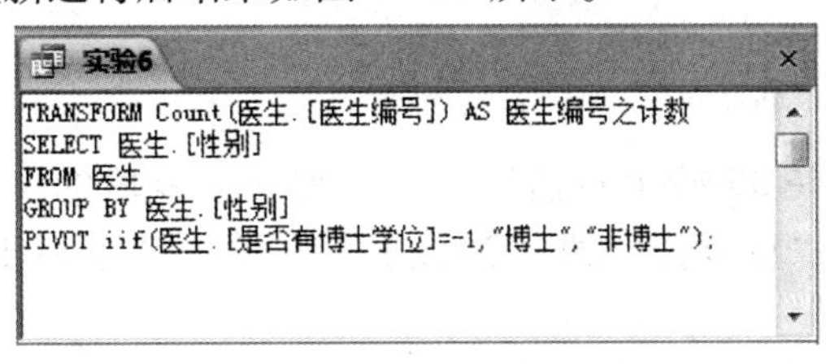

图 4－35　修改 SQL 代码

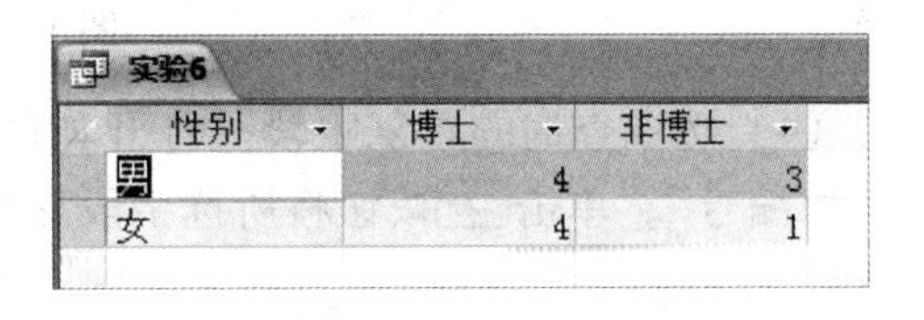

图 4－36　重新运行结果

7. 查找重复项查询

在“社区专科诊所业务信息”数据库包含就诊信息的“就诊记录”表中，查询多次挂号看病（一次以上）的患者编号。

操作提示：

（1）打开“社区专科诊所业务信息”数据库。

（2）选择查询向导。单击“创建”选项卡“查询”组中的“查询向导”按钮，弹出“新建查询”对话框。在对话框中选择“查找重复项查询向导”，单击“确定”按钮，如图 4－37 所示。

（3）选择表。打开“查找重复项查询向导”对话框，选择“就诊记录”表，如图 4－38所示，单击“下一步”按钮。

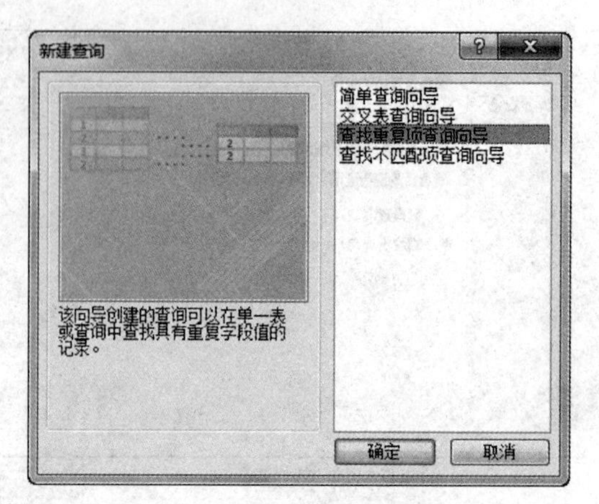

图 4-37　选择查询向导

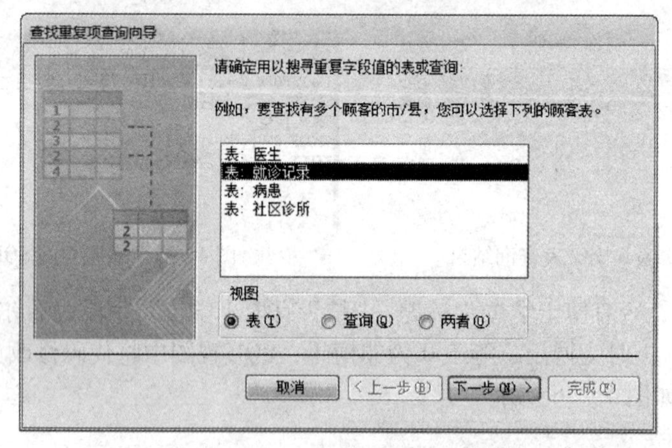

图 4-38　选择表

（4）选取查询的重复字段。打开如图 4-39 所示对话框，选取查找重复值的字段“病患编号”，单击 > 按钮将所选字段移到“重复值字段”列表框中，单击“下一步”按钮。

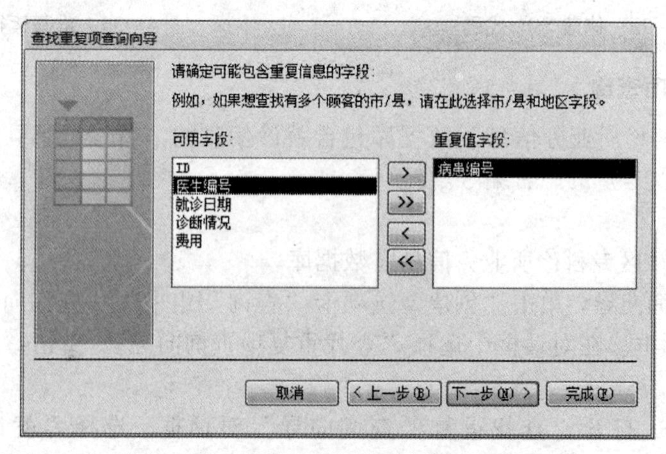

图 4-39　确定可能包含重复信息的字段

（5）选取查询结果的其他显示字段。选择除重复字段外的字段作为查询的其他字段，单击“下一步”按钮，如图 4－40 所示。

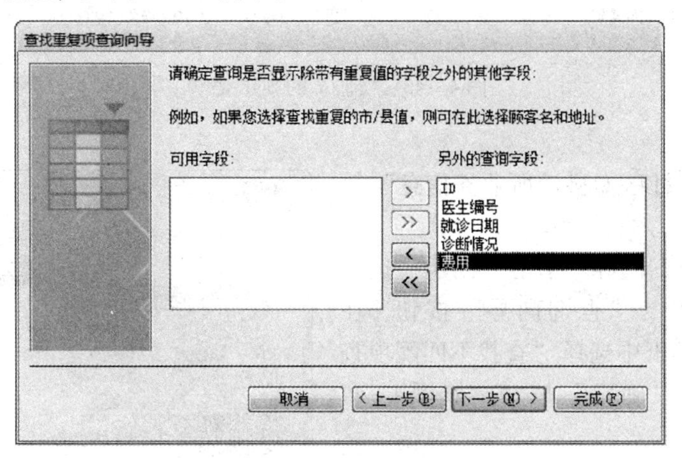

图 4－40　选择其他显示字段

（6）保存查询。指定查询名称为“实验7”，如图 4－41 所示，单击“完成”，重复项查询结果，如图 4－42 所示。

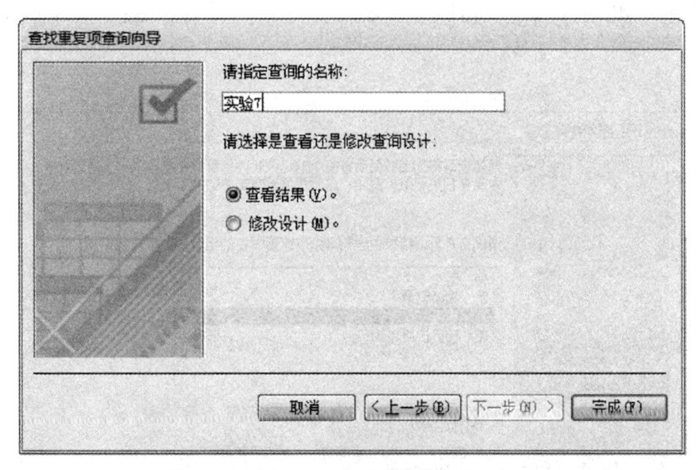

图 4－41　指定查询名称

实验7

病患编号	ID	医生编号	就诊日期	诊断情况	费用
2	15	0100001	16-03-10	冠心病	$800.00
2	4	0100001	16-01-06	冠心病	$500.00
4	9	0100005	16-02-03	牙龈炎	$50.00
4	8	0100004	16-02-02	不孕症	$800.00
*	(新建)				

图 4－42　重复项查询结果

（7）查看 SQL 语句。如图 4－43 所示。

8. 查找不匹配项查询

在“社区专科诊所业务信息”数据库中，查询没有就诊记录的患者编号和姓名。

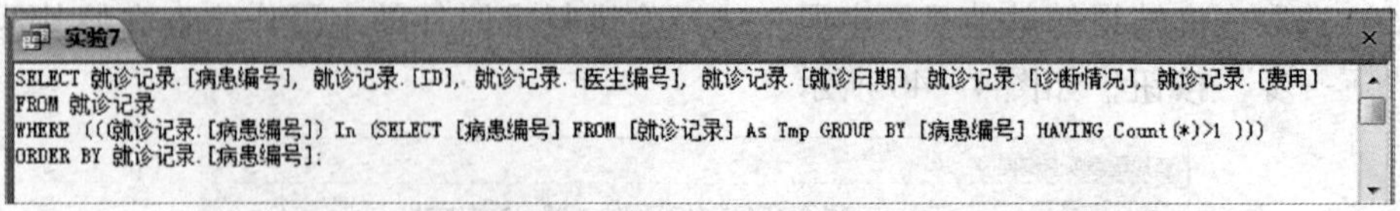

实验7

```
SELECT 就诊记录.[病患编号], 就诊记录.[ID], 就诊记录.[医生编号], 就诊记录.[就诊日期], 就诊记录.[诊断情况], 就诊记录.[费用]
FROM 就诊记录
WHERE (((就诊记录.[病患编号]) In (SELECT [病患编号] FROM [就诊记录] As Tmp GROUP BY [病患编号] HAVING Count(*)>1 )))
ORDER BY 就诊记录.[病患编号];
```

图 4－43　实验 7 的 SQL 语句

操作提示：

（1）打开“社区专科诊所业务信息”数据库。

（2）选择查询向导。单击“创建”选项卡“查询”组中的“查询向导”按钮，在“新建查询”对话框中选择“查找不匹配项查询向导”，单击“确定”按钮，如图 4－44 所示。

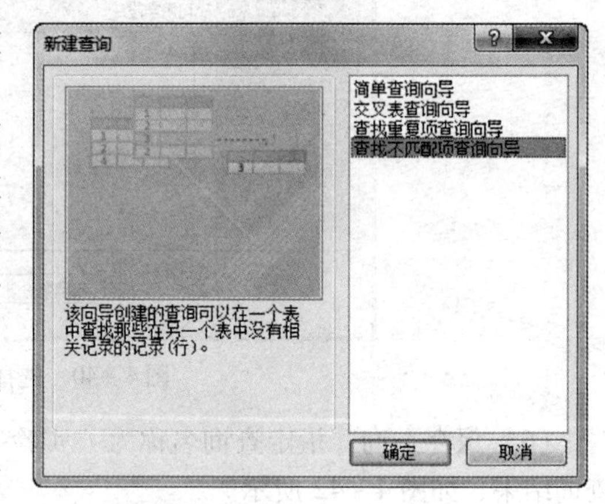

图 4－44　选择查询向导

（3）选择主表。不包含查询信息是指此表中不包含查询条件所限定的字段，但表中包含查询结果中需要输出的信息。选择“病患”表，单击“下一步”按钮，如图 4－45 所示。

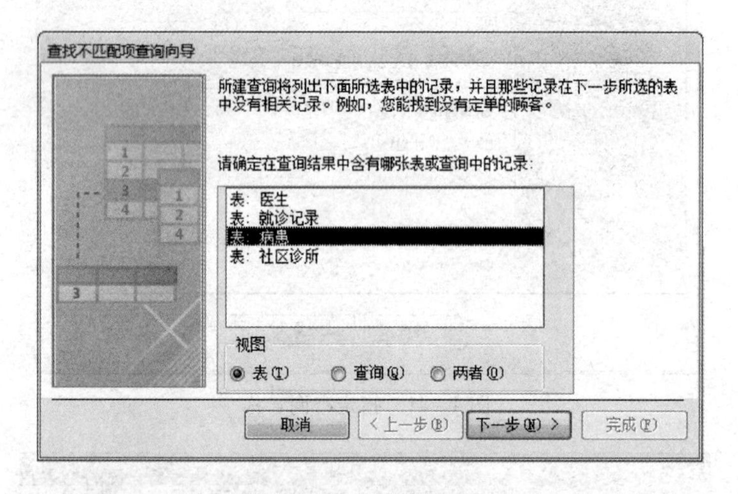

图 4－45　指定查询主表

（4）选择参照表。指定包含了限定查询条件字段的表，选择表“就诊记录”作为参照，单击“下一步”按钮，如图 4－46 所示。

（5）设定匹配字段，指定两表之间的链接字段。从表“病患”中选择“病患编号”字段，并从“就诊记录”表中选择“病患编号”字段作为匹配字段，选中后单击 <=> 按钮，再单击“下一步”按钮，如图 4－47 所示。

（6）选择查询结果显示字段。打开如图 4－48 所示对话框，将病患编号、姓名定义为选定字段，单击“下一步”按钮。

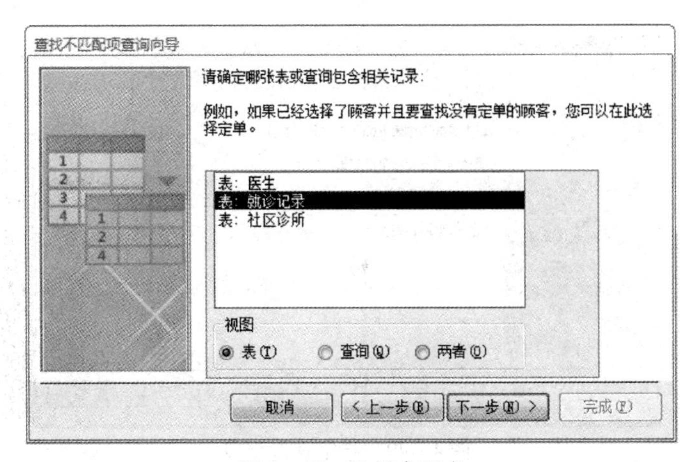

图4－46　选择参照表

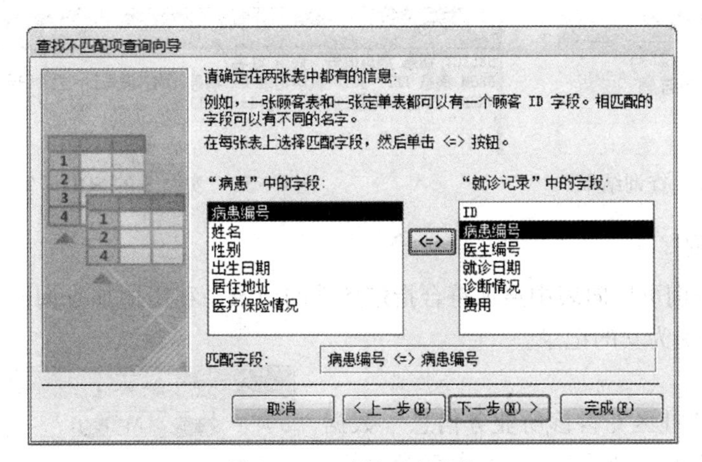

图4－47　选择匹配字段

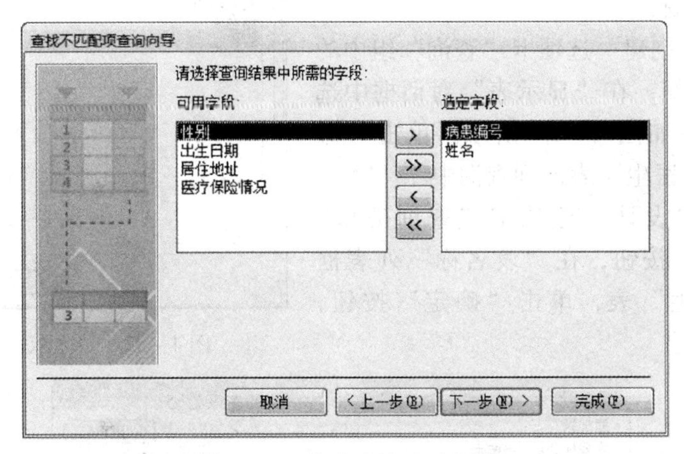

图4－48　指定查询显示字段

（7）指定查询名称。打开如图4－49所示对话框，指定查询的名称为“实验8”，选择查看查询结果，单击“完成”按钮。查询结果如图4－50所示。

（8）查看SQL语句，如图4－51所示。

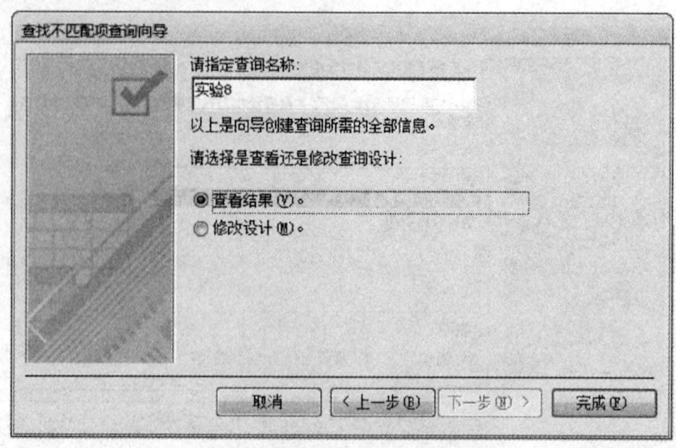

图 4－49　指定查询字段

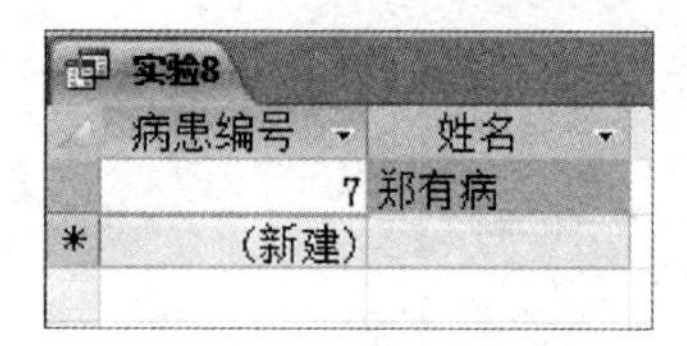

图 4－50　实验 8 查询结果

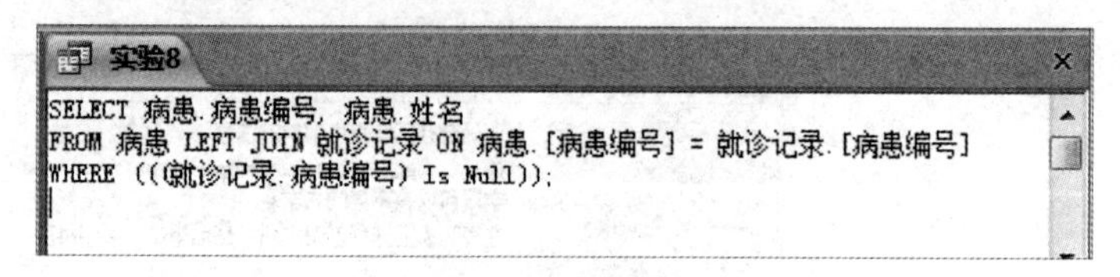

图 4－51　实验 8 的 SQL 语句

9. 追加查询

利用追加查询可以向表中追加符合指定条件的记录，利用追加查询向一个新表中追加“医生”表中性别为女的记录。

操作提示：

（1）打开“社区专科诊所业务信息”数据库，添加一个新表“新医生”，表中字段包括：姓名、性别、职称。

（2）单击“创建”选项卡“查询”组中的“查询设计”按钮，在“显示表”对话框中选择“医生”表，如图 4－52 所示。单击“添加”按钮，将“医生”表添到查询中。

（3）单击“设计”选项卡“查询类型”组中的“追加”按钮，在“表名称”列表框中选择“新医生”表，单击“确定”按钮，如图 4－53所示。

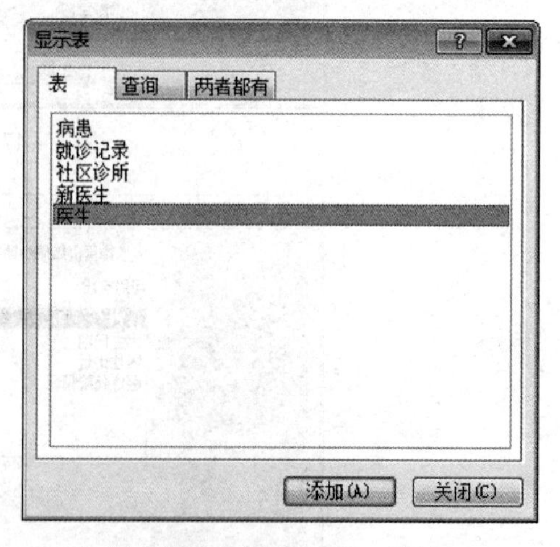

图 4－52　“显示表”对话框

图 4－53　“追加”对话框

（4）在查询“医生”表中双击“姓名”“性别”“职称”，将这3个字段添加至查询设计网格中，在字段“性别”的“条件”单元格中输入“女”，如图4－54所示。

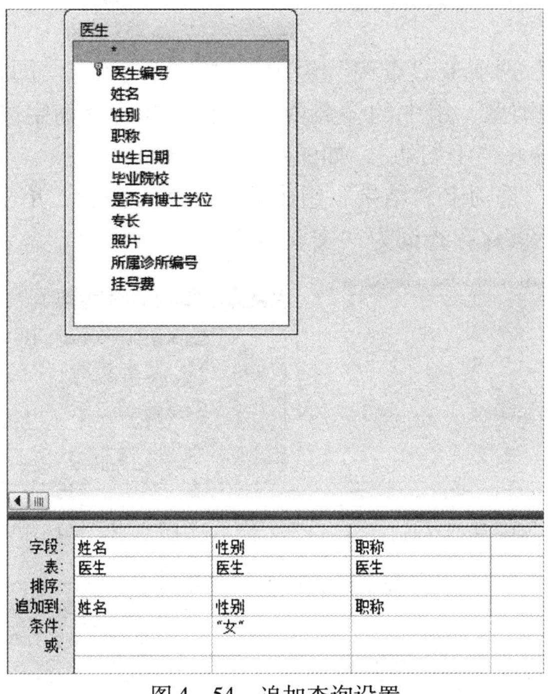

图4－54　追加查询设置

（5）单击“设计”选项卡“结果”组中的“运行”按钮，弹出正在追加对话框，如图4－55所示，单击“是”按钮确认追加5行到表“新医生”中。

（6）在“新医生”表中追加了性别为“女”的5条记录，打开“新医生”表，追加结果如图4－56所示。保存查询为“实验9”。

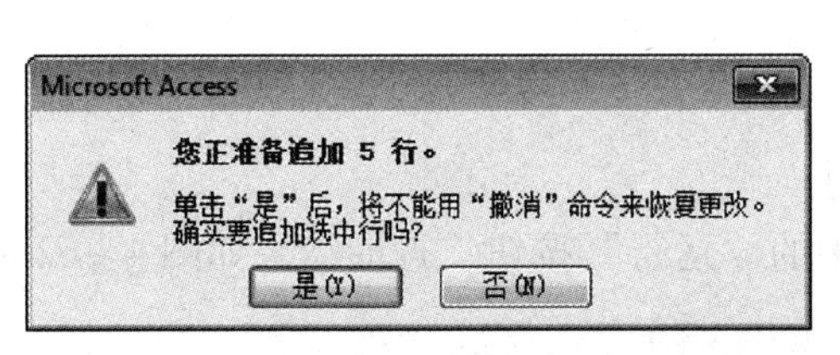

图4－55　确认追加查询对话框

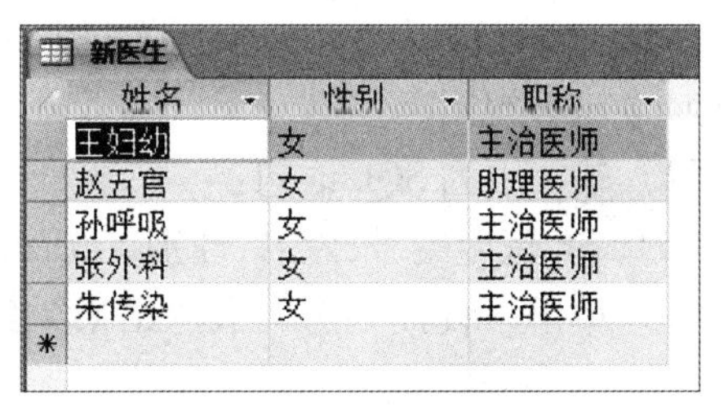

姓名	性别	职称
王妇幼	女	主治医师
赵五官	女	助理医师
孙呼吸	女	主治医师
张外科	女	主治医师
朱传染	女	主治医师

图4－56　追加查询结果

（7）查看SQL语句，如图4－57所示。

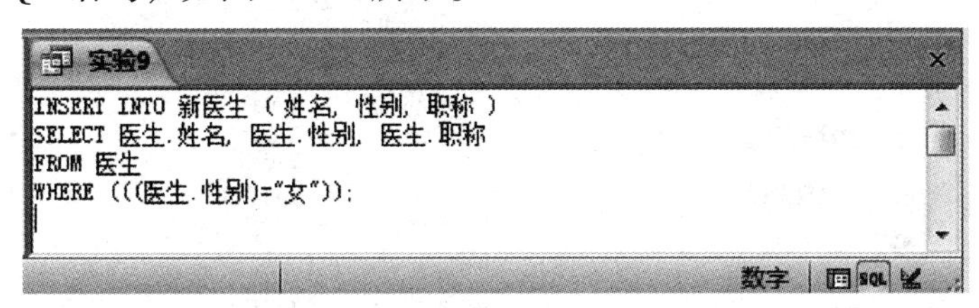

图4－57　实验9的SQL语句

10. 删除查询

利用查询删除可以删除指定的记录，将“新医生”表中的某条记录删除。

操作提示：

（1）单击“创建”选项卡“查询”组中的“查询设计”，添加“新医生”表，单击“设计”选项卡“查询类型”组中的“删除”按钮，并将查询字段“姓名”添加至查询设计网格，在条件行输入“王妇幼”，如图 4－58 所示。

（2）单击“设计”选项卡“结果”组中的“运行”按钮，单击“是”按钮确认删除记录，如图 4－59 所示。保存查询为“实验 10”。

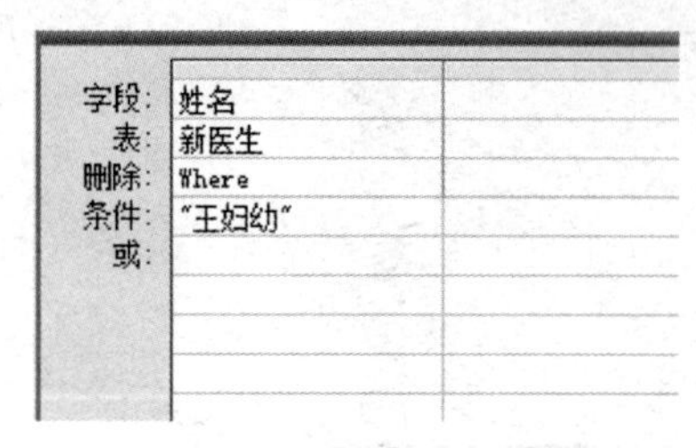

图 4－58　删除查询设置

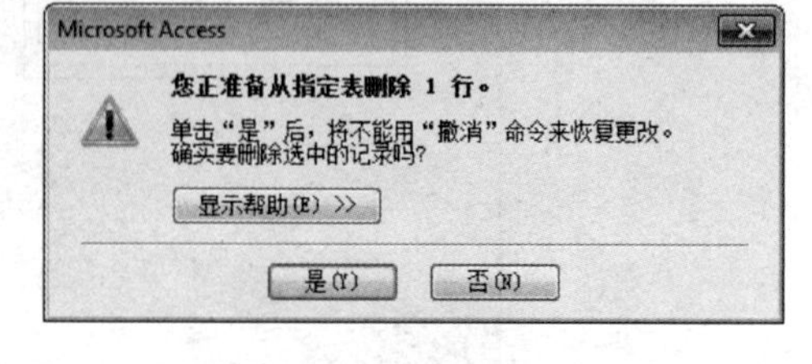

图 4－59　确认删除对话框

（3）打开“新医生”表，可见记录姓名为“王妇幼”的记录已被删除。

（4）查看 SQL 语句，如图 4－60 所示。

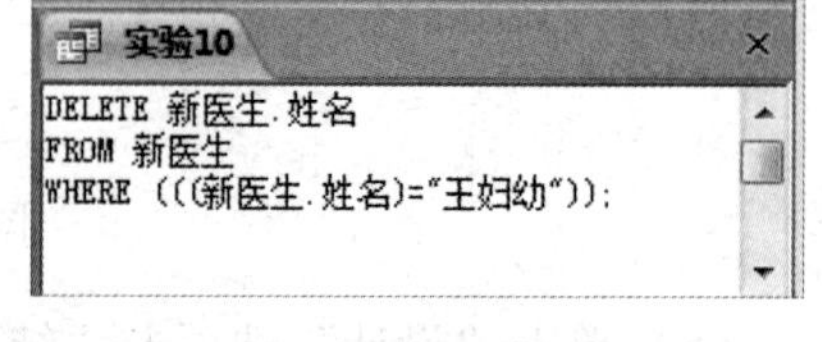

图 4－60　实验 10 的 SQL 语句

11. 利用 SQL 语句进行查询

1）简单查询

从“医生”表中查询医生的编号、姓名、性别信息。

操作提示：

（1）单击“创建”选项卡“查询”组中的“查询设计”按钮，关闭“显示表”对话框，在新的查询选项卡上右击，弹出快捷菜单，如图 4－61 所示。选择“SQL 视图”，打开查询的 SQL 视图。

（2）输入下列 SQL 语句：

```
Select 医生编号,姓名,性别 from 医生
```

（3）单击“设计”选项卡“结果”组中的“运行”按钮，查询结果如图 4－62 所示。

图 4－61　快捷菜单

医生编号	姓名	性别
0100001	陈冠心	男
0100002	徐正骨	男
0100003	周内科	男
0100004	王妇幼	女
0100005	赵五官	女
0200001	李全科	男
0200002	孙呼吸	女
0200003	张外科	女
0200004	马全科	男
0200005	牛神经	男
0300001	侯泌尿	男
0400001	朱传染	女
*		

图 4－62　SQL 语句选择查询结果

2）条件查询

利用 SQL 语句查询“病患”表中姓“李”的病人信息

操作提示：

(1) 打开上面查询的 SQL 视图，重新输入 SQL 语句：

```
Select * from 病患 where 姓名 like'李*'
```

(2) 单击“设计”选项卡“结果”组中的“运行”按钮，查询结果如图 4-63 所示。

病患编号	姓名	性别	出生日期	居住地址	医疗保险情
4	李有病	女	7/7/1970	北城区三街111号	低保
（新建）					

图 4-63　SQL 条件查询结果

3）连接查询

从“医患”和“就诊记录”表中查询每位患者的姓名、性别、就诊日期、费用。

操作提示：

(1) 打开查询的 SQL 视图，输入 SQL 语句：

```
Select 姓名,性别,就诊日期,费用 from 病患 as a inner join 就诊记录 as b on
    a.病患编号 =b.病患编号
```

(2) 单击“设计”选项卡“结果”组中的“运行”按钮，查询结果如图 4-64 所示。

姓名	性别	就诊日期	费用
钱有病	男	16-01-06	$500.00
周有病	男	16-01-02	$900.00
赵有病	男	16-01-05	$100.00
孙有病	女	16-01-22	$990.00
李有病	女	16-02-02	$800.00
李有病	女	16-02-03	$50.00
魏有病	女	16-02-03	$300.00
王有病	女	16-03-01	$10.00
陈有病	男	16-03-08	$200.00
冯有病	女	16-03-08	$900.00
吴有病	男	16-03-08	$500.00
钱有病	男	16-03-10	$800.00
楚有病	女	16-03-11	$980.00

图 4-64　SQL 多表查询结果

4）分组统计查询

从“医患”和“就诊记录”表中统计男女患者的平均挂号费。

操作提示：

(1) 打开上面查询的 SQL 视图，重新输入 SQL 语句：

```
Select 性别,avg(费用)as 平均费用 from 病患 as a inner join 就诊记录 as b
    on a.病患编号 =b.病患编号 group by 性别
```

(2) 单击“设计”选项卡“结果”组中的“运行”按钮，查询结果如图 4-65 所示。

5）更新查询

在“医生”表中，将挂号费字段按照“主任医师”57 元，“副主任医师”52 元，“主治医师”25 元，“副主治医师”22 元、“助理医师”18 元、“副助理医师”15 元的挂号费标准更新挂号费字段。

操作提示：

（1）打开上面查询的 SQL 视图，重新输入语句：

```
Update 医生 SET 挂号费 = SWITCH(职称 = "主任医师",57,职称 = "副主任医师",
  52,职称 = "主治医师",25,职称 = "副主治医师",22,职称 = "助理医师",18,职
  称 = "副助理医师",15);
```

（2）单击“设计”选项卡“结果”组中的“运行”按钮，在如图 4－66 所示对话框中单击“是”按钮。重新打开“医生”表，观察查询结果，如图 4－67 所示。

性别	平均费用
男	$500.00
女	$575.71

图 4－65　SQL 分组查询结果

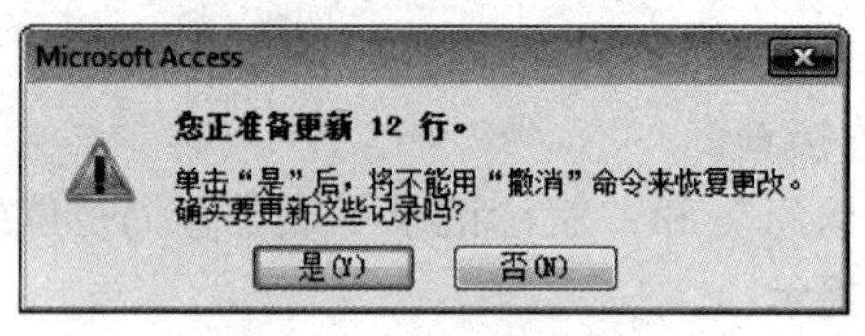

图 4－66　更新确认

医生

医生编号	姓名	性别	职称	出生日期	毕业院校	是否有博士	专长	照片	所属诊所编	挂号费	单击以添加
0100001	陈冠心	男	主任医师	60年10月	北清大学	☐	心脑血管	Bitmap Image	01001	57	
0100002	徐正骨	男	副主任医师	72年06月	中医大学	☑	正骨推拿	Bitmap Image	02004	52	
0100003	周内科	男	主治医师	80年05月	清北大学	☑	肠胃疾病	Bitmap Image	02002	25	
0100004	王妇幼	女	主治医师	81年02月	协和大学	☑	不孕	Bitmap Image	01003	25	
0100005	赵五官	女	助理医师	90年03月	同仁大学	☐	拔牙	Bitmap Image	01001	18	
0200001	李全科	男	副主任医师	74年07月	友谊大学	☑	全科、保健	Bitmap Image	02002	52	
0200002	孙呼吸	女	主治医师	88年08月	朝阳大学	☑	呼吸系统疾病	Bitmap Image	02002	25	
0200003	张外科	女	主治医师	84年10月	宣武大学	☑	外科手术	Bitmap Image	02002	25	
0200004	马全科	男	主任医师	68年01月	崇文大学	☐	全科医生	Bitmap Image	01003	57	
0200005	牛神经	男	助理医师	91年02月	北清大学	☐	神经系统疾病	Bitmap Image	01003	18	
0300001	侯泌尿	男	副主任医师	73年12月	清北大学	☑	泌尿系统疾病	Bitmap Image	02004	52	
0400001	朱传染	女	主治医师	79年11月	宣武大学	☑	传染性疾病	Bitmap Image	01001	25	
*						☐					

图 4－67　挂号费更新后的医生表

第5章

窗体设计与制作实验 «‹

一、实验目的

（1）掌握窗体的操作。

（2）掌握控件的操作。

（3）了解窗口的优化。

二、实验内容

1. 直接创建窗体

使用“窗体”按钮直接创建一个显示“医生”表中所有字段的窗体。

操作提示：

（1）打开“社区专科诊所业务信息”数据库，在导航窗格选择“医生”表作为窗体数据源。

（2）单击“创建”选项卡“窗体”组中的“窗体”按钮，系统会自动创建“医生”窗体，如图5－1所示。

（3）在“医生”窗体标签上右击，在弹出的快捷菜单中选择“保存”命令。

（4）在“另存为”对话框中输入窗体名称“医生表－简单窗体”，单击“确定”按钮保存。

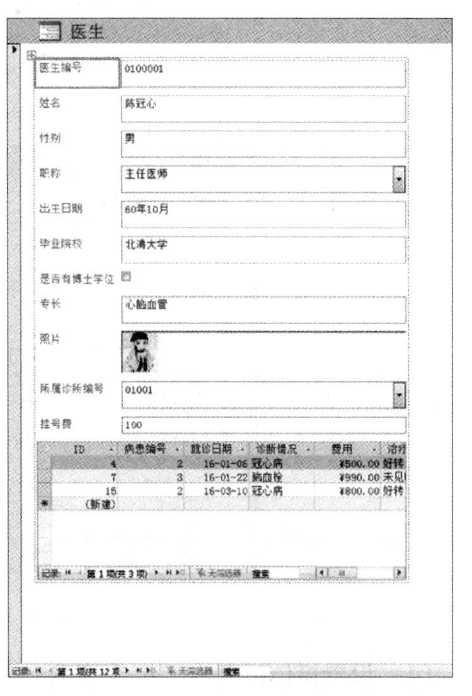

图5－1　“医生表－简单窗体”示意图

2. 利用“向导”创建窗体

利用“向导”创建一个基于“医生”表的窗体。

操作提示：

（1）打开“社区专科诊所业务信息”数据库，单击“创建”选项卡“窗体”组中的“窗体向导”按钮，弹出“窗体向导”对话框。

（2）在“窗体向导”对话框中设置数据源和数据字段，在“表查询”下拉列表框中选择“表：医生”作为数据源。在“可用字段”列表框中将“医生编号”“姓名”“性别”“职称”“专长”“照片”和“挂号费”字段添加到右边的“选定字段”列表框中，如图 5－2 所示，单击“下一步”按钮。

（3）在“请确认窗体使用的布局”中选择“数据表”布局，单击“下一步”按钮，如图 5－3 所示。

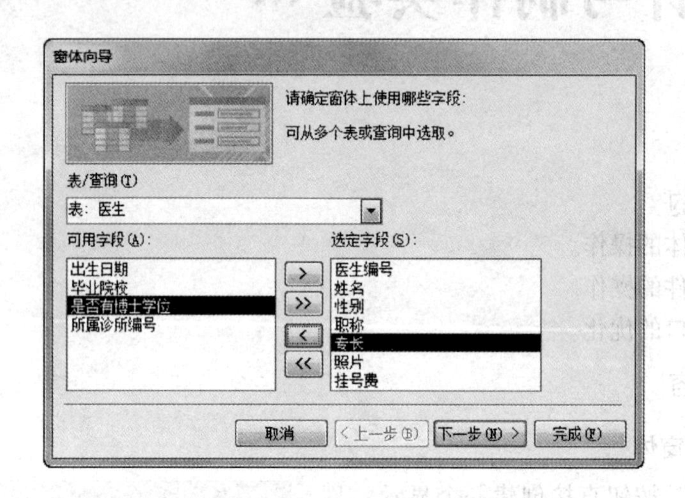

图 5－2　窗体向导设置数据源

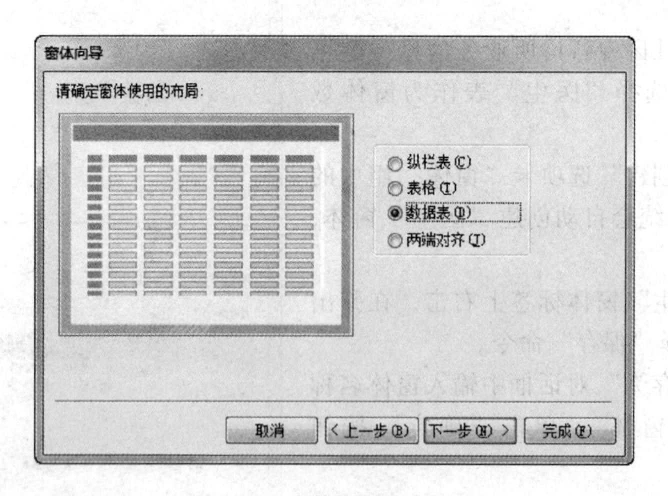

图 5－3　窗体向导确定布局

（4）设置窗体标题为“医生表窗体”，并选中“打开窗体查看或输入信息”单选按钮，单击“完成”按钮，如图 5－4 所示。

（5）创建好的窗体如图 5－5 所示，保存此窗体。

3. 在窗体“设计视图”中修改窗体

在设计视图中修改“医生表－简单窗体”。

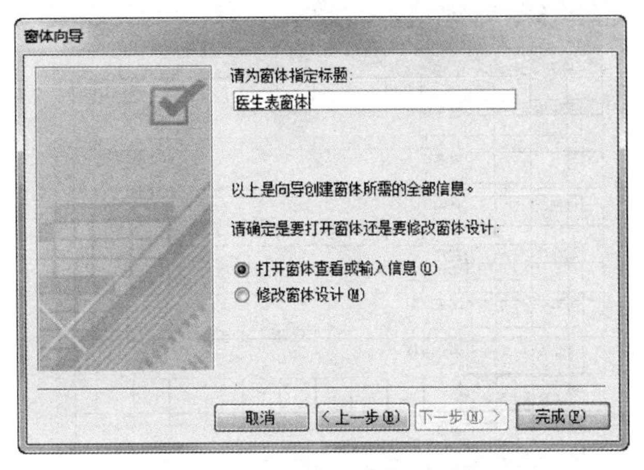

图 5－4　窗体向导设置标题

医生编号	姓名	性别	职称	专长	照片	挂号费
0100001	陈冠心	男	主任医师	心脑血管	Bitmap Imag	100
0100002	徐正骨	男	副主任医师	正骨推拿	Bitmap Imag	80
0100003	周内科	男	主治医师	肠胃疾病	Bitmap Imag	50
0100004	王妇幼	女	主治医师	不孕	Bitmap Imag	50
0100005	赵五官	女	助理医师	拔牙	Bitmap Imag	30
0200001	李全科	男	副主任医师	全科、保健	Bitmap Imag	90
0200002	孙呼吸	女	主治医师	呼吸系统疾病	Bitmap Imag	50
0200003	张外科	女	主治医师	外科手术	Bitmap Imag	50
0200004	马全科	男	主任医师	全科医生	Bitmap Imag	100
0200005	牛神经	男	助理医师	神经系统疾病	Bitmap Imag	30
0300001	侯泌尿	男	副主任医师	泌尿系统疾病	Bitmap Imag	90
0400001	朱传染	女	主治医师	传染性疾病	Bitmap Imag	50
*						

图 5－5　“医生表窗体”示意图

操作提示：

（1）打开“社区专科诊所业务信息”数据库，在导航窗格中，右击“医生表－简单窗体”，在弹出的快捷菜单中选择“设计视图”命令打开窗体的设计视图，如图 5－6 所示。

（2）如果页眉/页脚节没有显示，可以在窗体节上右击，在弹出的快捷菜单中选择“页面页眉/页脚”和“窗体页眉/页脚”命令，显示出完整的窗体设计视图。

（3）双击“窗体选择器”打开“属性表”窗格（或者在“设计视图”下，选择“设计”选项卡的“工具”组中的“属性表”），如图 5－7 所示，可以查看及修改窗体的 5 个属性：格式、数据、事件、其他、全部。

（4）拖动“节选择器”调整各节的高度，双击“节选择器”打开相应节的属性窗口，设置各节的 5 个属性：格式、数据、事件、其他、全部。

（5）保存窗体。

4. 利用窗体“设计视图”创建更完美的窗体

利用“设计视图”创建一个基于“病患”表的窗体。

操作提示：

（1）打开“社区专科诊所业务信息”数据库，单击“创建”选项卡“窗体”组中的“窗体设计”按钮，打开窗体的设计视图。

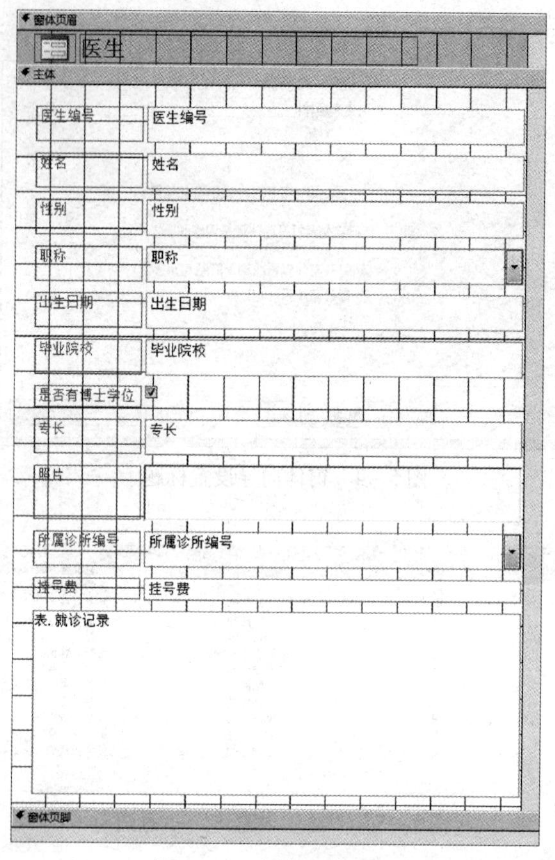

图 5－6　窗体设计视图

（2）在窗体视图内右击“窗体选择器”，在弹出的快捷菜单中选择“属性”命令，弹出窗体的“属性表”窗格。或者双击“窗体选择器”打开窗体“属性表”窗格。

（3）在“属性表”窗格中，选择“数据”选项卡，在“记录源”下拉列表框中选择“病患”表以作为窗体的数据源，如图 5－8 所示。

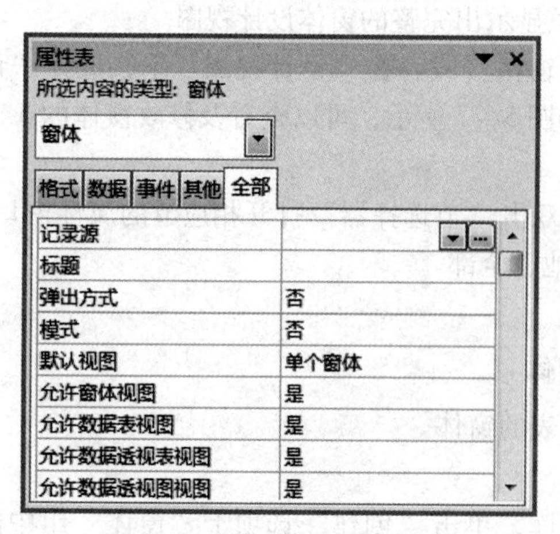

图 5－7　窗体“属性表”窗格

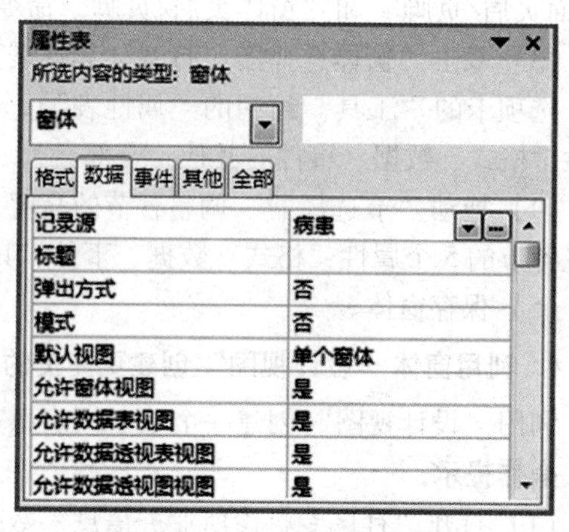

图 5－8　窗体“属性表”窗格

（4）单击“设计”选项卡“工具”组中的“添加现有字段”命令，打开“字段列表”窗格，将窗体所需字段从“字段列表”中拖动到窗体“主体”中，利用“排列”选项卡调整排列格式，如图5－9所示。

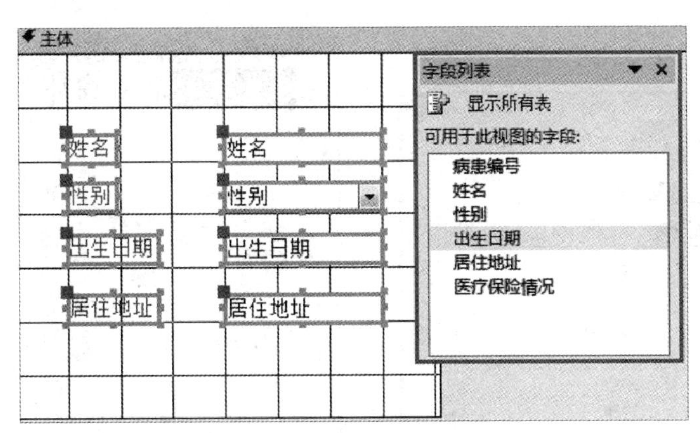

图5－9　向窗体添加字段

（5）在节选择器上右击，在弹出的快捷菜单中选择“窗体页眉/页脚”命令，打开窗体页眉/页脚，在窗体页眉添加“徽标”控件，打开“插入图片”对话框，选择一幅图片作为窗口的徽标，如图5－10所示。

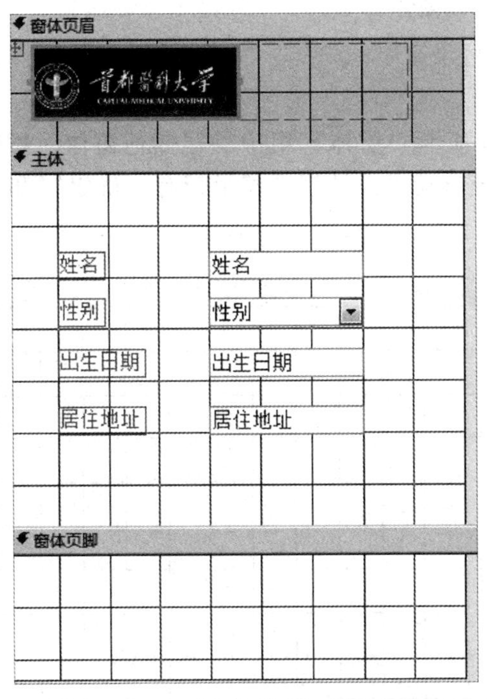

图5－10　在“窗体页眉”节插入徽标

（6）在窗体页眉添加“标题”控件，修改标题为“患者窗体”，在窗体页脚添加“日期和时间”控件，调整窗体各个对象的大小、样式、格式，并在“属性表”窗格中为窗体设置背景图片，如图 5－11 所示。

（7）保存创建的窗体为“病患窗体”，在“窗体选择器”上或窗体标签上右击，在弹出的快捷菜单中选择“窗体视图”命令查看窗体结果，如图 5－12 所示。

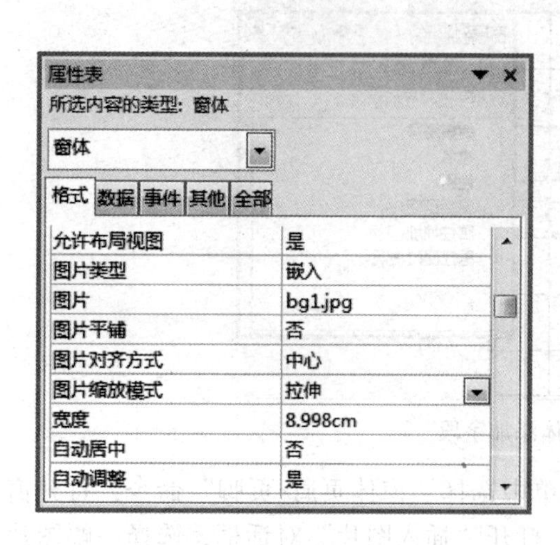

图 5－11　设置窗体背景图

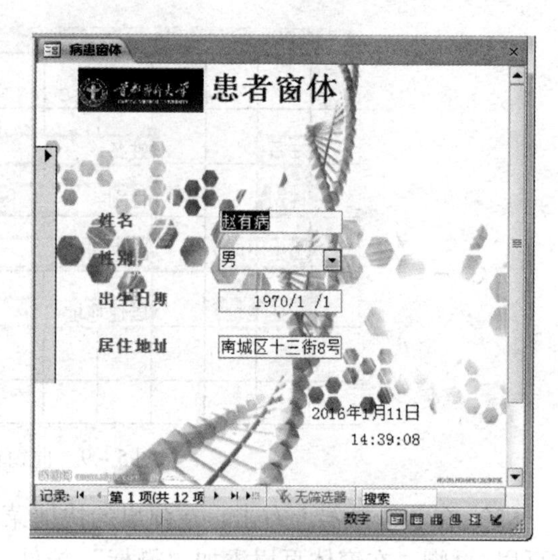

图 5－12　“病患窗体”示意图

5. 创建“模式对话框”窗体

利用模式对话框创建登录窗体。

操作提示：

（1）单击“创建”选项卡“窗体”组中的“其他窗体”按钮，在下拉列表中选择“模式对话框”命令，系统自动以设计视图显示带有“确定”和“取消”命令按钮的窗体，如图 5－13 所示。

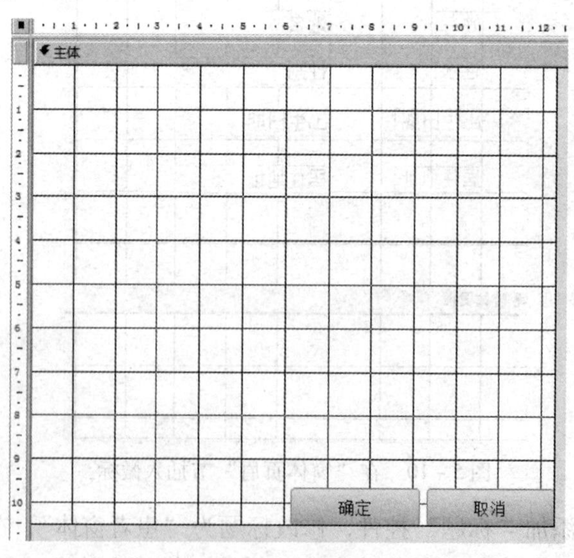

图 5－13　模式对话框窗体设计

(2) 在窗体上右击，在弹出的快捷菜单中选择“窗体页眉/页脚”命令，打开窗体页眉/页脚。单击“设计”选项卡“控件”组中的“标签”按钮，在窗体页眉节区按住鼠标左键拖动出一个大小适合的标签，输入标签标题为“社区专科诊所业务信息系统”，设置标签的“文本对齐”属性为“居中”，并适当设置标签的字号、前景色等属性，如图 5－14所示。

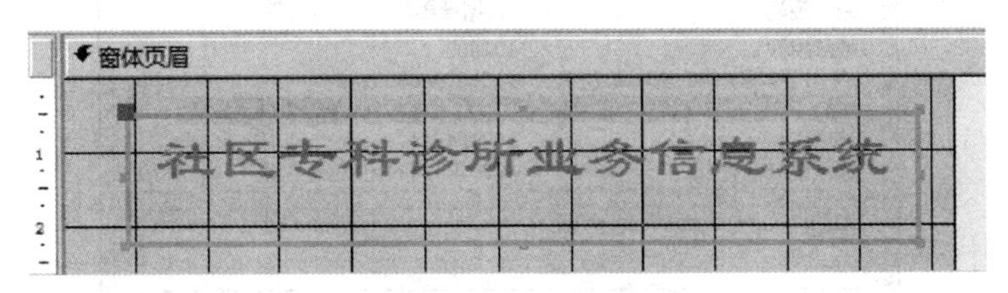

图 5－14　窗体页眉设置

(3) 在“设计”选项卡“控件”组的“控件”列表中选择“使用控件向导”命令，使“控件向导”处于选中状态，然后单击“设计”选项卡“控件”组的“文本框”按钮，在主体节区按住鼠标左键拖动出一个大小适合的文本框，在弹出的“文本框”向导中设置文本框的字体、字号、字形、特殊效果、对齐等，单击“下一步”按钮，如图 5－15 所示。

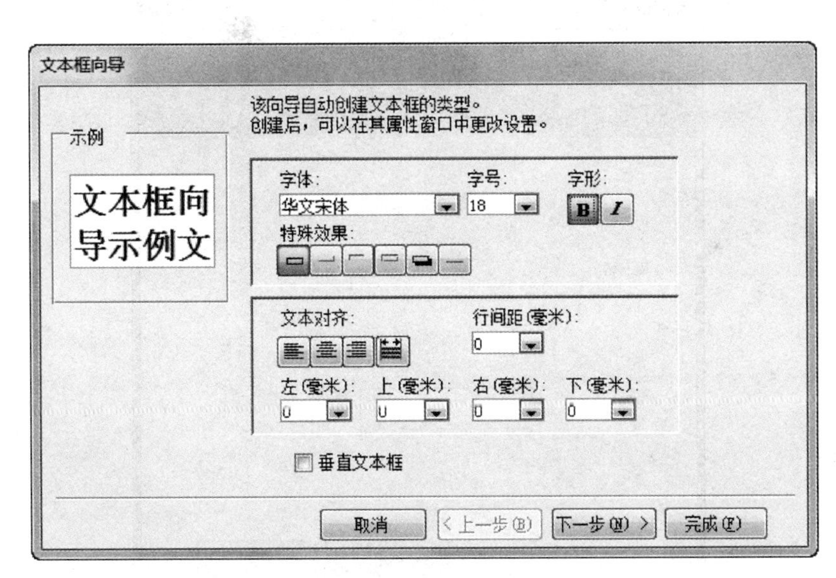

图 5－15　文本框向导设置字体

(4) 设置文本框的输入法模式为“随意”；单击“下一步”按钮，输入文本框的名称为 username，单击“完成”按钮，即在窗体中创建好了一个带标签控件的文本框；双击文本框的标签，设置其“标题”为“用户名”。

(5) 同样方法再添加一个文本框，设置其名称为 passwd，其标签的“标题”为“密码”，单击 passwd 的“属性表”窗格中“数据”选项卡的“输入掩码”，选择其右侧的“生成器”按钮，在打开的“输入掩码向导”对话框中选择“密码”，单击“完成”按钮，如图 5－16 所示。

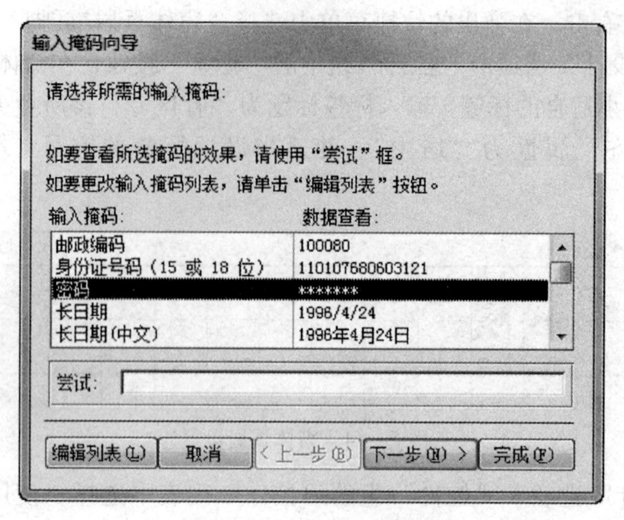

图 5-16　输入掩码向导

（6）保存此窗体名称为“登录窗体”，切换到“窗体视图”查看效果，如图 5-17 所示。

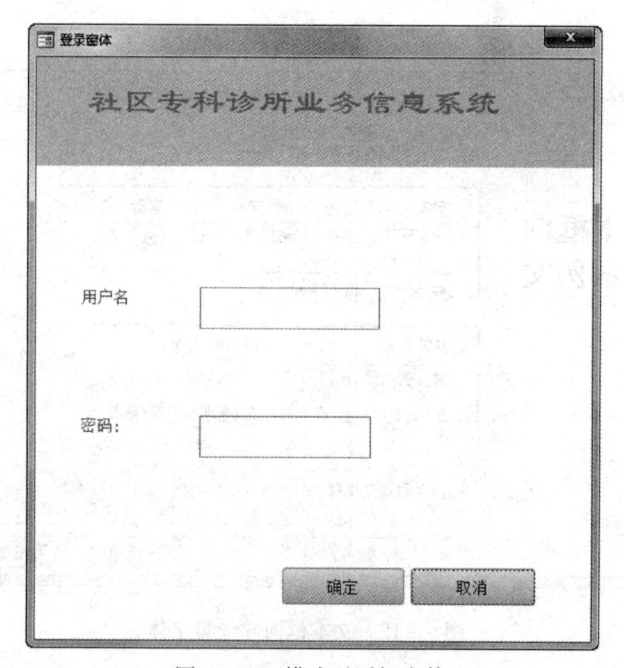

图 5-17　模式对话框窗体

6. 创建数据透视图窗体

创建一个基于“医生”表的数据透视图窗体。

操作提示：

（1）打开“社区专科诊所业务信息”数据库，在导航窗格选择“医生”表作为窗体数据源。

（2）单击“创建”选项卡“窗体”组中的“其他窗体”按钮，在下拉列表中选择“数据透视图”命令，系统自动以数据透视图视图显示，如图5－18所示。

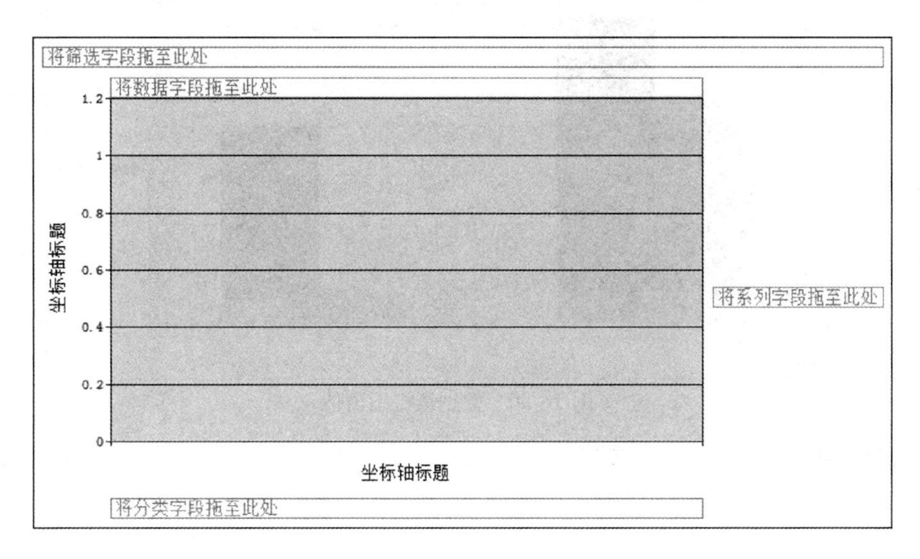

图5－18　数据透视图设计

（3）单击“设计”选项卡“显示/隐藏”组的“字段列表”按钮，打开“图标字段列表”对话框，如图5－19所示。将此对话框中的“职称”字段拖动到窗体“筛选字段”处，“性别”字段拖动到窗体“分类字段”处，“是否有博士学位”字段拖动到窗体“系列字段”处，“挂号费”字段拖动到窗体“数据字段”处，系统立即生成数据透视图显示统计分析结果，如图5－20所示。

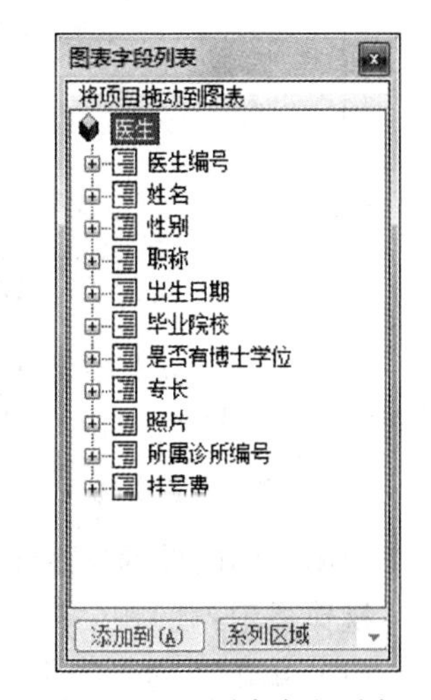

图5－19　“图表字段列表”对话框

（4）保存窗体为“医生－数据透视图”。

7．创建数据透视表窗体

创建一个基于“医生”表的数据透视表窗体。

操作提示：

（1）打开“社区专科诊所业务信息”数据库，在导航窗格选择“医生”表作为窗体数据源。

（2）单击“创建”选项卡“窗体”组中的“其他窗体”按钮，在下拉列表中选择“数据透视表”命令，系统自动以数据透视表视图显示，如图5－21所示。

（3）单击“设计”选项卡“显示/隐藏”组的“字段列表”按钮，打开“数据透视表字段列表”对话框，将此对话框中的“所属诊所编号”字段拖动到窗体“筛选字段”处，“职称”字段拖动到窗体“行字段”处，“性别”字段拖动到窗体“列字段”处，“挂号费”字段拖动到窗体“汇总或明细字段”处，系统立即生成数据透视表显示统计分析结果，如图5－22所示。

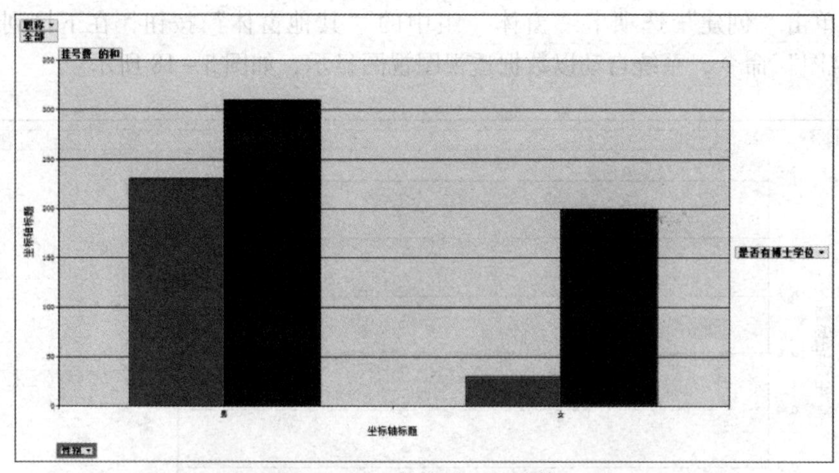

图 5－20　数据透视图窗体

图 5－21　数据透视表设计

图 5－22　数据透视表窗体

（4）右击汇总字段，在弹出的快捷菜单中选择“自动计算”命令修改汇总的计算方式，并对字段进行排序、删除、显示隐藏详细信息等操作。保存窗体为“医生－数据透视表”。

8. 创建主/子窗体

使用窗体向导创建窗体/子窗体。

操作提示：

（1）单击“创建”选项卡上“窗体”组中的“窗体向导”按钮。

（2）在向导第一页上的“表/查询”下拉列表中，选择“病患”表，在“可用字段”中选择“姓名”“性别”和“医疗保险情况”字段，添加到右侧“选定字段”列表框中。在向导同一页上的“表/查询”下拉列表中，选择“就诊记录”表，添加“就诊日期”“费用”和“治疗情况”字段，如图 5－23 所示，单击“下一步”按钮。

（3）在“请确定查看数据的方式”列表框中选择“通过病患”；单击“下一步”按钮，在“请确定子窗体使用的布局”页上选择“表格”布局，单击“下一步”按钮。

（4）为窗体输入所需的标题，指定在窗体视图中打开窗体，如图 5－24 所示。

（5）单击“完成”按钮，Access 将创建两个窗体：一个用作包含子窗体控件的主窗体，另一个用作子窗体本身（见图 5－25），保存此窗体。

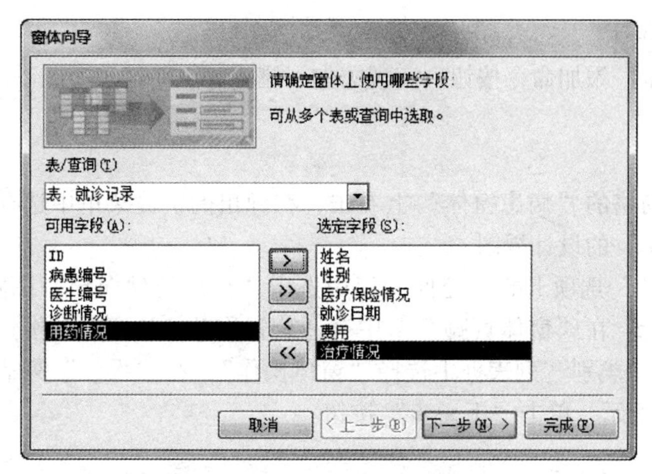

图 5－23　窗体向导设置数据源

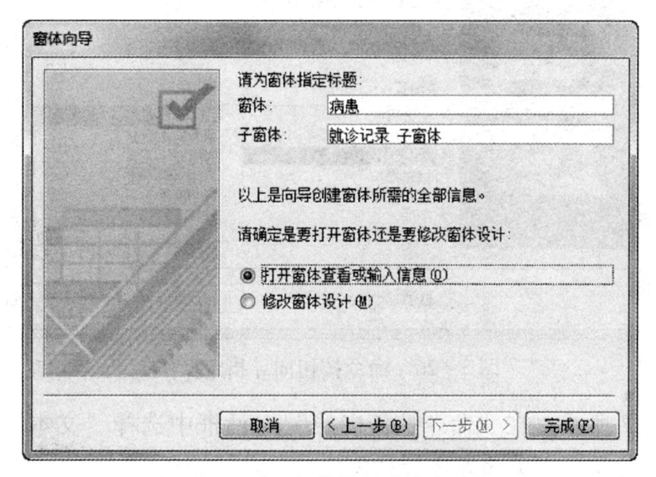

图 5－24　窗体向导指定标题

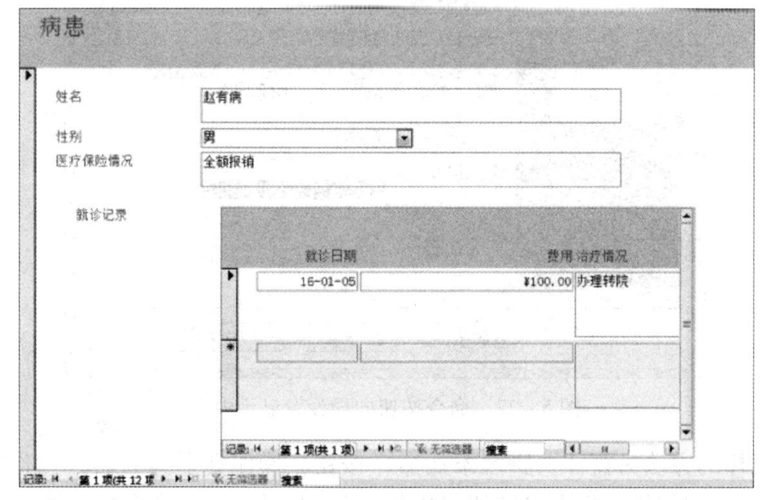

图 5－25　主/子窗体示意图

9. 使用命令控件

为“病患窗体”添加命令按钮，实现添加、删除、更新记录功能以及打印、关闭窗体功能。

操作提示：

（1）在导航窗格的“病患窗体”上右击，在弹出的快捷菜单中选择“设计视图”命令打开“病患窗体”的设计视图。

（2）在“设计”选项卡的“控件”组中选中“使用控件向导”图标，单击“控件”组的“按钮”图标，在“窗体页脚”节中合适位置拖动，放置命令按钮并自动打开“命令按钮向导”，在“类别”列表框中选择“窗体操作”，在“操作”列表框选择“关闭窗体”，如图 5－26 所示，单击“下一步”按钮。

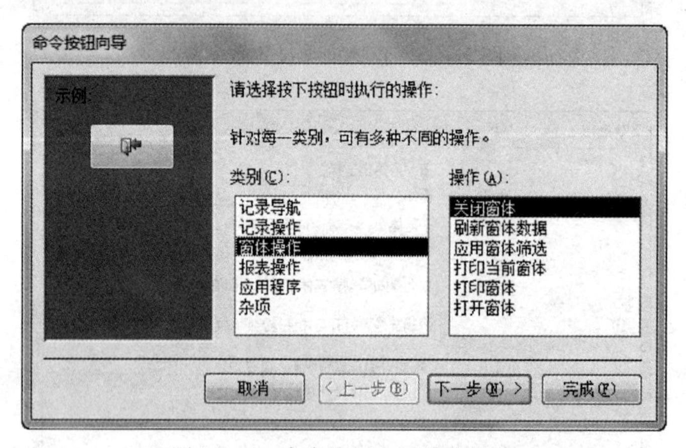

图 5－26　命令按钮向导指定操作

（3）如图 5－27 所示，在“命令按钮向导”对话框中选择“文本”，单击“下一步”按钮，为按钮指定名称为“关闭窗体”，单击“完成”按钮。

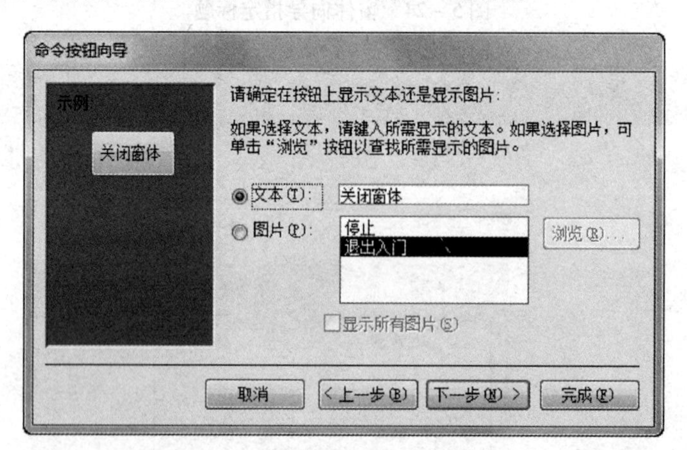

图 5－27　命令按钮向导设置显示内容

（4）用同样的方法为窗体页脚区添加命令按钮，操作类别为“窗体操作”，操作内容为“打印窗体”，按钮显示文本和按钮名称为“打印窗体”，打印窗体选择“病患窗体”。

（5）在窗体主体节添加命令按钮，在其向导中选择操作类别为“记录操作”，操作内容为“添加新记录”，如图5－28所示。单击“下一步”按钮设置按钮显示文本和按钮名称为“添加记录”。

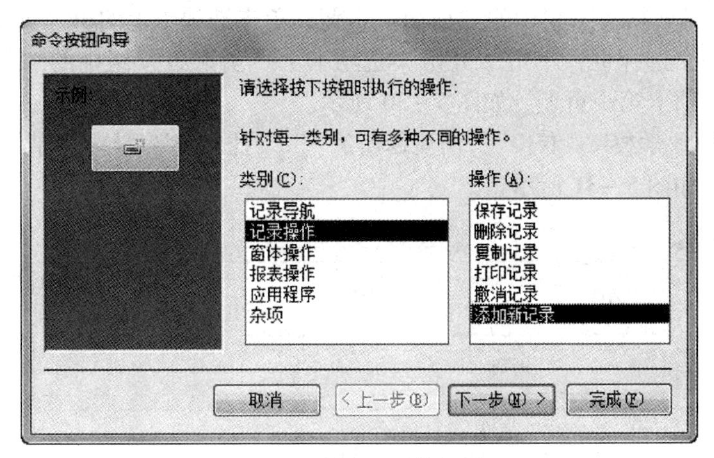

图5－28　添加记录按钮设置

（6）同样，在窗体主体节添加删除记录命令按钮，在其向导中选择操作类别为“记录操作”，操作内容为“删除记录”，按钮显示文本和按钮名称为“删除记录”。

（7）在窗体主体节添加保存记录命令按钮，在其向导中选择操作类别为“记录操作”，操作内容为“保存记录”，设置按钮显示文本和按钮名称为“保存记录”。

（8）切换到窗口的“设计视图”，按住【Shift】键，单击“添加记录”“删除记录”和“保存记录”3个按钮，同时选中此3个按钮，利用“排列”选项卡“调整大小和排序”组中“对齐”|“靠上”命令使3个按钮顶端对齐，利用“大小/空格”命令调整3个按钮的间距，同样方法调整“打印窗体”和“关闭窗体”按钮的位置，窗体视图效果如图5－29所示。

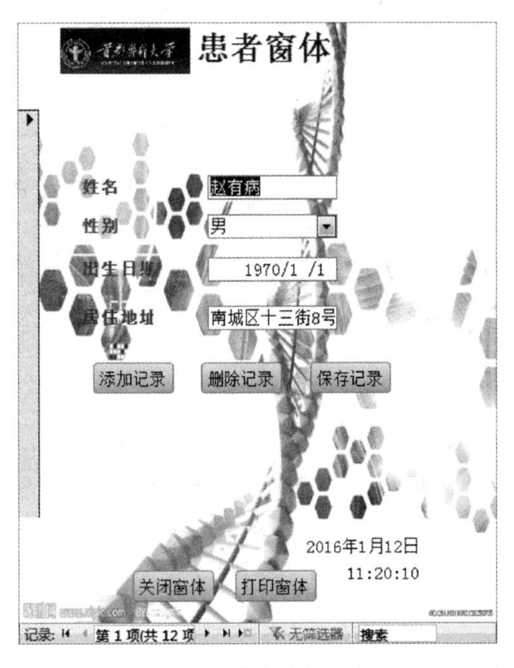

图5－29　命令按钮示意图

（9）保存此窗体并在窗体视图下测试各个命令按钮的功能。

10. 使用选项卡

使用选项卡管理“医生表－简单窗体”窗体。

操作提示：

（1）在导航窗格的“医生表－简单窗体”上右击，在弹出的快捷菜单中选择“设计视图”命令，打开窗体的设计视图。

（2）单击“设计”选项卡“控件”组中的“选项卡控件”按钮，单击窗体主体节上要放置该选项卡控件的位置，Access 即将该选项卡控件放置到窗体上。

（3）选择“医生编号”“姓名”“性别”“职称”“出生日期”“照片”控件，单击“开始”选项卡“剪贴板”组中的“剪切”按钮；单击选项卡上的第一页标签文本，选项卡页上将出现一个选择框，单击“开始”选项卡上“剪贴板”组中的“粘贴”按钮，将所选控件放在选项卡第一页上，如图 5－30 所示。

（4）将“毕业学校”“专长”“所属诊所编号”“挂号费”“是否有博士学位”放在选项卡第二页上，如图 5－31 所示。

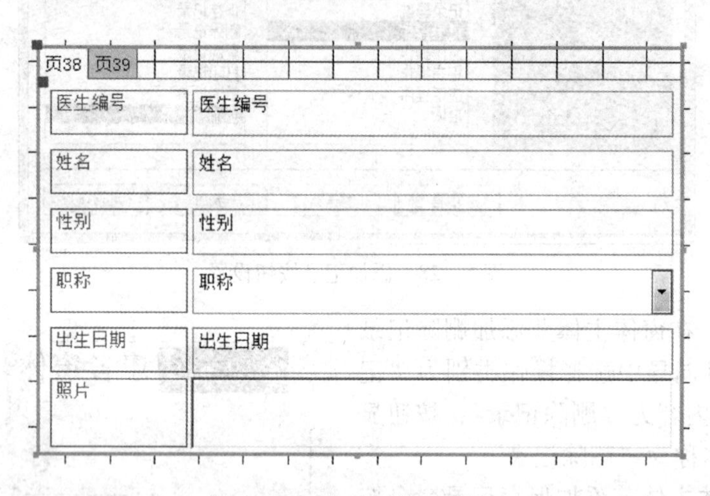

图 5－30　选项卡第一页设置

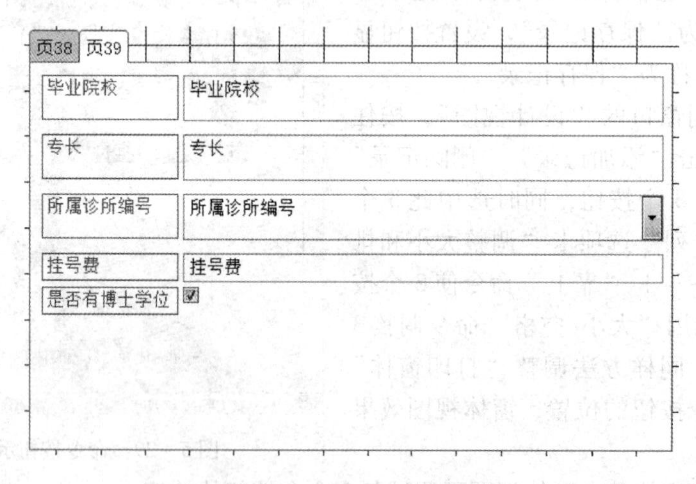

图 5－31　选项卡第二页设置

（5）在选项卡页标签上右击，在弹出的快捷菜单中选择“插入页”命令，为选项卡添加一个新页，将“表．就诊记录”控件放在选项卡第三页上，如图 5－32 所示。

（6）选择选项卡第二页，单击“设计”选项卡“控件”组中的“图像”按钮，单击选项卡页上要放置该控件的位置，将该控件放在选项卡页上，如图 5－33 所示。

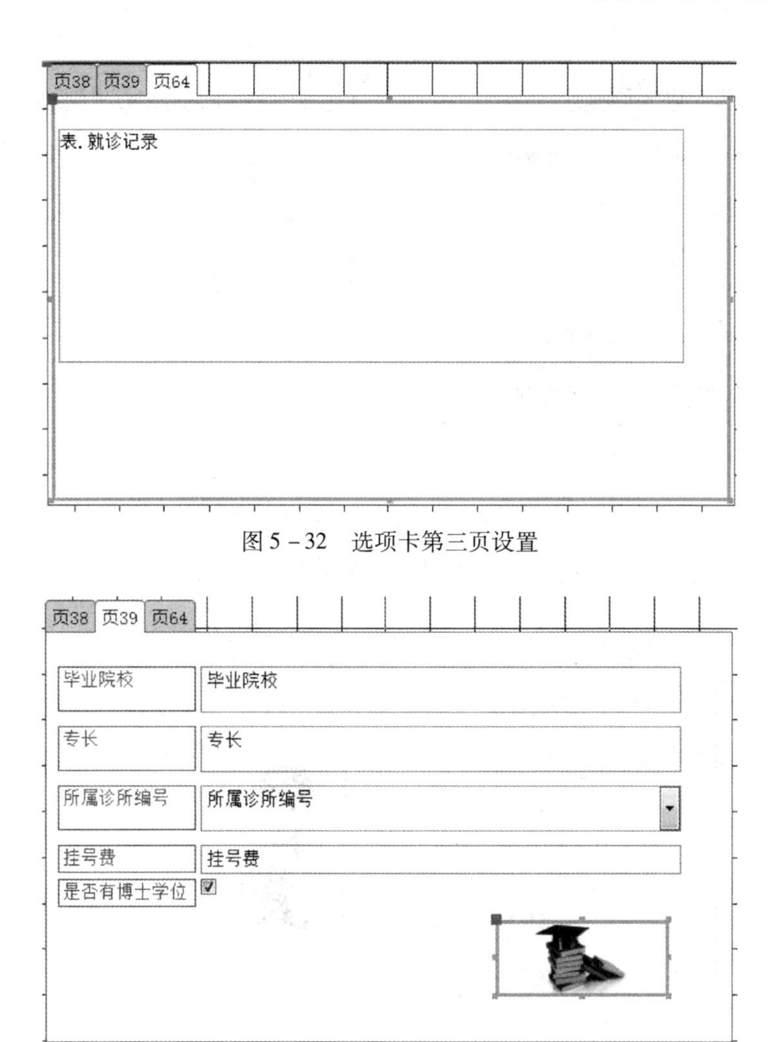

图 5－32 选项卡第三页设置

图 5－33 添加图片

（7）调整选项卡第一页各个控件的大小和位置，设置“照片”控件“属性表”中的“允许的 OLE 类型”为“嵌入”，“缩放模式”为“拉伸”，“高度”为 4 cm，“宽度”为 3 cm，如图 5－34 所示。注意：如果想单独缩放控件大小和调整位置，而不影响其他控件，可以选中该控件，在“排列”选项卡的“表”组中选择“删除布局”。反之，如果想同时调整多个控件，可在“排列”选项卡的“表”组中单击“堆积”按钮。

（8）在选项卡第一页上右击，在弹出的快捷菜单中选择“属性”命令，打开“属性表”窗格，或者直接按【F4】键显示它，在“属性表”的“格式”选项卡上，修改“标题”属性框中的文本为“基本信息”；将选项卡第二页的标题设为“专业信息”，将选项卡第三页的标题设为“就诊表”。

（9）保存窗体，在“窗体视图”中查看效果，如图 5－35 所示。

11. 使用选项组

为“医生表窗体”添加选项组控件。

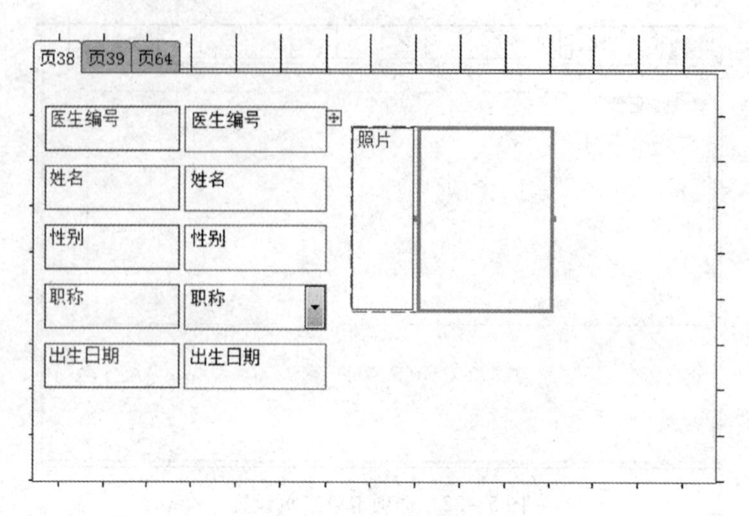

图 5－34　添加图片

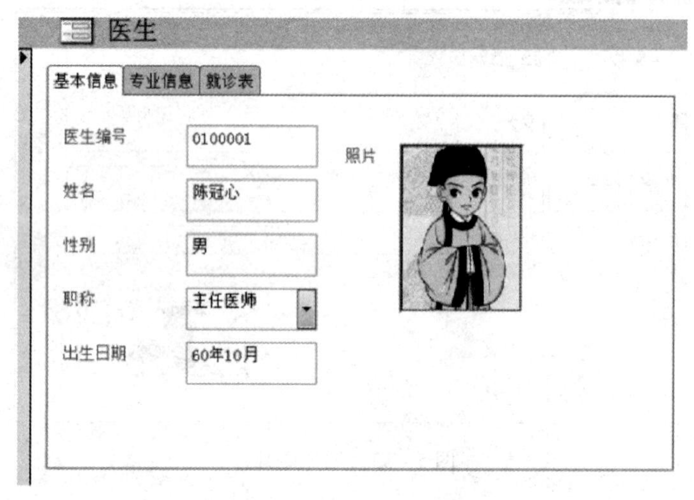

图 5－35　选项卡示意图

操作提示：

（1）在“医生”表中添加“学历”字段，数据类型为“数字”。

（2）在设计视图中打开“医生表窗体”，调整窗体主体节的大小。

（3）在“设计”选项卡上的“控件”组中，确保选中“使用控件向导”按钮。

（4）在“控件”组中，单击“选项组”按钮，单击窗体中要放置选项组的位置，系统自动弹出“选项组”向导，为每个选项指定标签，如图 5－36 所示，单击“下一步”按钮。

（5）确定是否让“硕士”作为默认选项，单击“下一步”按钮，如图 5－37 所示，为每个选项设定值，使得单击该选项时，其值即为选项组的值，单击“下一步”按钮。

（6）如图 5－38 所示，为选项组绑定“学历”字段，单击“下一步”按钮，如图 5－39所示，设置选项组中控件的类型和选项组的样式，单击“下一步”按钮。

（7）为选项组指定标题“医生学历”，单击“完成”按钮，调整选项组的位置及大小，在选项组“属性表”中将其名称改为“医生学历”，在“布局视图”查看效果，如图5－40所示，保存此窗体。

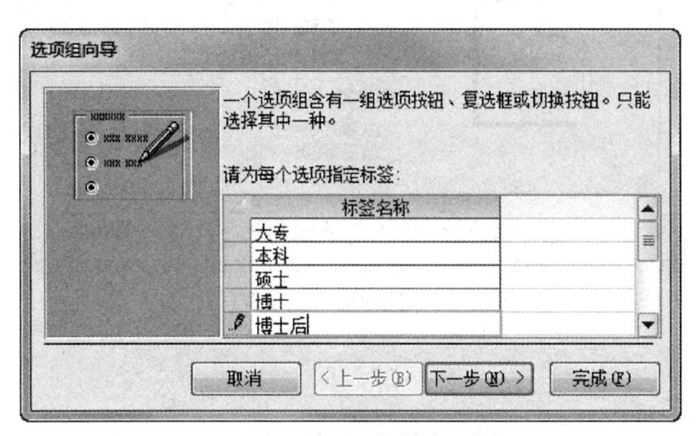

图5－36　选项组向导指定标签

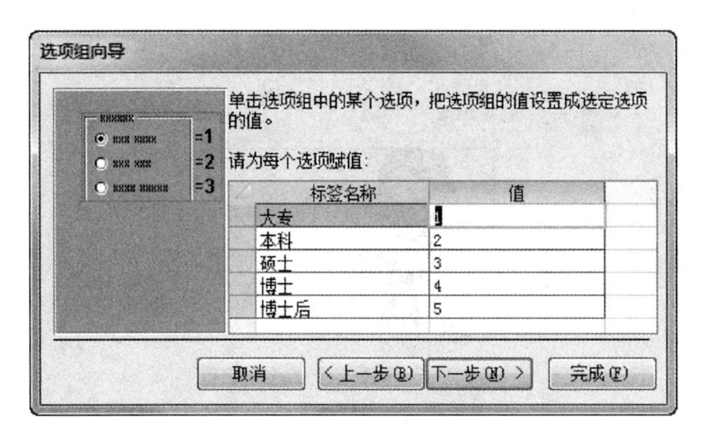

图5－37　选项组向导标签赋值

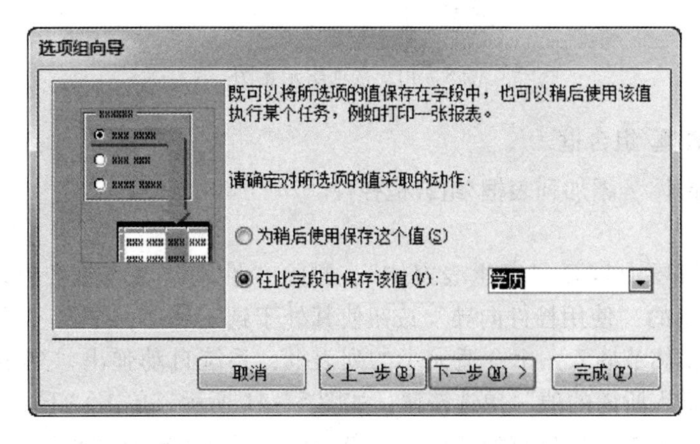

图5－38　选项组向导指定保存字段

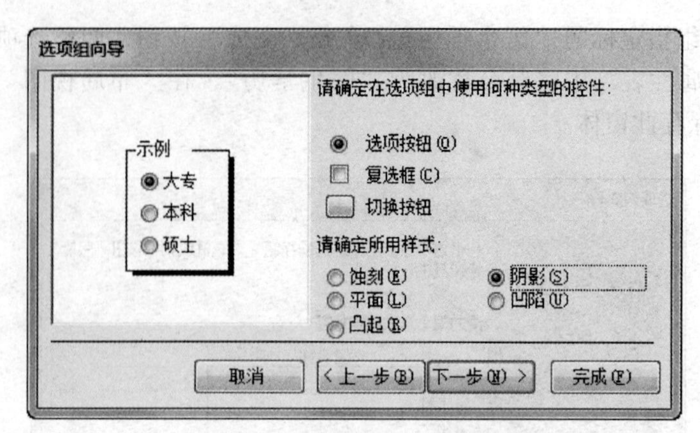

图5－39　选项组向导设置样式

图5－40　选项组示意图

12. 使用列表框/组合框

为"医生表窗体"添加列表框/组合框控件。

操作提示：

（1）在设计视图中打开"医生表窗体"，删除"性别"文本框控件，单击"设计"选项卡"控件"组的"使用控件向导"按钮使其处于选定状态，单击"控件"组的"列表框"按钮，在主体节插入一个合适大小的列表框，系统自动弹出"列表框向导"对话框，选中"自行键入所需的值"单选按钮，如图5－41所示，单击"下一步"按钮。

（2）默认设置列表框的列数为"1"，在第一行单元格中输入"男"，在第二行单元格中输入"女"，如图5－42所示，单击"下一步"按钮。

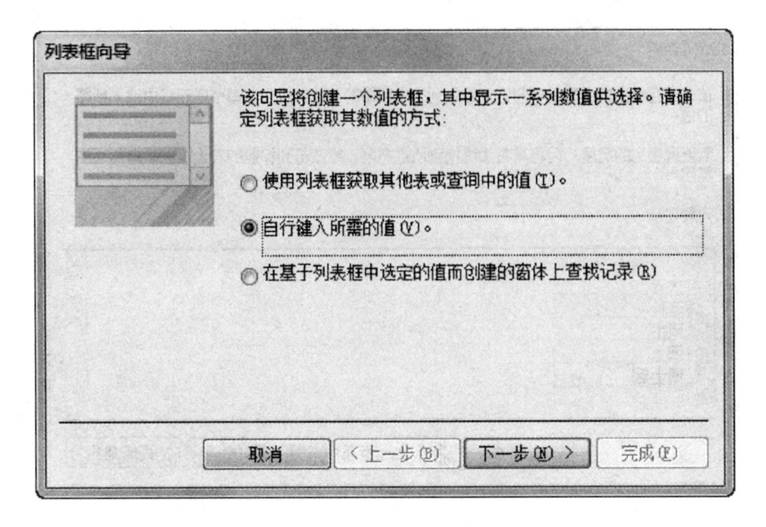

图 5－41　列表框向导指定数值获取方式

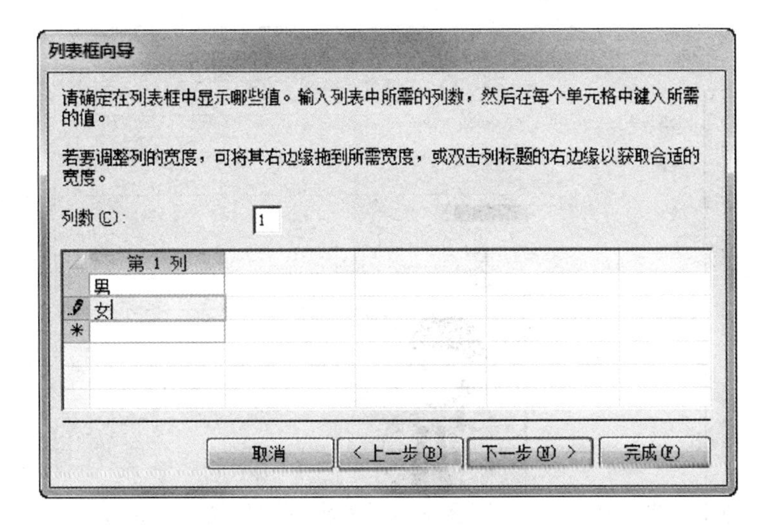

图 5－42　列表框向导设置显示值

(3) 选择“将该数值保存在这个字段中”为“性别”；单击“下一步”按钮，设置列表框的标签为“性别”，单击“完成”按钮可以在窗体视图查看效果。

(4) 删除“医生学历”控件，单击“设计”选项卡“控件”组中的“组合框”按钮，在主体节插入一个合适大小的组合框，与上面的组合框一样选中“自行键入所需的值”，然后在列表值中输入学历，如图 5－43 所示。

(5) 下一步将该数值保存到“学历”字段中，标签名为“学历”，调整此控件的位置和大小，完成后在“窗体视图”查看效果，如图 5－44 所示，保存此窗体。

13. 使用图表控件

利用图表控件在窗体中显示数据。

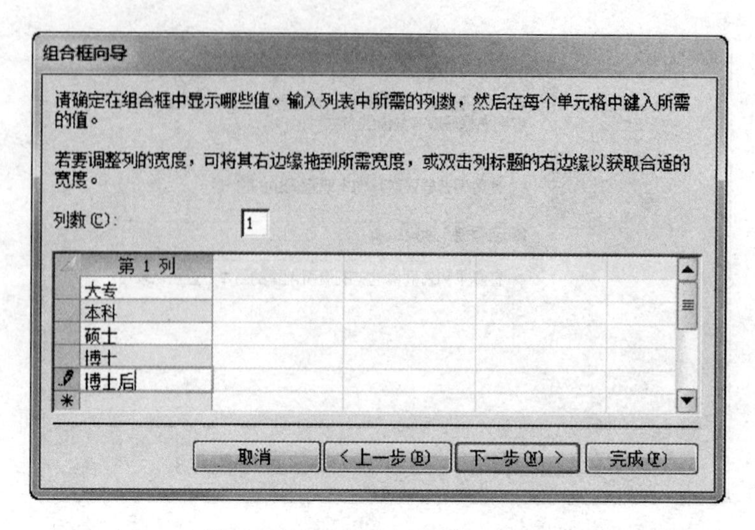

图 5－43　组合框向导设置显示值

图 5－44　列表框/组合框效果图

操作提示：

（1）创建一个查询，查询每一医生的姓名、所治疗患者的性别、费用，查询设计视图如图 5－45 所示。保存此查询为“治疗费用”。

（2）单击“创建”选项卡“窗体”组中的“空白窗体”按钮，新建一个空白窗体，保存为“治疗费用图表”，切换到设计视图。

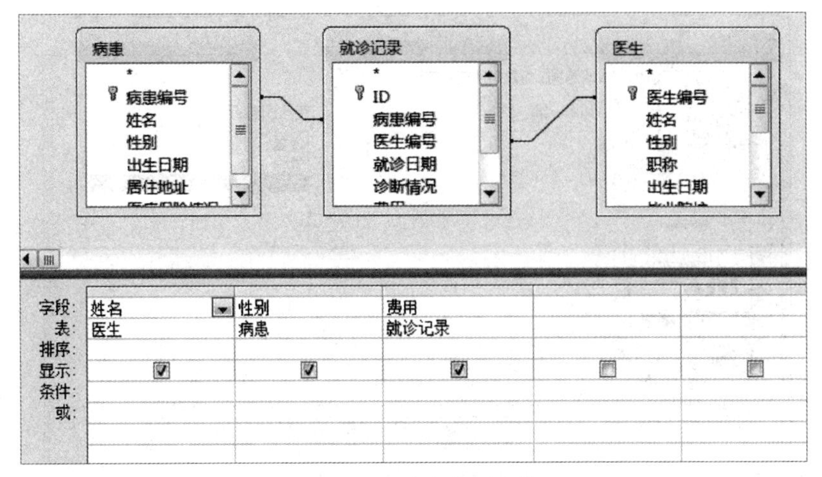

图5-45 治疗费用查询

(3) 单击“设计”选项卡“控件”组中的“图表”按钮，在主体节插入一个合适大小的图表区域，系统自动弹出“图表向导”对话框，如图5-46所示。选择视图为“查询”，查询数据源为“查询：治疗费用”，单击“下一步”按钮。

(4) 将“姓名”“性别”“费用”字段添加到“用于图表的字段”列表中，如图5-47所示，单击“下一步”按钮。

(5) 选择柱形图；单击“下一步”按钮，指定数据在图表中的布局方式，“姓名”为坐标轴，“费用”为数值轴，“性别”为分类系列，如图5-48所示，单击“下一步”按钮。

(6) 指定图表的标题为“治疗费用”，并显示图例，单击“完成”按钮后调整窗体大小和图表控件的大小和位置，在“窗体视图”查看效果。

(7) 双击图表区进入图表编辑环境对图表的各个对象进行调整，在图表区外双击回到“窗体视图”模式，效果如图5-49所示。保存窗体为“治疗费用窗体”。

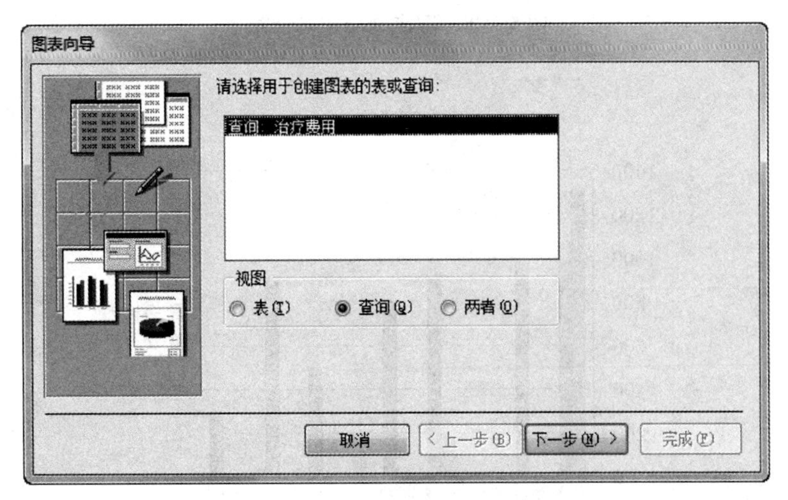

图5-46 图表向导选择数据源

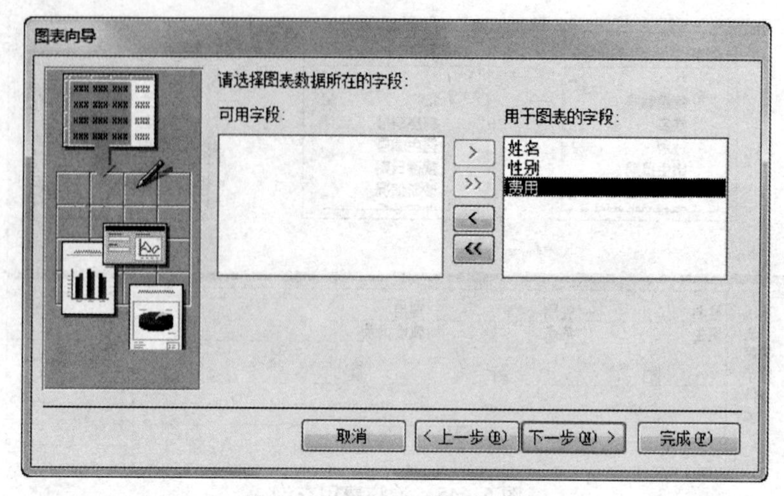

图 5－47　图表向导设置字段

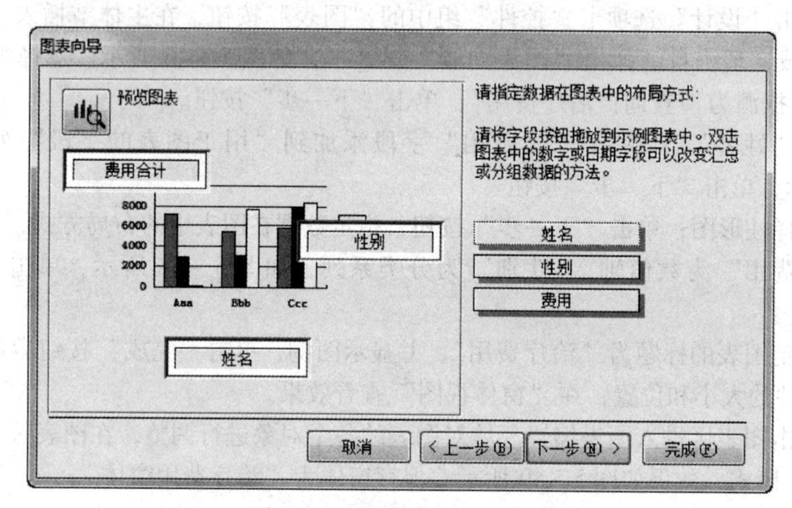

图 5－48　图表向导布局设置

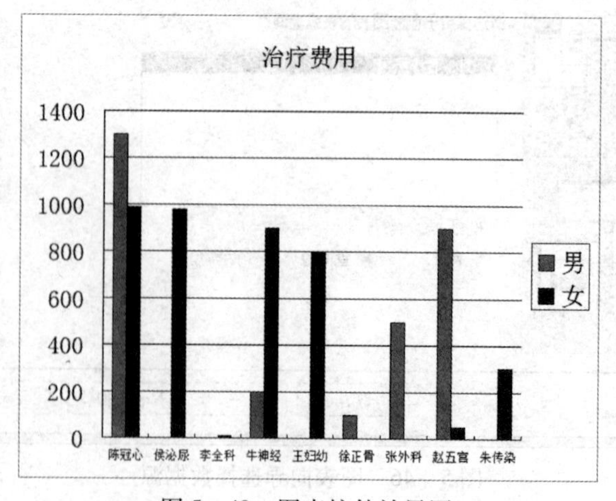

图 5－49　图表控件效果图

14. 创建导航窗体

利用导航按钮创建“社区专科诊所业务信息系统”。

操作提示：

（1）单击“创建”选项卡“窗体”组中的“导航”下拉按钮，选择“垂直标签，左侧”，系统进入导航窗体的布局视图，如图5－50所示。

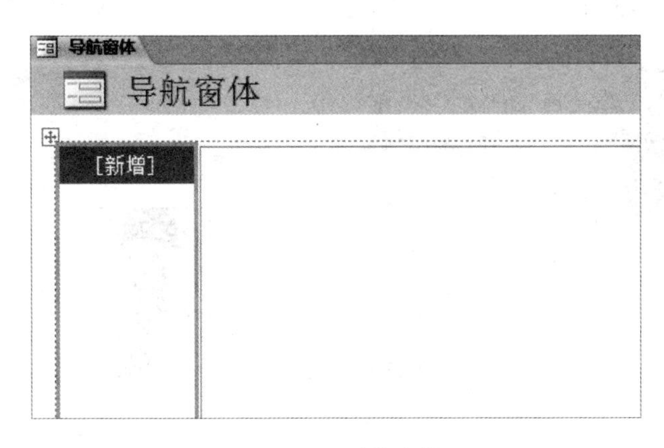

图5－50 导航窗体

（2）将左侧“导航窗格”中的“登录窗体”拖动到“新增”按钮上，Access将创建新导航按钮并在对象窗格中显示窗体，如图5－51所示。

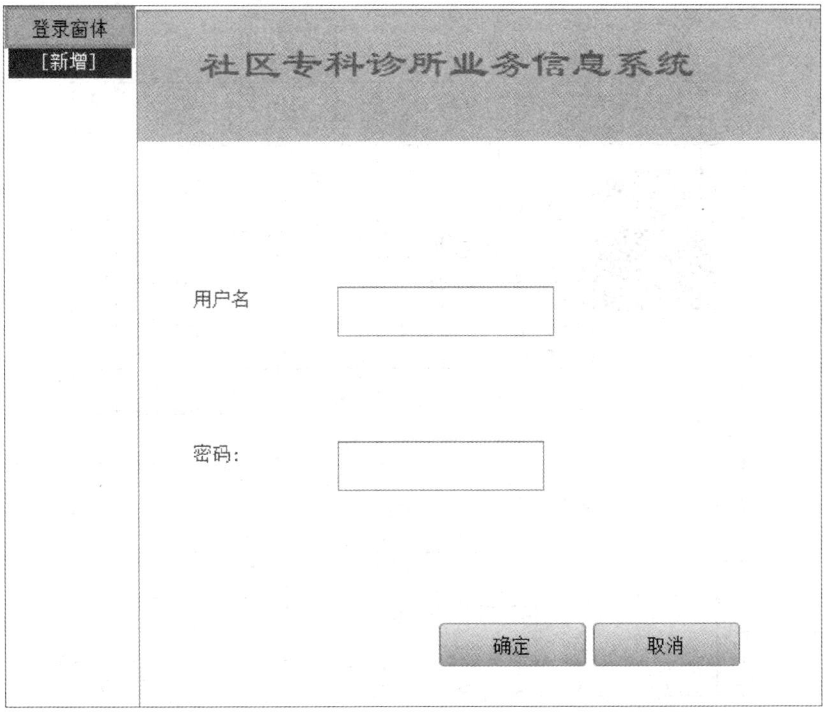

图5－51 添加导航按钮

（3）同样依次将“导航窗格”中的“医生－简单窗体”“病患窗体”“治疗费用窗体”拖动到“新增”按钮上，如图5－52所示。

（4）修改“医生－简单窗体”导航按钮的“标题”属性为“医生信息”，修改“病患窗体”导航按钮的“标题”属性为“患者信息”，修改“治疗费用窗体”导航按钮的“标题”为“费用信息”，在“设计视图”中修改导航窗体的标题为“社区专科诊所业务信息系统”，如图5－53所示。

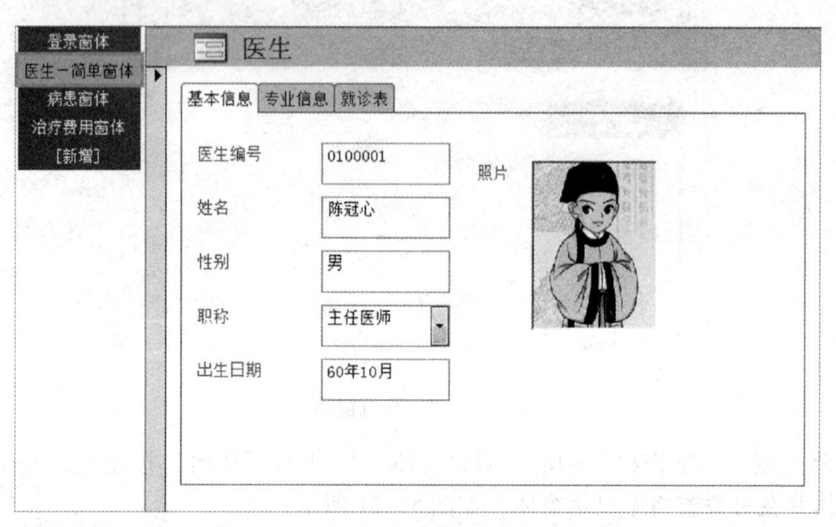

图5－52　添加窗体后导航按钮

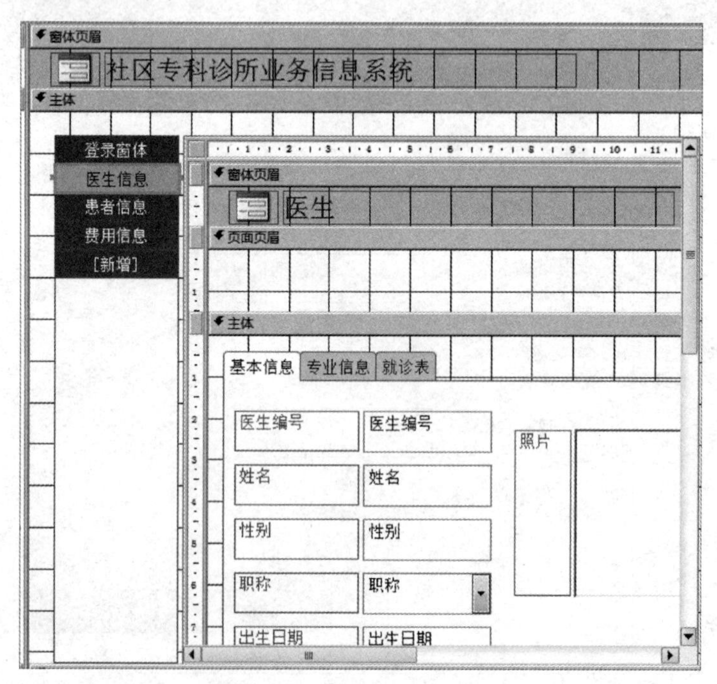

图5－53　导航窗体设计视图

（5）保存窗体为"社区专科诊所业务信息系统"，切换到窗体视图查看效果，单击导航按钮打开相应的窗体进行测试。

15. 为控件设置 Tab 键的顺序

更改控件的【Tab】键次序。

操作提示：

（1）在"导航窗格"中，右击"医生表窗体"窗体，然后单击"布局视图"或"设计视图"。

（2）单击"设计"选项卡"工具"组中的"Tab 键次序"按钮，弹出"Tab 键次序"对话框，如图 5－54 所示。

图 5－54　"Tab 键次序"对话框

（3）在"Tab 键次序"列表中拖动调整控件的位置，创建自己的自定义 Tab 键次序，单击"确定"按钮，在"窗体视图"中按【Tab】键测试所做修改。

16. 在窗体中使用表达式

在文本框控件中输入表达式。

操作提示：

（1）在"导航窗格"中，单击"就诊记录"表，在"创建"选项卡"窗体"组中单击"窗体"，为"就诊记录"表创建简单窗体，保存为"就诊记录窗体"。

（2）在设计视图打开"就诊记录窗体"窗体，在窗体页脚添加文本框，将其标签改为"合计"，在其"属性表"窗格的"数据"选项卡"控件来源"框中单击，然后输入"＝Sum（[费用]）"，如图 5－55 所示。也可以单击"控件来源"右侧的"生成器"按钮通过使用表达式生成器创建表达式。

（3）保存修改，在"窗体视图"下查看效果，如图 5－56 所示。

窗体页眉
就诊记录
主体
ID
ID
病患编号
病患编号
医生编号
医生编号
就诊日期
就诊日期
诊断情况
诊断情况
费用
费用
治疗情况
治疗情况
用药情况
用药情况
属性表
所选内容的类型: 文本框(T)
Text26
格式
数据
事件
其他
全部
名称
Text26
控件来源
=Sum([费用])
格式
小数位数
自动
可见
是
文本格式
纯文本
数据表标题
显示日期选取器
为日期
宽度
3.801cm
窗体页脚
合计:
=Sum([费用])

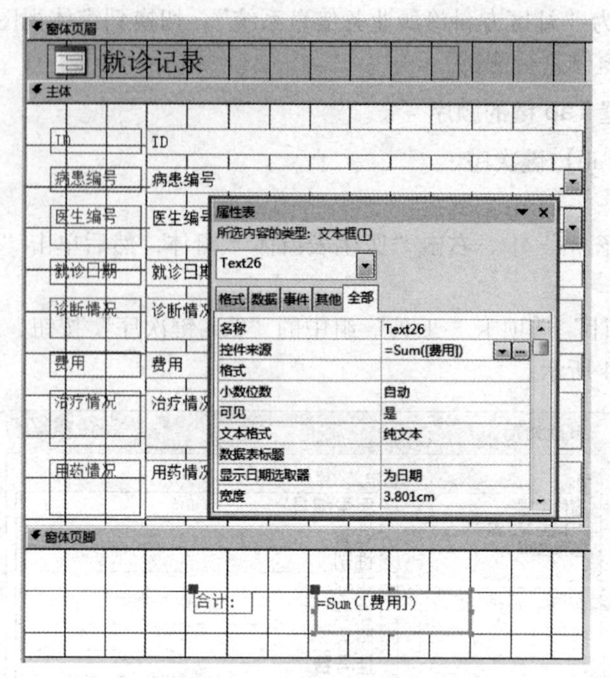

图 5－55　表达式示意图

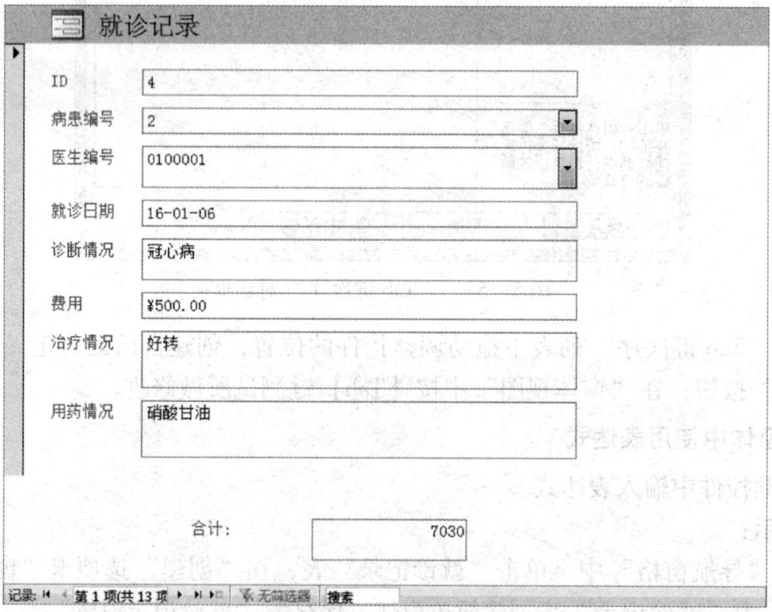

就诊记录
ID
4
病患编号
2
医生编号
0100001
就诊日期
16-01-06
诊断情况
冠心病
费用
¥500.00
治疗情况
好转
用药情况
硝酸甘油
合计:
7030
记录: 第 1 项(共 13 项
无筛选器
搜索

图 5－56　表达式效果图

第6章

报表实验 <<<

一、实验目的

（1）掌握报表的创建操作。

（2）掌握报表视图的使用。

（3）掌握报表中分组、排序和汇总操作。

（4）掌握报表的页面设置及打印操作。

（5）熟悉报表中控件的使用。

（6）熟悉主次报表、图形报表、交叉报表等高级报表的操作。

二、实验内容

1. 创建简单报表

为“医生”表创建简单报表。

操作提示：

（1）打开“6－1. accdb”数据库。

（2）在“导航窗格”中双击“医生：表”，单击“创建”选项卡“报表”组中的“报表”按钮，即可创建简单报表，如图6－1所示。

（3）将此报表存为“医生表－简单报表”。

2. 创建空报表并添加数据

创建空报表并将“病患”表中字段添加到报表中。

操作提示：

（1）打开“6－2. accdb”数据库。

（2）单击“创建”选项卡“报表”组中的“空报表”按钮，将打开空报表的布局视图，系统同时自动打开“报表布局工具”选项卡组“设计”选项卡。

（3）单击“工具”组中的“添加现有字段”按钮，在工作界面右侧打开“字段列表”窗格，单击“显示所有表”按钮，展开“病患”表。

（4）将“病患”表中的“病患编号”拖动至空报表中，在图6－2所示窗格状态下，再将“姓名”“性别”“出生日期”“居住地址”字段依次选中，从“字段列表”中拖放到空报表中，调整各字段宽度，报表结果如图6－3所示。

医生　2016年1月27日 16:51:27

医生编号	姓名	性别	职称	出生日期	毕业院校
0100001	陈冠心	男	主任医师	60年10月	北清大学
0100002	徐正骨	男	副主任医师	72年06月	中医大学
0100003	周内科	男	主治医师	80年05月	清北大学
0100004	王妇幼	女	主治医师	81年02月	协和大学
0100005	赵五官	女	助理医师	90年03月	同仁大学
0200001	李全科	男	副主任医师	74年07月	友谊大学
0200002	孙呼吸	女	主治医师	88年08月	朝阳大学

图 6－1　“医生表－简单报表”示意图

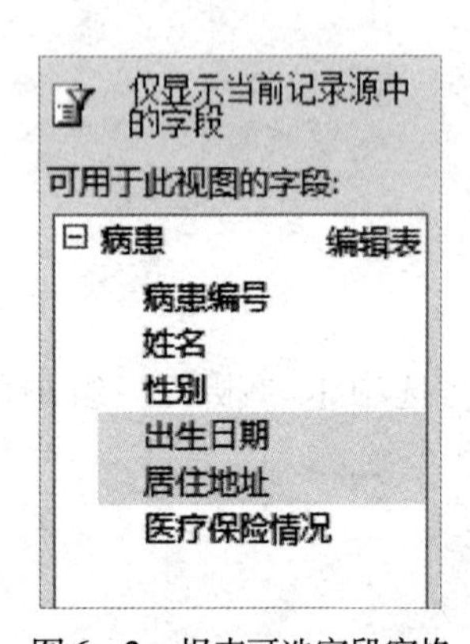

图 6－2　报表可选字段窗格

病患编号	姓名	性别	出生日期	居住地址
1	赵有病	男	1970/1/1	南城区十三街8号
2	钱有病	男	1985/2/3	北城区四街9号
3	孙有病	女	1941/10/10	南城区旧街6号
4	李有病	女	1970/7/7	北城区三街111号
5	周有病	男	1985/12/12	南城区新街5号
6	吴有病	男	1971/1/23	南城花园一区
7	郑有病	女	1983/8/20	北城望远小区
8	王有病	女	1952/3/2	东城区十一街4号
9	冯有病	女	1966/5/7	东城区十街6号
10	陈有病	男	1995/8/1	西城区十一街4号
11	楚有病	女	2004/10/27	南城区八街1号
12	魏有病	女	2011/6/1	北城区三街14号

图 6－3　空报表添加字段后示意图

（5）切换到报表视图，查看报表效果，如图 6－4 所示。保存报表为“医患表－空报表”。

3. 利用报表向导创建报表

利用报表向导为“就诊记录”表建立报表。

操作提示：

（1）打开“6－3. accdb”数据库。

（2）在“导航窗格”中选中“就诊记录”表，单击“创建”选项卡“报表”组中的“报表向导”按钮，弹出“报表向导”对话框，默认报表的数据来源“表/查询”项，并单击[>>]按钮选择全部字段，如图 6－5 所示，单击“下一步”按钮。

医患表-空报表

病患编号	姓名	性别	出生日期	居住地址
1	赵有病	男	1970/1/1	南城区十三街8号
2	钱有病	男	1985/2/3	北城区四街9号
3	孙有病	女	1941/10/10	南城区旧街6号
4	李有病	女	1970/7/7	北城区三街111号
5	周有病	男	1985/12/12	南城区新街5号
6	吴有病	男	1971/1/23	南城花园一区
7	郑有病	女	1983/8/20	北城望远小区
8	王有病	女	1952/3/2	东城区十一街4号
9	冯有病	女	1966/5/7	东城区十街6号
10	陈有病	男	1995/8/1	西城区十一街4号
11	楚有病	女	2004/10/27	南城区八街1号
12	魏有病	女	2011/6/1	北城区三街14号

图 6－4　“医患表－空报表”示意图

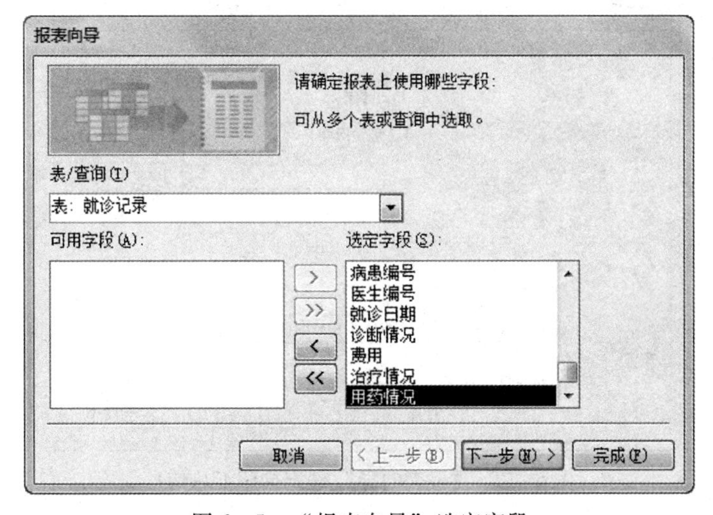

图 6－5　“报表向导”选定字段

（3）在如图 6－6 所示的对话框中设置分组级别，选择左侧列表框中的“医生编号”字段，单击 > 按钮，设置报表按“医生编号”分组，单击“下一步”按钮。

（4）如图 6－7 所示，在弹出的“请确定明细信息使用的排序次序和汇总信息”报表向导中，确定明细信息的排序次序为“升序”的“就诊日期”，并单击“汇总选项”按钮，设置“费用”字段的“汇总”“平均”汇总信息（见图 6－8），单击“确定”按钮回到图 6－7 所示界面，单击“下一步”按钮。

（5）如图 6－9 所示，在弹出的“请确定报表的布局方式”报表向导中，设置报表的布局方式，单击“下一步”按钮。

（6）进入如图 6－10 所示的报表向导中，设置标题为“就诊记录－费用汇总”，选择“预览报表”，单击“完成”按钮。

（7）预览报表效果如图 6－11 所示。

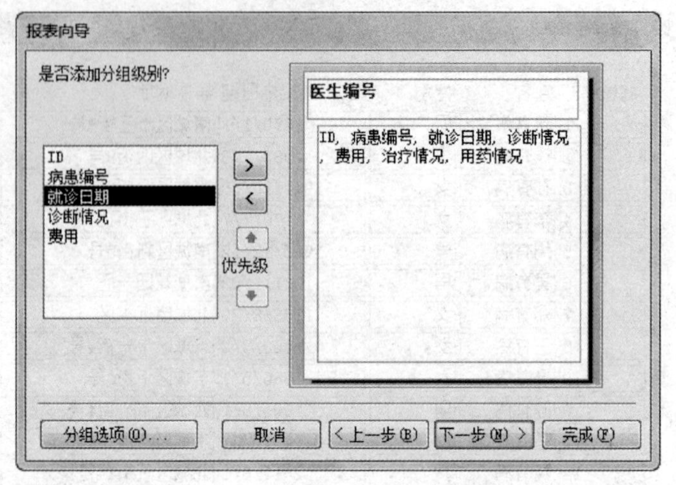

图 6－6　“报表向导”设置分组

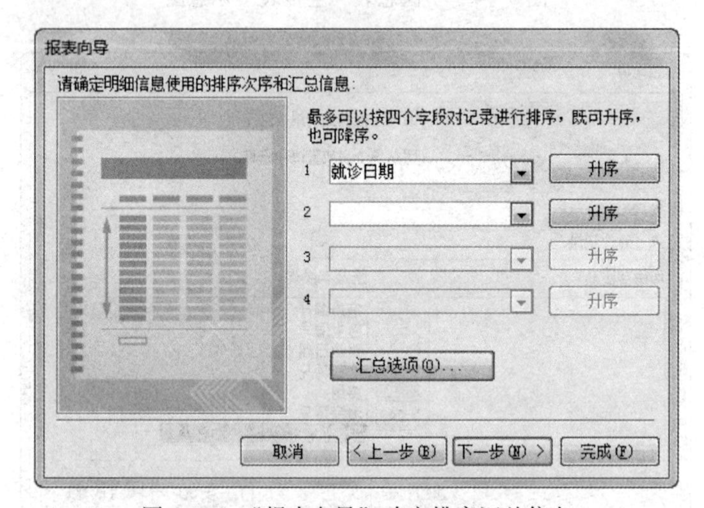

图 6－7　“报表向导”确定排序汇总信息

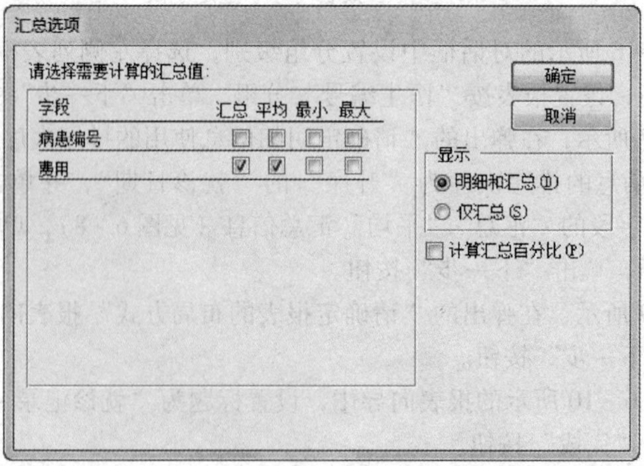

汇总选项

请选择需要计算的汇总值:

字段	汇总	平均	最小	最大
病患编号	☐	☐	☐	☐
费用	☑	☑	☐	☐

确定

取消

显示

◉ 明细和汇总(D)

○ 仅汇总(S)

☐ 计算汇总百分比(P)

图 6－8　“报表向导”设置汇总选项

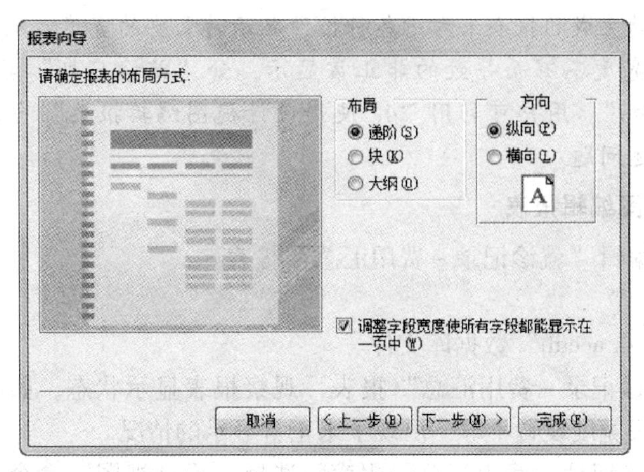

图 6-9 “报表向导”确定布局方式

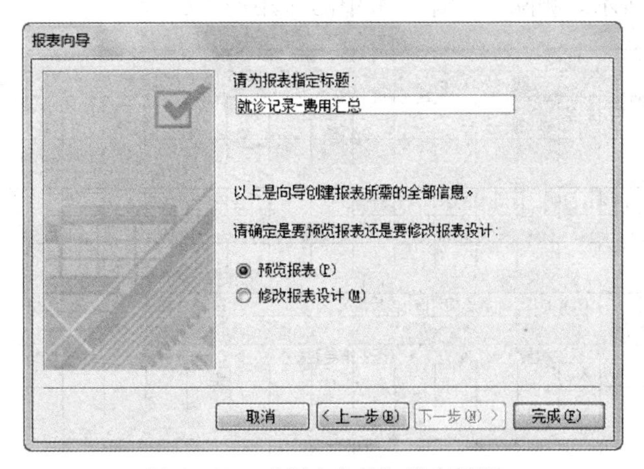

图 6-10 “报表向导”指定标题

就诊记录-费用汇总

医生编号	就诊日期	ID	病患编号	诊断情况	费用	治疗情况	用药情况
0100001							
	#####	4	2	冠心病	##	好转	硝酸甘油
	#####	7	3	脑血栓	##	未见明显好转	紫杉醇
	#####	15	2	冠心病	##	好转	丹参片
汇总 '医生编号' = 0100001 (3 项明细记录)							
合计					##		
平均值					##		
0100002							
	#####	6	1	流行性感冒	##	办理转院	速效感冒胶囊
汇总 '医生编号' = 0100002 (1 明细记录)							
合计					##		
平均值					##		
0100004							
	#####	8	4	不孕症	##	未孕	阿司匹林
汇总 '医生编号' = 0100004 (1 明细记录)							
合计					##		
平均值					##		

图 6-11 “就诊记录-费用汇总”报表示意图

注意：由于自动生成的报表未考虑各种控件显示时需要的宽度，从图6－11中可见部分显示效果因设定宽度不够而导致的非正常显示，如“就诊日期”显示为“######”，“费用”显示为“###”。用户可利用“4. 使用设计视图编辑报表”中的方法来进行报表的编辑，以解决上述问题。

4. 使用设计视图编辑报表

利用设计视图编辑“就诊记录－费用汇总”报表。

操作提示：

（1）打开“6－4. accdb”数据库文件。

（2）双击“就诊记录－费用汇总”报表，观察报表显示状态，如图6－11所示。部分显示结果因为字段宽度设置不够，出现了未正常显示的情况。

（3）右击“就诊记录－费用汇总”报表，选择“设计视图”命令，打开报表的设计视图，如图6－12所示。删除“主体”节中的“用药情况”。

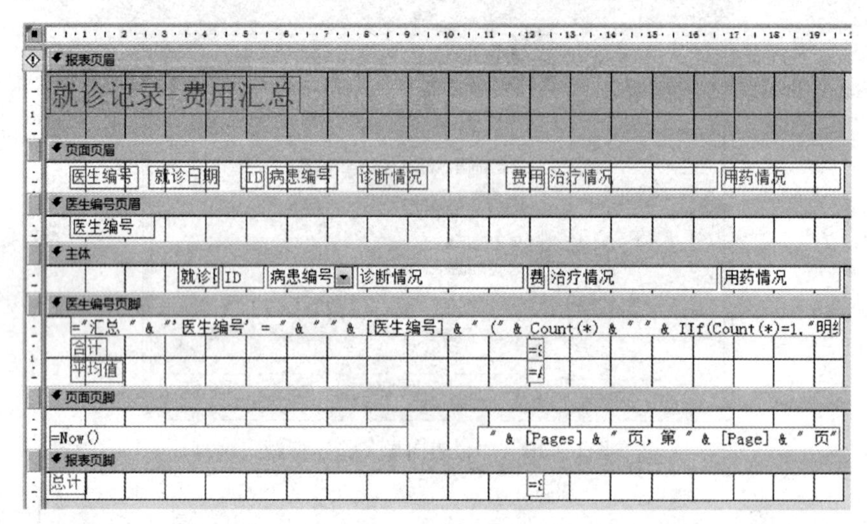

图6－12 “就诊记录－费用汇总”报表设计视图

（4）选中“页面页眉”节中的所有控件，利用“开始”选项卡“文本格式”组按钮设置控件字体为“华文新魏”、“14”号。

（5）分别调整“页面页眉”及“主体”中对应标签及字段位置及宽度，并调整“医生编号页脚”中“合计”及“平均值”对应的Sum及Avg控件的宽度。

（6）在“页面页脚”节中，将“＝Now( )”改为“＝Date( )”。

（7）在“报表页脚”节中，设置“总计”控件字体为“华文新魏”“14”号，并拉宽其对应求和“＝Sum( )”控件，完成如图6－13所示的报表设计视图。

（8）保存报表，切换至报表视图，查看报表，效果如图6－14所示。

5. 使用标签向导创建标签式报表

利用标签向导为“医生”表创建标签式报表。

操作提示：

（1）打开“6－5. accdb”数据库。

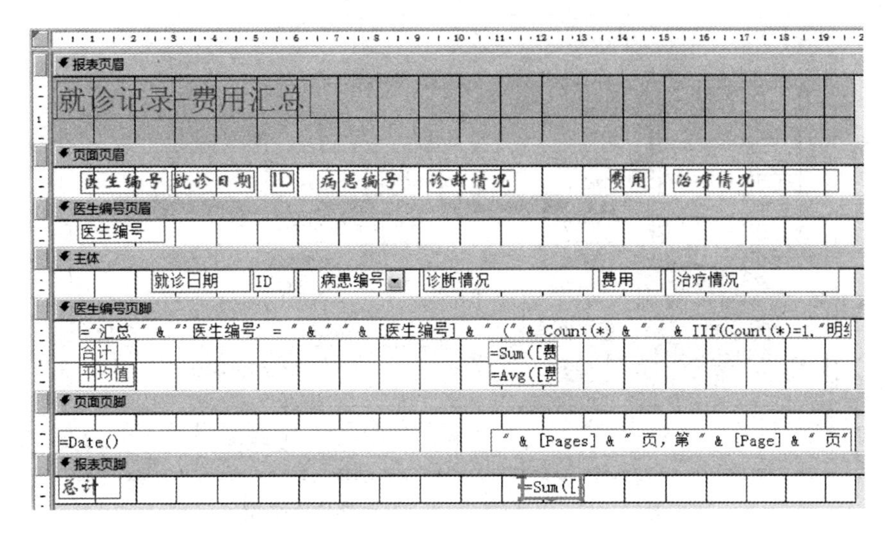

图 6－13 设计视图下编辑报表后示意图

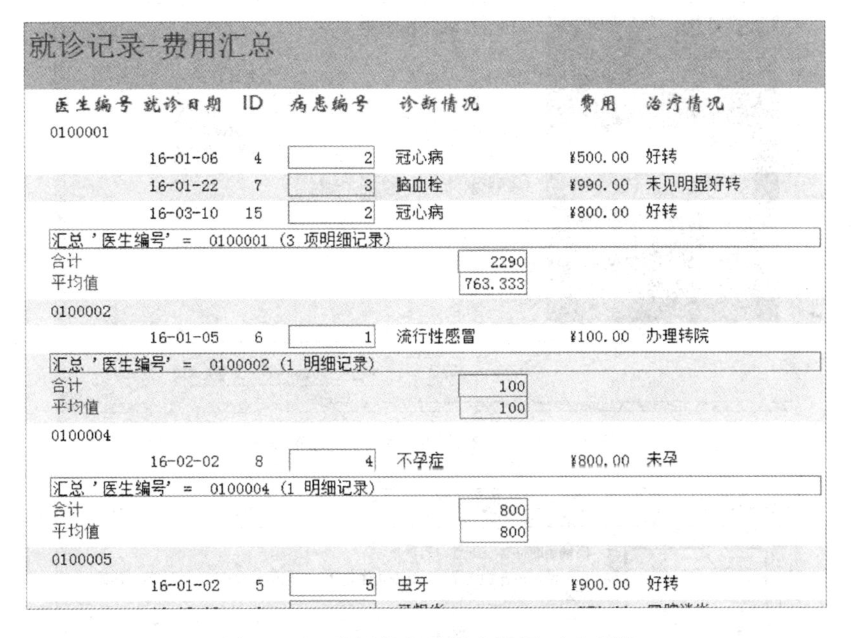

图 6－14 编辑报表后报表视图下示意图

（2）在“导航窗格”中选中“医生”表，单击“创建”选项卡“报表”组中的“标签”，打开“标签”向导，按图 6－15 所示。设置标签尺寸：“按厂商筛选”为NANA，型号为 CND210，单击“下一步”按钮。

（3）设置文本字体为“华文新魏”、字号为“16”号、字体粗细为“中等”、文本颜色为“绿色”，如图 6－16 所示，单击“下一步”按钮。

（4）如图 6－17 所示，设置标签的显示内容，将“医生编号”“姓名”“职称”“专长”4 个字段添到右侧的列表框中，注意字段间空格及换行，单击“下一步”按钮。

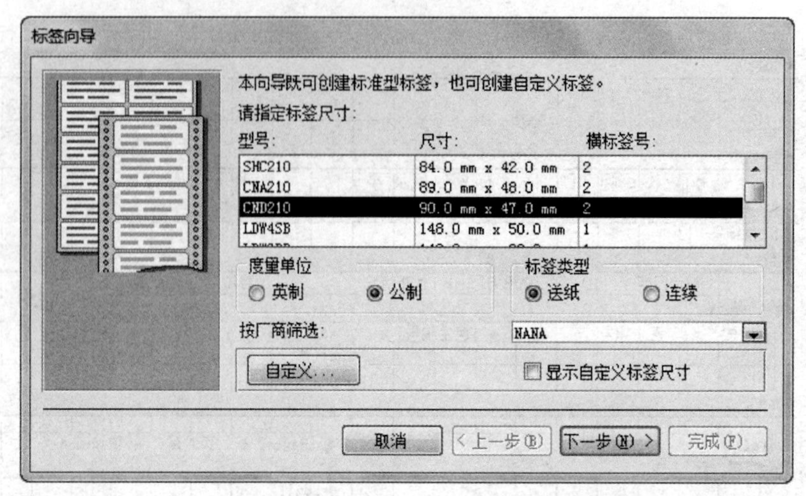

图 6－15　“标签向导” －选择标签类型

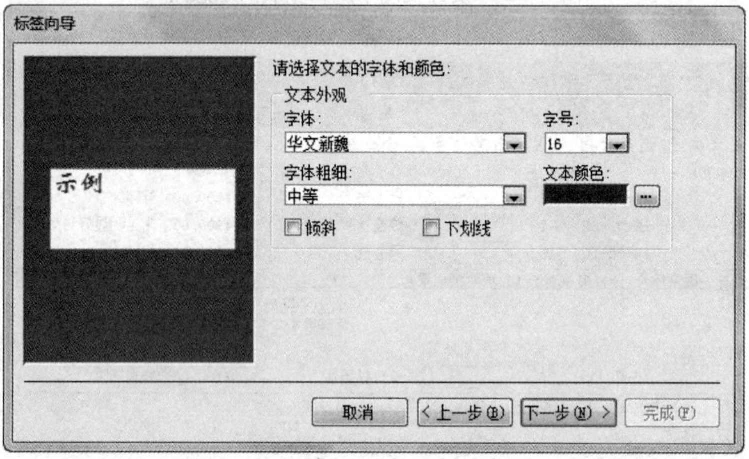

标签向导

示例

请选择文本的字体和颜色:

文本外观

字体:　华文新魏

字号:　16

字体粗细:　中等

文本颜色:

倾斜　下划线

取消　< 上一步(B)　下一步(N) >　完成(F)

图 6－16　“标签向导” －文本设置

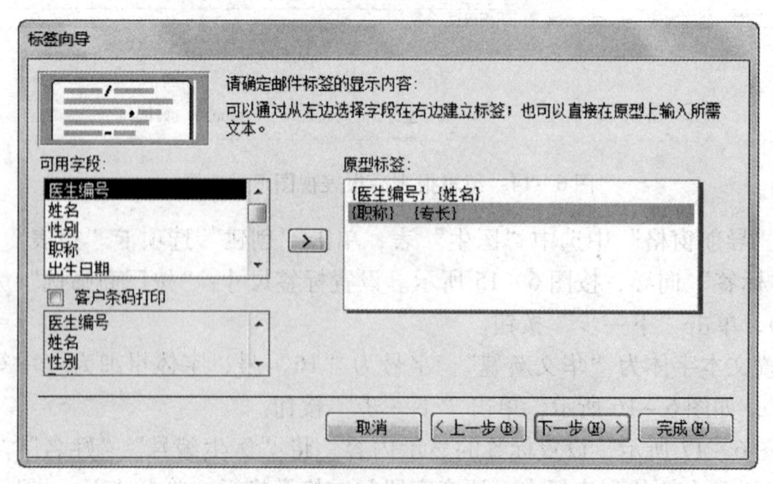

图 6－17　“标签向导” －设置标签

(5) 设置排序字段，选择“医生编号”字段为排序依据，如图 6－18 所示，单击“下一步”按钮。

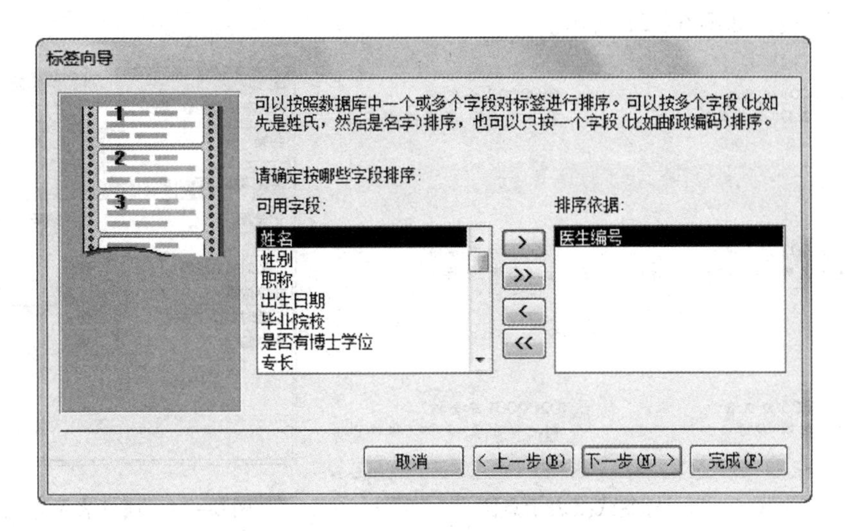

图 6－18 “标签向导” －设置排序字段

(6) 设置报表的名称和查看方式，其中报表的名称为“医生－标签”，单击“完成”按钮，如图 6－19 所示。

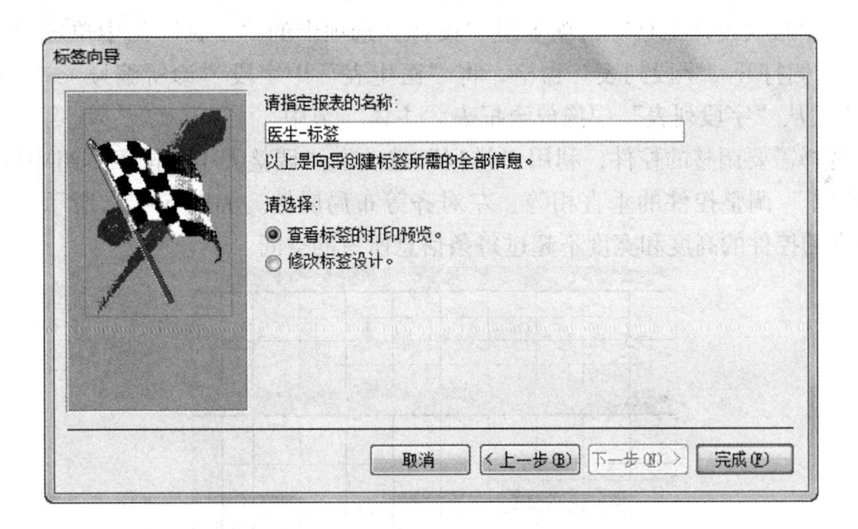

图 6－19 “标签向导” －设置报表名称

(7) 切换至报表视图查看效果，结果如图 6－20 所示。

6. 创建多列报表

利用控件和页面设置为“社区诊所”表创建多列报表。

操作提示：

(1) 打开“6－6. accdb”数据库。

(2) 单击“创建”选项卡“报表”组中的“报表设计”，打开报表的设计视图。

（3）单击“设计”选项卡“工具”组中的“属性表”，打开“属性表”窗格，在“所选内容的类型”列表框中选择“报表”，在“数据”选项卡中的“记录源”中选择“社区诊所”表，如图 6－21 所示。

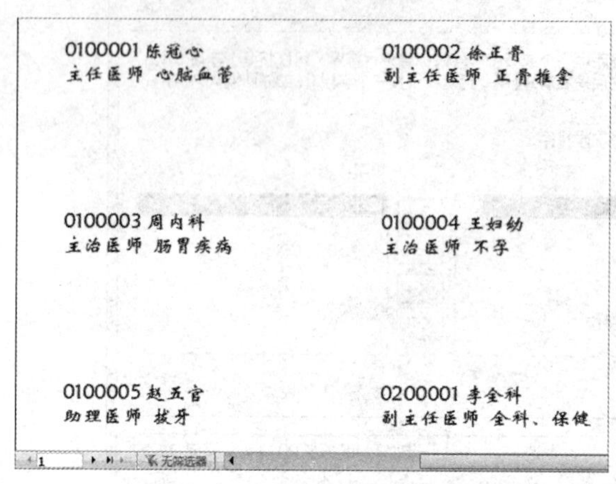

图 6－20　标签式报表示意图

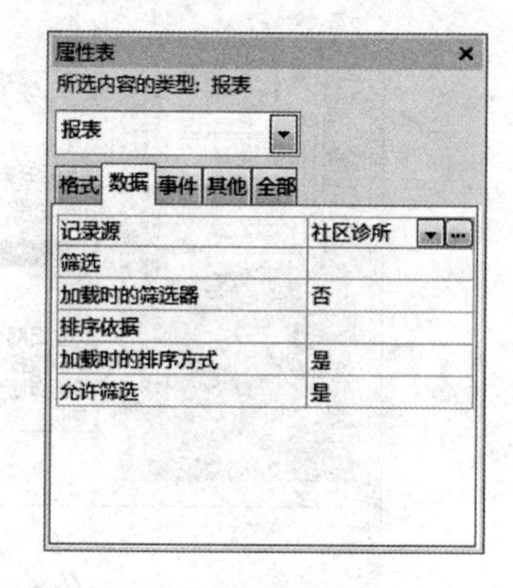

图 6－21　属性表示意图

（4）单击“设计”选项卡“控件”组中的“标签”按钮，在报表的“页面页眉”中添加标签控件，内容为“社区诊所－多列报表”，在“报表设计工具”选项卡组“格式”选项卡“字体”组中设置字体为“华文新魏”“22 号”。

（5）在“报表设计工具”选项卡组“设计”选项卡的“工具”组中单击“添加现有字段”，在右侧打开“字段列表”窗格，将“医生表”中字段“诊所编号”“名称”“地址”“电话”从“字段列表”中拖放至报表“主体”节中。

（6）选择需要调整的控件，利用“排列”选项卡“调整大小和排序”组中的“大小/空格”“对齐”调整控件的垂直相等、左对齐等布局属性。如图 6－22 所示，确保“主体”中包含的控件的高度和宽度不超过每条信息所占的空间。

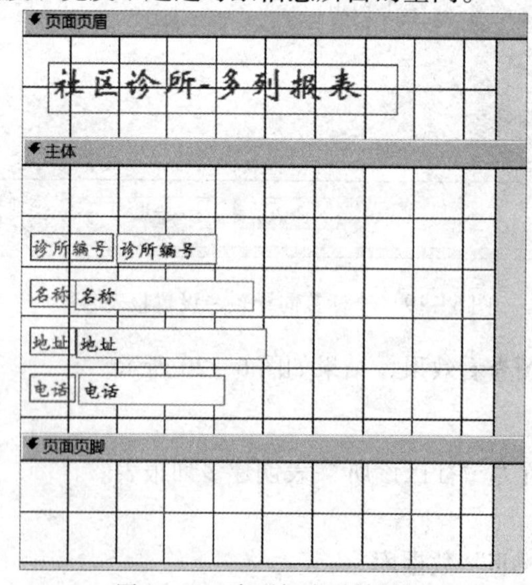

图 6－22　多列报表设计视图

（7）单击“页面设置”选项卡“页面布局”组中的“页面设置”，打开“页面设置”对话框，按图6－23所示设置上下左右边距分别为“4.23、4.23、10、6”；选择“页面设置”对话框的“列”选项卡，设置“列数”为“2”，并勾选“与主体相同”，如图6－24所示。

图6－23　“打印选项”选项卡

图6－24　“列”选项卡

（8）切换至“打印预览视图”，多列报表如图6－25所示。保存此报表为“社区诊所－多列报表”。

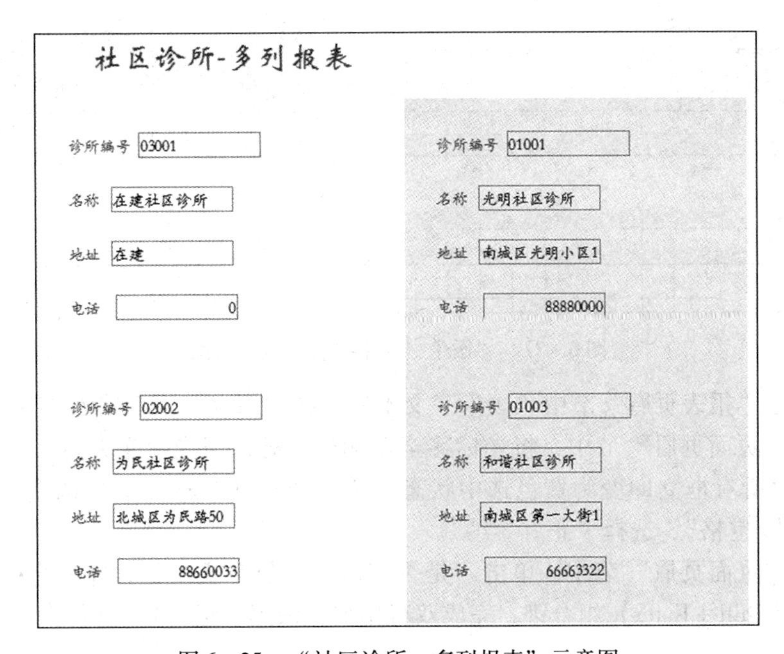

图6－25　“社区诊所－多列报表”示意图

7. 报表的美化及打印

对“医生－简单报表”进行美化设计和打印设置，完成对“医生－简单报表”的美化打印。

操作提示：

（1）打开“6-7-1. accdb”数据库文件，其报表视图如图6-26所示。

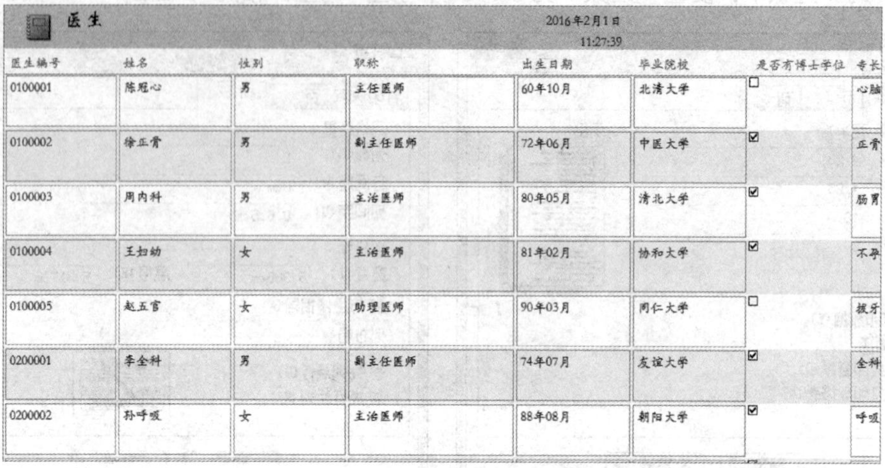

医生　　2016年2月1日　11:27:39

医生编号	姓名	性别	职称	出生日期	毕业院校	是否有博士学位	专长
0100001	陈冠心	男	主任医师	60年10月	北清大学	☐	心脑
0100002	徐正骨	男	副主任医师	72年06月	中医大学	☑	正骨
0100003	周内科	男	主治医师	80年05月	清北大学	☑	肠胃
0100004	王妇幼	女	主治医师	81年02月	协和大学	☑	不孕
0100005	赵五官	女	助理医师	90年03月	同仁大学	☐	拔牙
0200001	李全科	男	副主任医师	74年07月	友谊大学	☑	全科
0200002	孙呼吸	女	主治医师	88年08月	朝阳大学	☑	呼吸

图6-26　“医生-简单报表”报表视图

（2）在“导航窗格”中右击“医生-简单报表”，在弹出的快捷菜单中选择“设计视图”命令，进入设计视图，如图6-27所示。

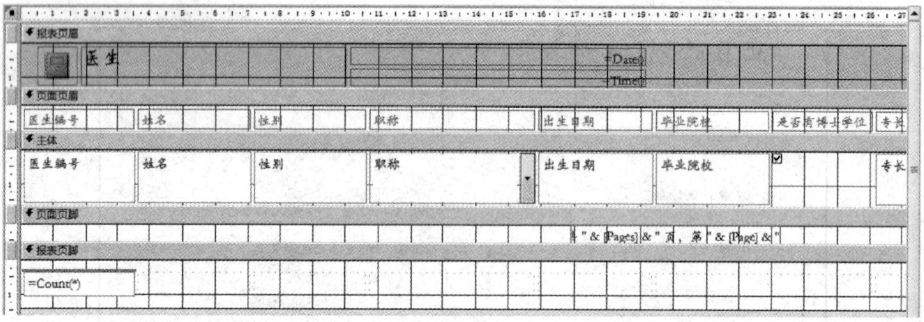

图6-27　“医生-简单报表”设计视图

（3）单击“报表页眉”节中“医生”文本框，在“医生”之后输入“-美化报表”。

（4）在“页面页眉”节中，将光标移至左侧标尺处，当光标变为向右水平箭头➡时单击，此时所有框立即变为黄色选中状态，单击“排列”选项卡“调整大小和排序”组中的“大小/空格”，选择“正好容纳”。

（5）在“页面页眉”节中，单击“是否有博士学位”文本框，并将光标放置“有”字之后，按【Shift+Enter】组合键，完成双行排列，依照步骤（4）进行大小为“正好容纳”的设置。

（6）在“页面页眉”节中，拉宽“姓名”“职称”及“专长”文本框，使其在“报表视图”下可单行完全显示；按步骤（4）操作选中“页面页眉”节中所有文本框，单击“开始”选项卡“文本格式”组中的“居中”图标；同样在“主体”节中，选中所有对象，设置文本为“居中”。

（7）在“报表页眉”节中，选中最左侧框体，按【Delete】键，单击“设计”选项卡“控件”组中的“插入图像”，选择“6－7－2. jpg”并在“报表页眉”节中最右侧位置插入该图像。

（8）在“报表页脚”节中，向右拖动“ = Count（＊＊）”框，在其左侧中插入“标签”控件，输入文本“总计医生人数”，并设置其为“华文新魏”、“11”号、“加粗”、“居中”。

（9）单击“设计”选项卡“控件”组中的“插入图像”按钮，选择“6－7－3. jpg”在“报表页脚”节中下侧插入图像，效果如图6－28所示。

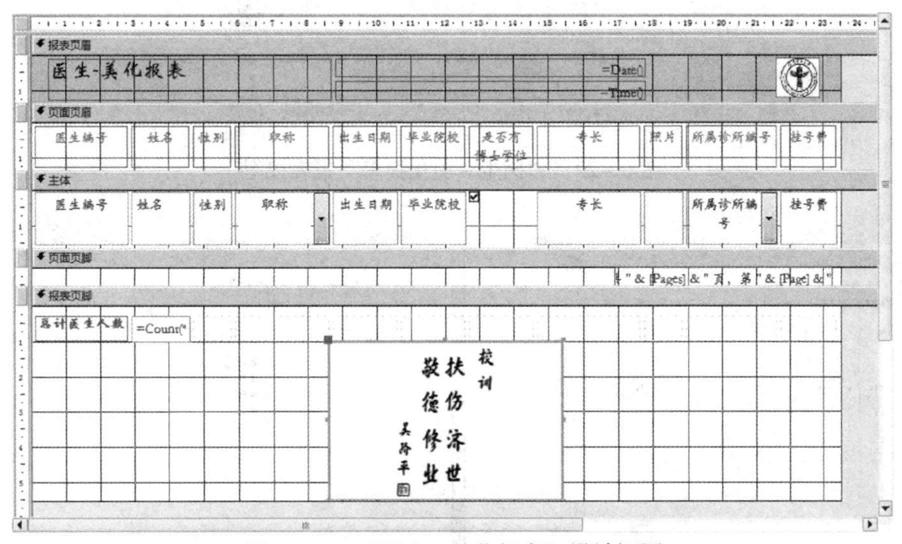

图6－28　“医生－美化报表”设计视图

（10）拖动编辑窗口中最下端滑动条至最右侧，拖动报表编辑窗口右侧表宽至23. 5 cm处。

（11）单击“页面设置”选项卡“页面布局”组中的“横向”按钮，设置页面以横向打印输出。

（12）选择“文件”｜“对象另存为”命令，保存报表为“医生－美化报表”，如图6－28所示。切换至“报表视图”，效果如图6－29所示。

（13）选择“文件”｜“打印”｜“打印预览”，在“显示比例”组单击“双页”按钮，效果如图6－30所示。

8. 分组、排序和汇总

对“病患表－简单报表”进行排序和分组操作。

操作提示：

（1）打开“6－8. accdb”数据库文件。

（2）右击“导航窗格”的“病患表－空报表”，在弹出的快捷菜单中选择“布局视图”命令，打开报表的布局视图。

（3）单击“设计”选项卡“分组和汇总”组中的“分组和排序”按钮，在工作界面中下部显示“分组、排序和汇总”窗格，如图6－31所示。

医生-美化报表　　2016年2月1日 11:45:50

医生编号	姓名	性别	职称	出生日期	毕业院校	是否有博士学位	专长	照片	所属诊所编号	挂号费
0100001	陈冠心	男	主任医师	60年10月	北清大学	☐	心脑血管		01001	100
0100002	徐正骨	男	副主任医师	72年06月	中医大学	☑	正骨推拿		02004	80
0100003	周内科	男	主治医师	80年05月	清北大学	☑	肠胃疾病		02002	50
0100004	王妇幼	女	主治医师	81年02月	协和大学	☑	不孕		01003	50
0100005	赵五官	女	助理医师	90年03月	同仁大学	☐	拔牙		01001	30
0200001	李全科	男	副主任医师	74年07月	友谊大学	☑	全科、保健		02002	90
0200002	孙呼吸	女	主治医师	88年08月	朝阳大学	☑	呼吸系统疾病		02002	50

图 6－29　“医生－美化报表”报表视图

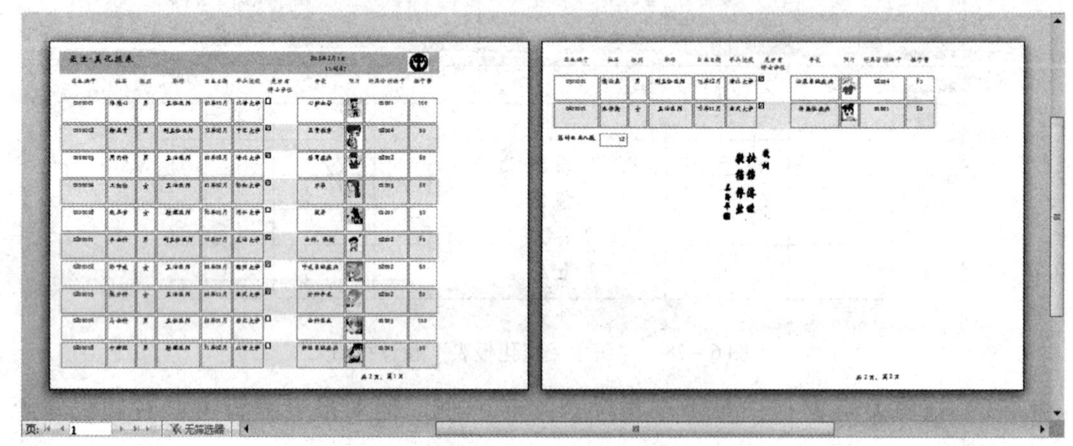

图 6－30　“医生－美化报表”打印预览视图

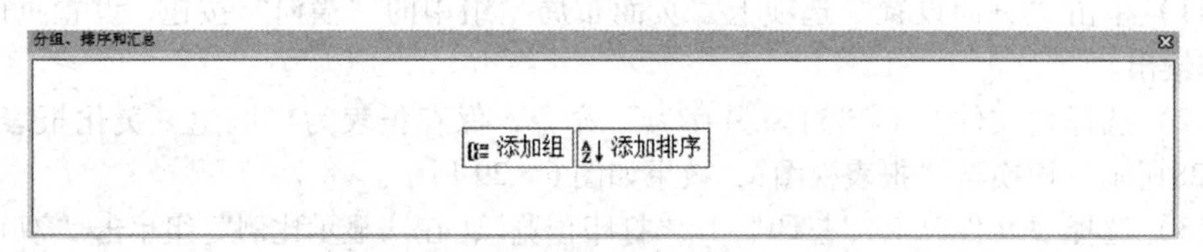

图 6－31　“分组、排序和汇总”窗格

（4）单击“添加组”，在显示的可用字段列表中选择“性别”字段作为分组字段；单击“更多”展开列表，点击“汇总：性别”列表，弹出汇总对话框，设置“汇总方式”为“性别”，类型为“值计数”并“显示总计”，如图 6－32 所示。

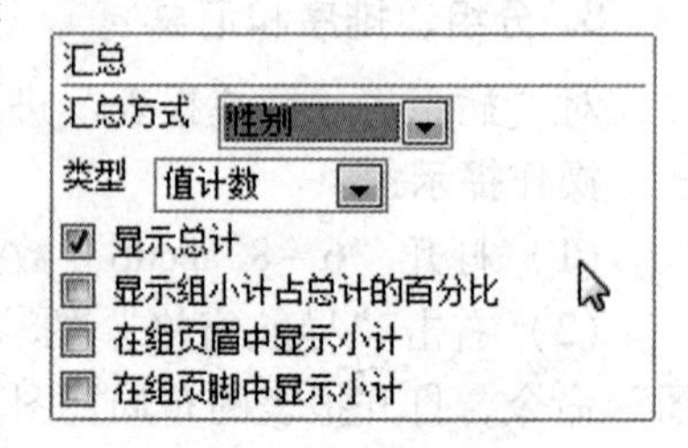

图 6－32　汇总设置

（5）单击“添加排序”（见图 6－33），在显示的可用字段列表中选择“出生日期”字段作为排序字段，排序方式为“降序”。

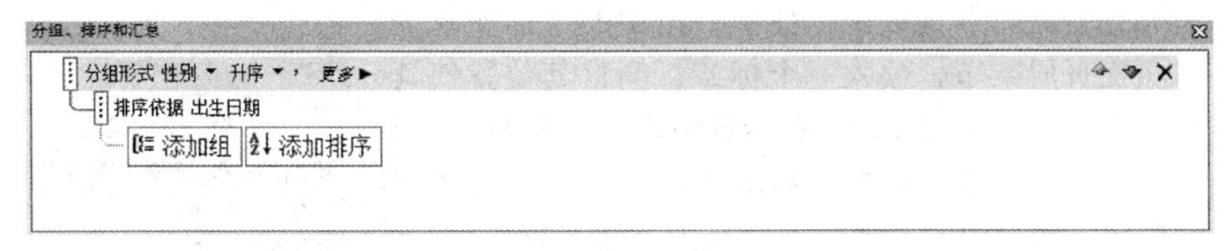

图 6－33　设置后“分组、排序和汇总”窗格

（6）保存报表，转到报表视图查看效果，如图 6－34 所示。

性别	病患编号	姓名	出生日期	居住地址
男				
	10	陈有病	1995/8/1	西城区十一街4号
	5	周有病	1985/12/12	南城区新街5号
	2	钱有病	1985/2/3	北城区四街9号
	6	吴有病	1971/1/23	南城花园一区
	1	赵有病	1970/1/1	南城区十三街8号
女				
	12	魏有病	2011/6/1	北城区三街14号
	11	楚有病	2004/10/27	南城区八街1号
	7	郑有病	1983/8/20	北城望远小区
	4	李有病	1970/7/7	北城区三街111号
	9	冯有病	1966/5/7	东城区十街6号
	8	王有病	1952/3/2	东城区十一街4号
	3	孙有病	1941/10/10	南城区旧街6号
12				

图 6－34　汇总和排序结果

9. 使用控件

在报表中利用控件进行文本添加、记录计数、计算操作。

操作提示：

（1）打开 6－9. accdb 数据库文件，在“设计视图”下打开“医生表－控件添加”报表。

（2）选中“页面页眉”“主体”“页面页脚”“报表页脚”中全部内容，右移至 2.5 行标尺处，如图 6－35 所示。

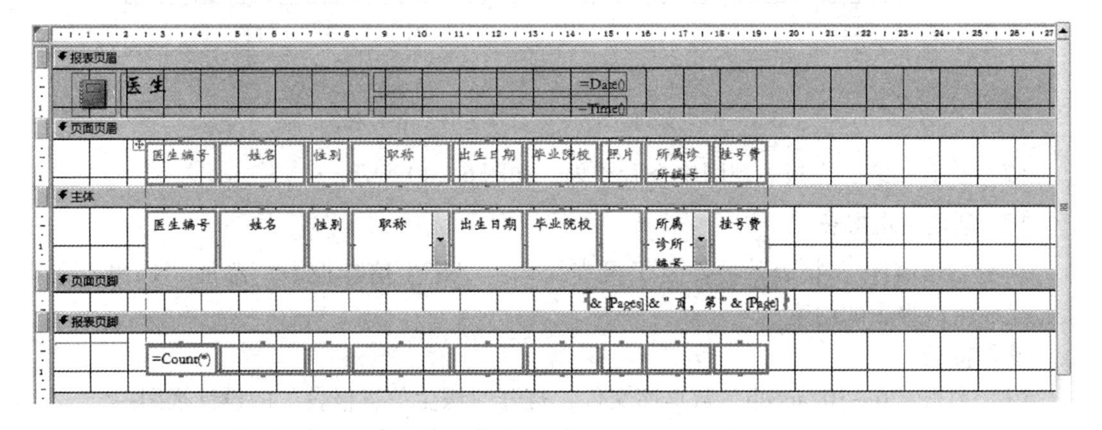

图 6－35　“医生表－控件添加”报表设计视图

（3）单击“设计”选项卡“控件”组中的“标签”按钮，在“页面页眉”节，插入一个标签，调整其位置使其位于“页面页眉”节中最左边，在标签中输入“序号”，同时选中右侧“医生编号”标签，利用“排列”选项卡“调整大小和排序”组中的“对齐”|“靠上”进行对齐。

（4）单击“设计”选项卡“控件”组中的“文本框”按钮，在“主体”节，插入一个文本框，调整其位置使其位于主体节中最左边，删除附带的文本框的标签。

（5）选择文本框，打开其属性表（见图 6－36），在“全部”选项卡的“名称”属性框中输入“序号”；在“控件来源”属性框中输入“＝1”；在“格式”属性框中输入“#.”；拖动属性表右侧的滚动条，找到“运行总和”属性框，设置此框中的属性为“工作组之上”。设计视图如图 6－37所示，报表视图如图 6－38 所示。

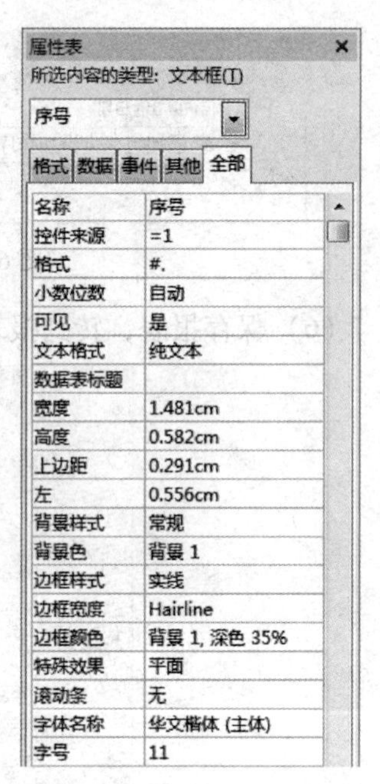

图 6－36　属性表设置示意图

（6）在“设计视图”的“页面页眉”节中的“挂号费”标签后添加一个标签控件，输入内容为“年龄”；在“主体”节的“挂号费”标签相对应的位置添加一个文本框，将其标签删除后双击文本框，打开属性表，在“控件来源”中输入“＝Year（Date（））－Left（［出生日期］，2）－1900”，如图 6－39 所示。

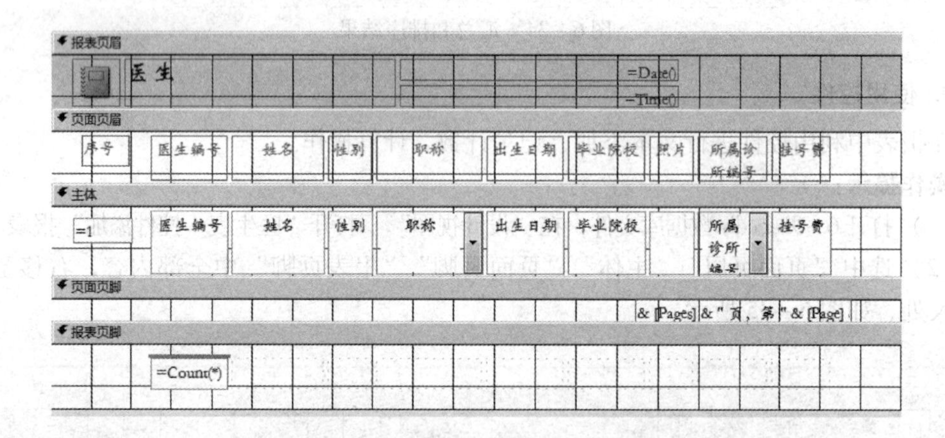

图 6－37　添加“序号”文本控件后设计视图

（7）保存报表，在报表视图中查看结果，如图 6－40 所示。

10. 创建主次报表

利用“子窗体/子报表”控件及子报表向导为“医生信息报表”添加“病患”子报表，完成主次报表的创建。

操作提示：

（1）打开“6－10. accdb”数据库文件，打开“医生信息报表”的设计视图。

（2）单击“设计”选项卡“控件”组中的“子窗体/子报表”按钮。

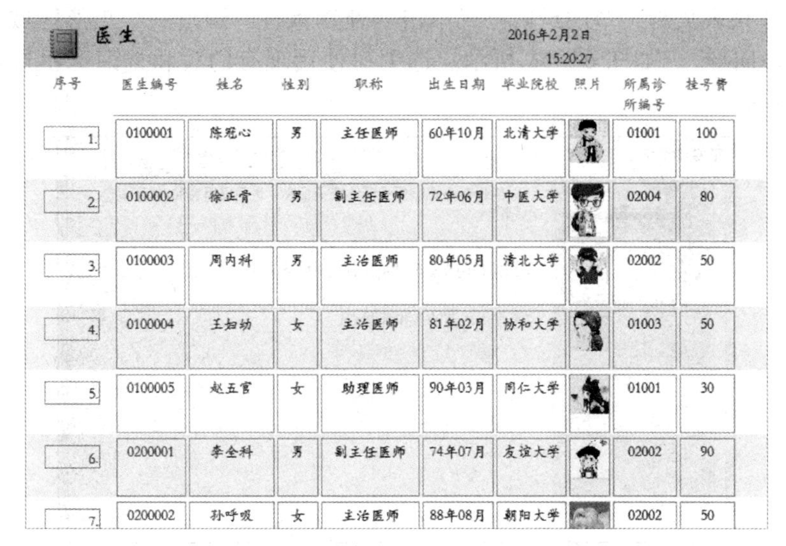

医生　2016年2月2日 15:20:27

序号	医生编号	姓名	性别	职称	出生日期	毕业院校	照片	所属诊所编号	挂号费
1.	0100001	陈冠心	男	主任医师	60年10月	北清大学		01001	100
2.	0100002	徐正骨	男	副主任医师	72年06月	中医大学		02004	80
3.	0100003	周内科	男	主治医师	80年05月	清北大学		02002	50
4.	0100004	王妇幼	女	主治医师	81年02月	协和大学		01003	50
5.	0100005	赵五官	女	助理医师	90年03月	同仁大学		01001	30
6.	0200001	李全科	男	副主任医师	74年07月	友谊大学		02002	90
7.	0200002	孙呼吸	女	主治医师	88年08月	朝阳大学		02002	50

图6－38　添加“序号”文本控件后报表视图

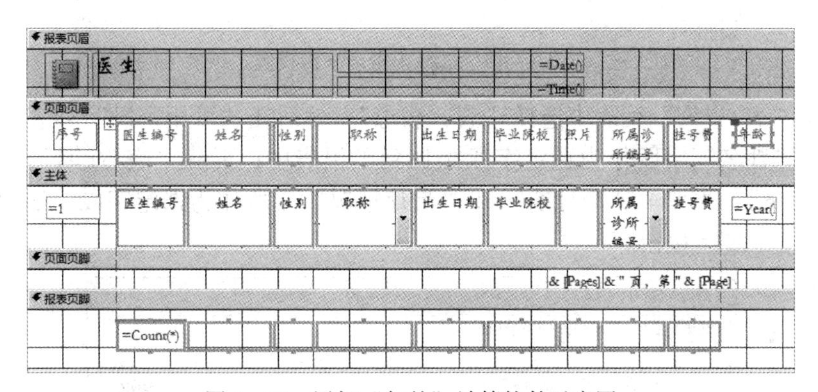

图6－39　添加“年龄”计算控件示意图

医生　2016年2月2日 16:01:23

序号	医生编号	姓名	性别	职称	出生日期	毕业院校	照片	所属诊所编号	挂号费	年龄
1.	0100001	陈冠心	男	主任医师	60年10月	北清大学		01001	100	56
2.	0100002	徐正骨	男	副主任医师	72年06月	中医大学		02004	80	44
3.	0100003	周内科	男	主治医师	80年05月	清北大学		02002	50	36
4.	0100004	王妇幼	女	主治医师	81年02月	协和大学		01003	50	35
5.	0100005	赵五官	女	助理医师	90年03月	同仁大学		01001	30	26
6.	0200001	李全科	男	副主任医师	74年07月	友谊大学		02002	90	42
7.	0200002	孙呼吸	女	主治医师	88年08月	朝阳大学		02002	50	28

图6－40　添加“年龄”计算控件后报表视图示意图

（3）在“报表页脚”节的最后位置单击并拖动鼠标，画出一个矩形区域，系统自动弹出“子报表向导”，如图 6－41 所示。选中“使用现有的表和查询”单选按钮，单击“下一步”按钮。

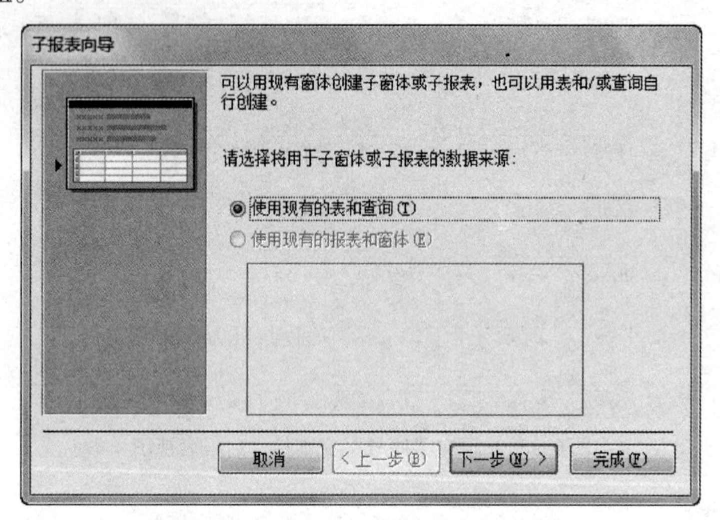

图 6－41　选择子报表来源设置

（4）在“表/查询”列表中选择“表：病患”，然后在“可用字段”列表中选择“病患编号”和“姓名”字段作为选定字段添加到子报表中；再从“表/查询”列表中选择“表：就诊记录”，添加“就诊日期”和“治疗情况”字段作为选定字段，如图 6－42 所示，单击“下一步”按钮。

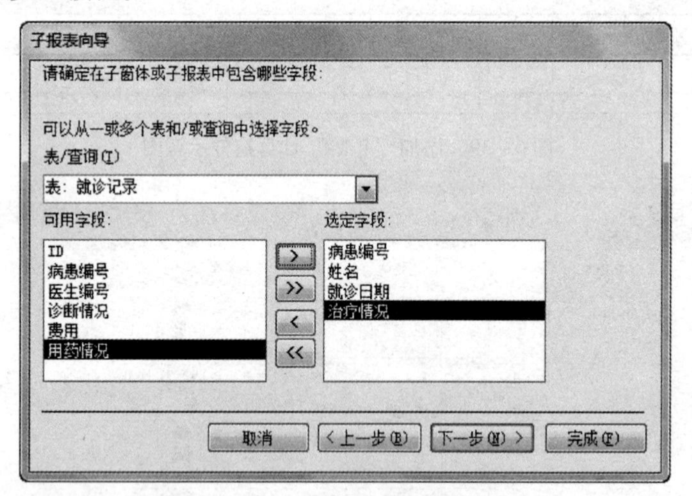

图 6－42　子报表向导选择字段

（5）在打开的向导对话框中，确定将子报表链接到主报表的方式，如图 6－43 所示，单击“下一步”按钮。

（6）默认图 6－44 中子报表的名称为“病患　子报表”，单击“完成”按钮。

（7）系统自动向“医生信息报表”中添加了一个子报表控件并绑定该控件，如图 6－45“校训”图示下端所示。

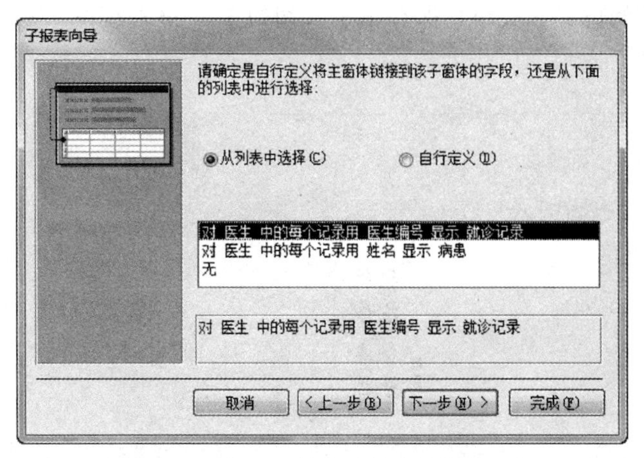

图6－43　子报表向导主子报表链接方式设置

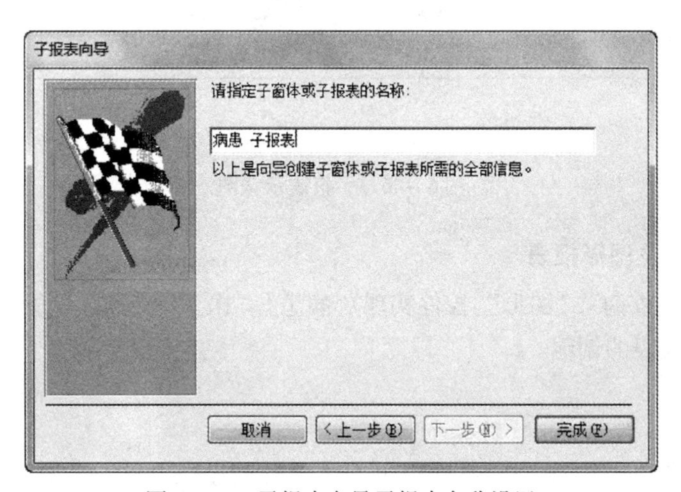

图6－44　子报表向导子报表名称设置

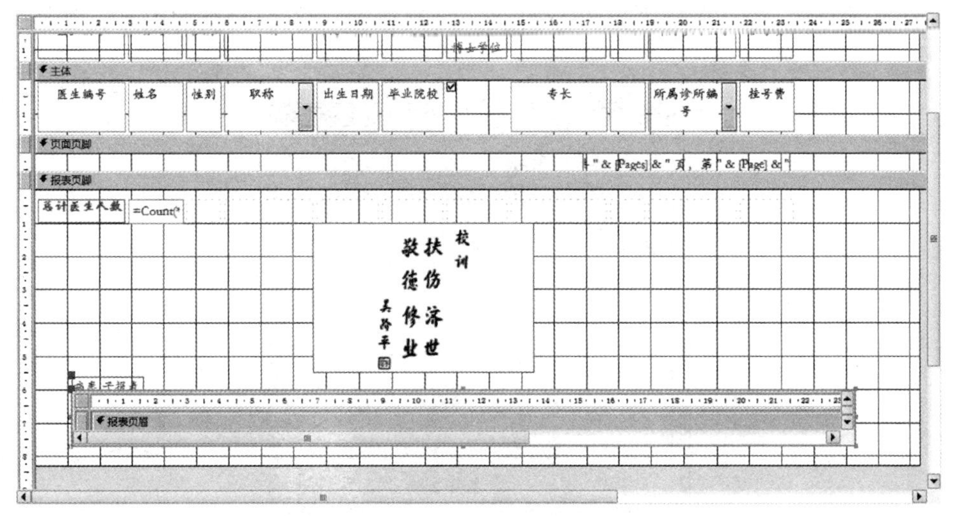

图6－45　子报表控件

（8）调整控件的位置、大小，保存报表，切换至“报表视图”查看效果，子报表部分如图 6－46 所示。

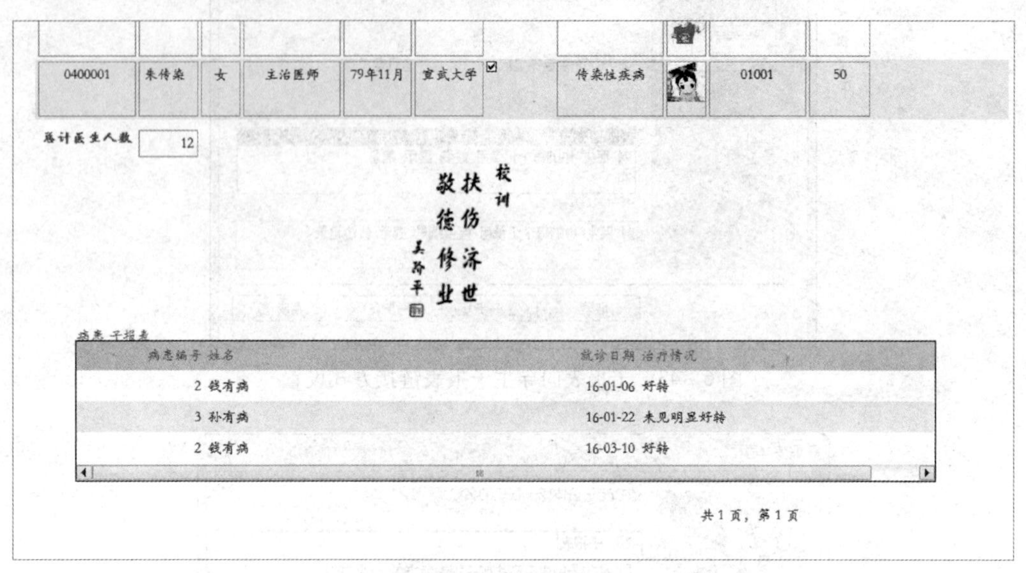

图 6－46　子报表示意图

11. 创建交叉及图形报表

利用“交叉表查询”“图形”控件实现“病患”“医生”“社区诊所”“就诊记录”表间的交叉、图形报表的创建。

操作提示：

（1）打开“6－11. accdb”数据库。

（2）单击“创建”选项卡“查询”组中的“查询设计”按钮，弹出如图 6－47 所示“显示表”对话框，选择“病患”表，单击“添加”按钮后再依次添加“就诊记录”“医生”“社区诊所”表，单击“关闭”按钮，此时建立 4 个表的查询关系，如图 6－48 所示。

图 6－47　“显示表”对话框

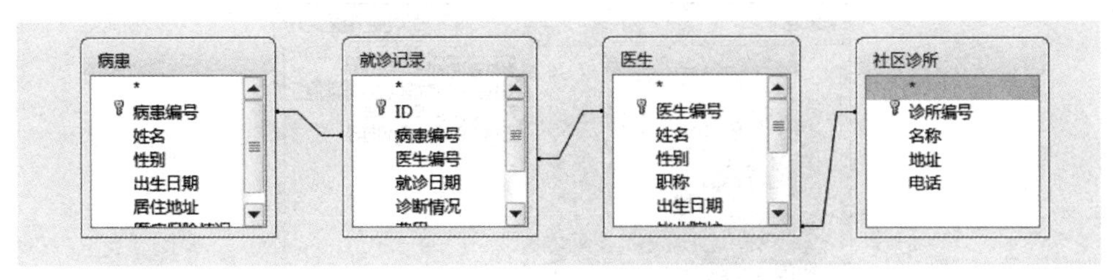

图 6－48　4 个表的关系示意图

（3）在查询下端的编辑窗口，依次添加“病患．病患编号”“病患．姓名”“病患．性别”“就诊记录．医生编号”“医生．姓名”“就诊记录．诊断情况”“就诊记录．治疗情况”“社区诊所．名称”字段，如图 6－49 所示。

病患编号	姓名	性别	医生编号	姓名	诊断情况	治疗情况	名称
病患	病患	病患	就诊记录	医生	就诊记录	就诊记录	社区诊所
☑	☑	☑	☑	☑	☑	☑	☑

图 6－49　查询中的字段示意图

（4）切换至“数据表视图”查看新建的“查询 1”表，保存此查询表为“医患社区关系查询表”，如图 6－50 所示。

病患编号	病患. 姓名	性别	医生编号	医生. 姓名	诊断情况	治疗情况	名称
2	钱有病	男	0100001	陈冠心	冠心病	好转	光明社区诊所
5	周有病	男	0100005	赵五官	冠心病	好转	光明社区诊所
1	赵有病	男	0100002	徐正骨	脑血栓	办理转院	复兴社区诊所
3	孙有病	女	0100001	陈冠心	脑血栓	未见明显好转	光明社区诊所
4	李有病	女	0100004	王妇幼	冠心病	未好转	和谐社区诊所
4	李有病	女	0100005	赵五官	冠心病	未好转	光明社区诊所
12	魏有病	女	0400001	朱传染	脑血栓	转院	光明社区诊所
8	王有病	女	0200001	李全科	冠心病	转院	为民社区诊所
10	陈有病	男	0200005	牛神经	脑血栓	康复	和谐社区诊所
9	冯有病	女	0200005	牛神经	冠心病	康复	和谐社区诊所
6	吴有病	男	0200003	张外科	脑血栓	康复	为民社区诊所
2	钱有病	男	0100001	陈冠心	冠心病	好转	光明社区诊所
11	楚有病	女	0300001	侯泌尿	脑血栓	未见明显好转	复兴社区诊所
(新建)							

图 6－50　“医患社区关系查询表”视图

（5）单击“创建”选项卡“查询”组中的“查询向导”按钮，在弹出的“新建查询”对话框中选择“交叉表查询向导”，如图 6－51 所示，单击“确定”按钮。

（6）在弹出的图 6－52 所示“交叉表查询向导”的视图区选择“查询”，默认选择“查询：医患社区关系查询表”，单击“下一步”按钮。

（7）在打开的图 6－53 和图 6－54 及图 6－55 中，分别设置“性别”“诊断情况”为行标题及列标题，设置“病患编号”的计数（函数为 count）为汇总值，并分别单击“下一步”按钮。

（8）默认图 6－56 所示标题及设置，完成交叉表的建立，切换至报表视图。

（9）单击“创建”选项卡“报表”组中的“报表”按钮，系统自动创建对应交叉表报表，如图 6－57 所示。

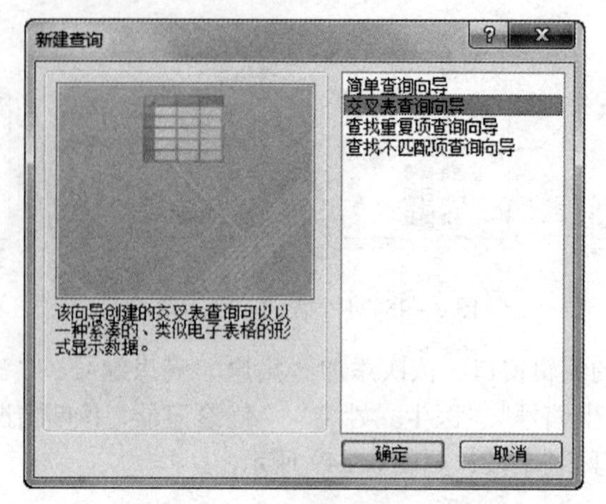

图 6－51　“新建查询”对话框

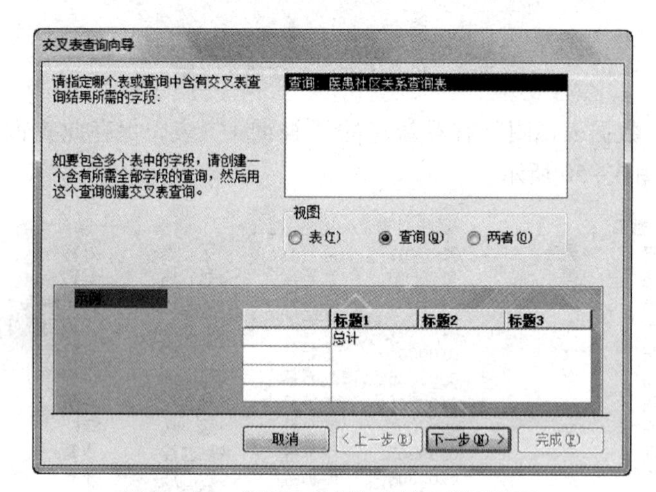

图 6－52　“交叉表查询向导”视图设置

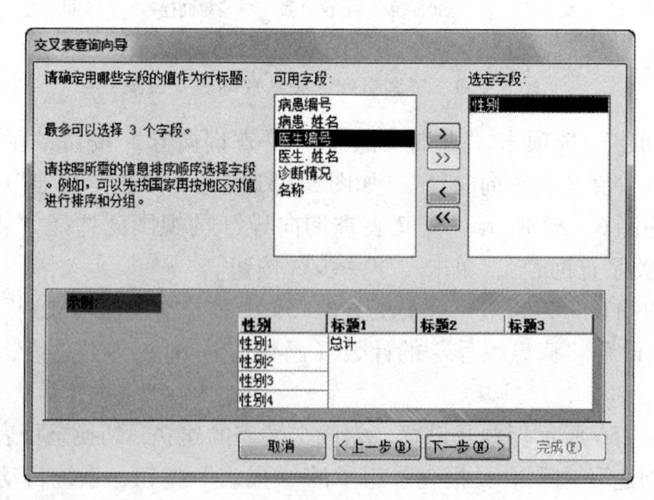

图 6－53　“交叉表查询向导”行标题设置

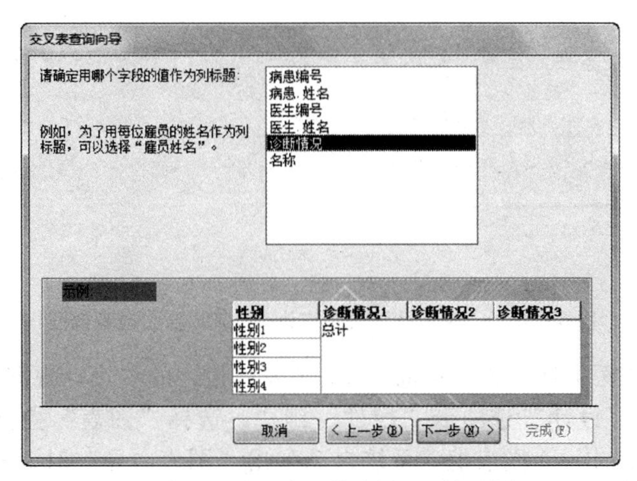

图 6－54　“交叉表查询向导”列标题设置

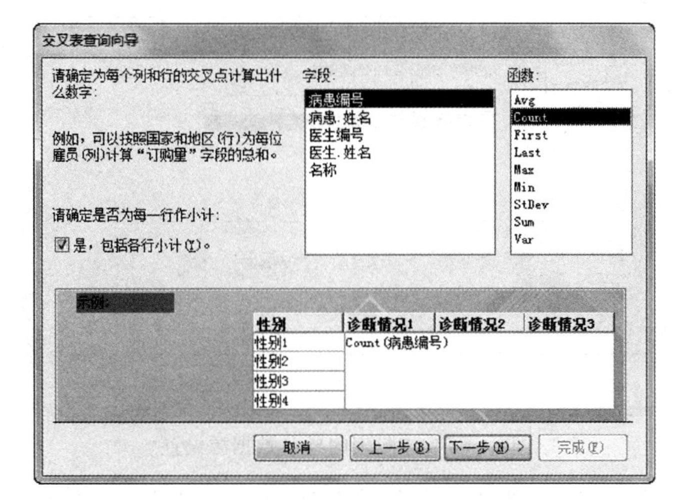

图 6－55　“交叉表查询向导”计算设置

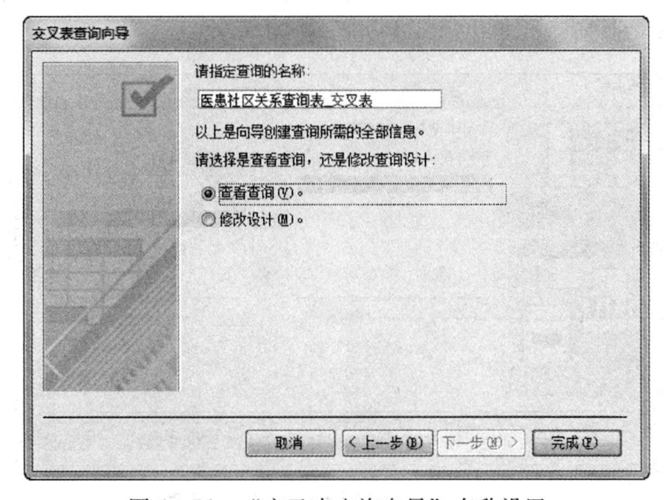

图 6－56　“交叉表查询向导”名称设置

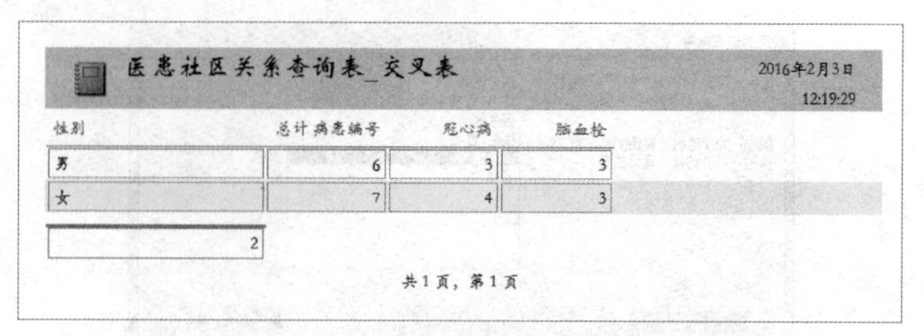

图 6－57　“医患社区关系查询表_交叉表”报表视图

（10）切换到“医患社区关系查询表_交叉表”报表的“设计视图”，在“报表设计工具”选项卡组的“设计”选项卡“控件”组中，选择“图表”控件，并在“报表页脚”节中拖动鼠标画出一个图表框，系统自动弹出“图表向导”对话框，如图 6－58 所示，选择“查询：医患社区关系查询表_交叉表”，单击“下一步”按钮。

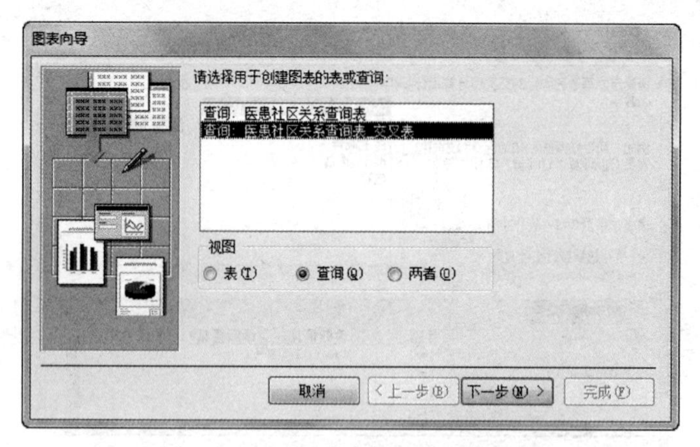

图 6－58　“图表向导”数据源设置

（11）将“可用字段”中的“性别”“总计_病患编号”及“冠心病”字段添加到“用于图表的字段”，如图 6－59 所示，单击“下一步”按钮；默认“图表的类型”为“柱形图”，如图 6－60 所示，单击“下一步”按钮。

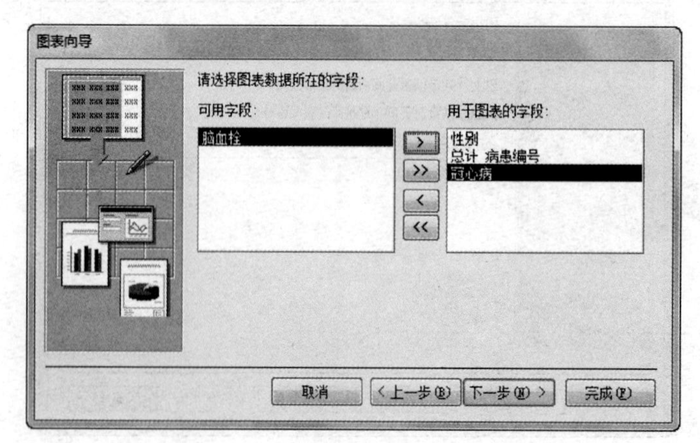

图 6－59　“图表向导”字段设置

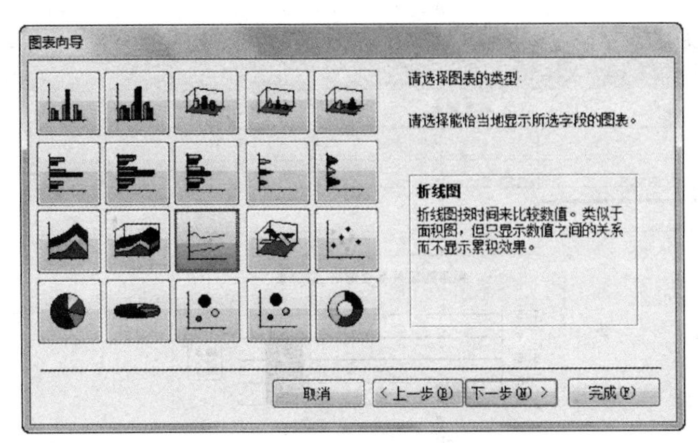

图 6－60 “图表向导”类型设置

（12）将“冠心病”拖动至“系列”框，如图 6－61 所示，单击“完成”按钮，此时设计视图下“医患社区关系查询表_交叉表”报表的设计视图如图 6－62 所示，调整图表控件的大小和位置以及报表的大小，切换至报表视图下，其显示效果如图 6－63 所示。

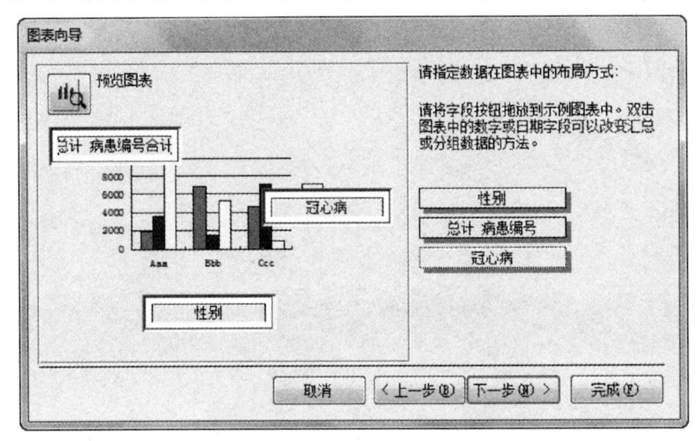

图 6－61 “图表向导”布局设置

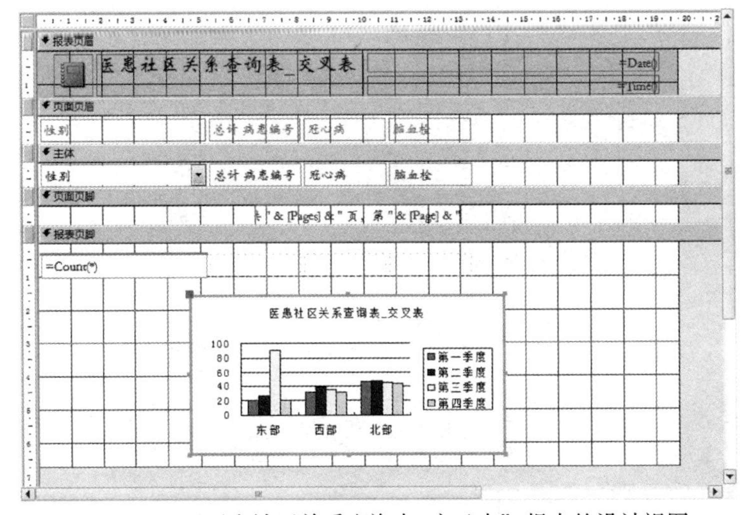

图 6－62 “医患社区关系查询表_交叉表”报表的设计视图

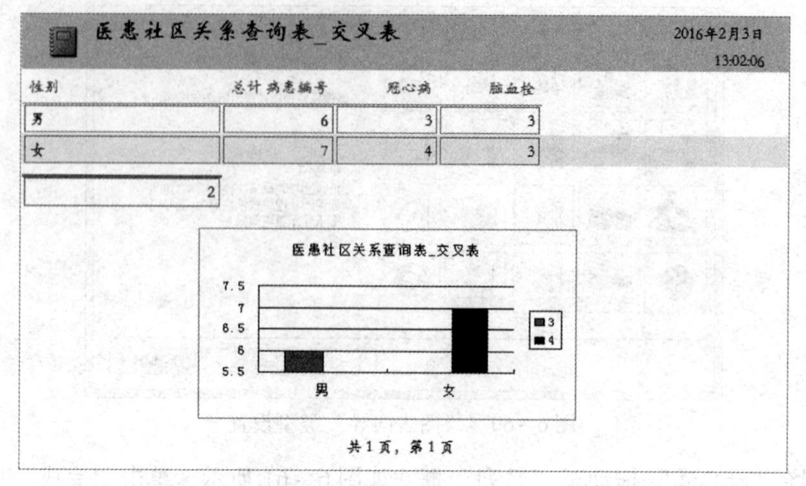

图 6-63　“医患社区关系查询表_交叉表”报表的报表视图

第7章

宏操作实验 <<<

一、实验目的

（1）掌握创建宏的操作。

（2）掌握宏组的创建。

（3）熟悉条件宏的创建。

（4）熟悉数据宏的创建。

（5）了解菜单宏的创建。

二、实验内容

1. 创建窗体

打开“社区专科诊所业务信息”数据库，根据前面所学知识，创建系统所需的6个窗体，各个窗体的设计要求如下：

（1）“欢迎”窗体：进入系统的第一个窗口，单击“进入”按钮打开“登录”窗体，如图7－1（a）所示。

（2）“登录”窗体：进行用户身份的确认，如图7－1（b）所示。设置psw文本框作为密码输入，单击“确定”按钮登录系统，单击“取消”按钮关闭此窗体。

（3）“主面板”窗体：完成系统调度，起到导航的作用。通过此面板调用“医生基本信息”窗体、“病人基本信息”窗体、“功能介绍”窗体，如图7－1（c）所示。

（4）“医生基本信息”窗体：浏览医生基本信息。窗体设置4个按钮分别实现记录的导航：“第一条”“前一条”“下一条”“最后一条”。“关闭”按钮实现关闭该窗体返回“主面板”窗体，如图7－1（d）所示。

（5）“病人基本信息”窗体：浏览病人基本信息。窗体设置4个按钮分别实现记录的导航：分别实现“转至第一项记录”“前一项记录”“下一项记录”“转至最后一项记录”。“关闭”按钮实现关闭该窗体返回“主面板”窗体。设置“统计就诊次数”按钮，根据“就诊记录”表统计每位病人的就诊次数，如图7－1（e）所示。

（6）“功能介绍”窗体：系统功能的简要介绍。“关闭”按钮实现关闭该窗体并返回“主面板”窗体，如图7－1（f）所示。

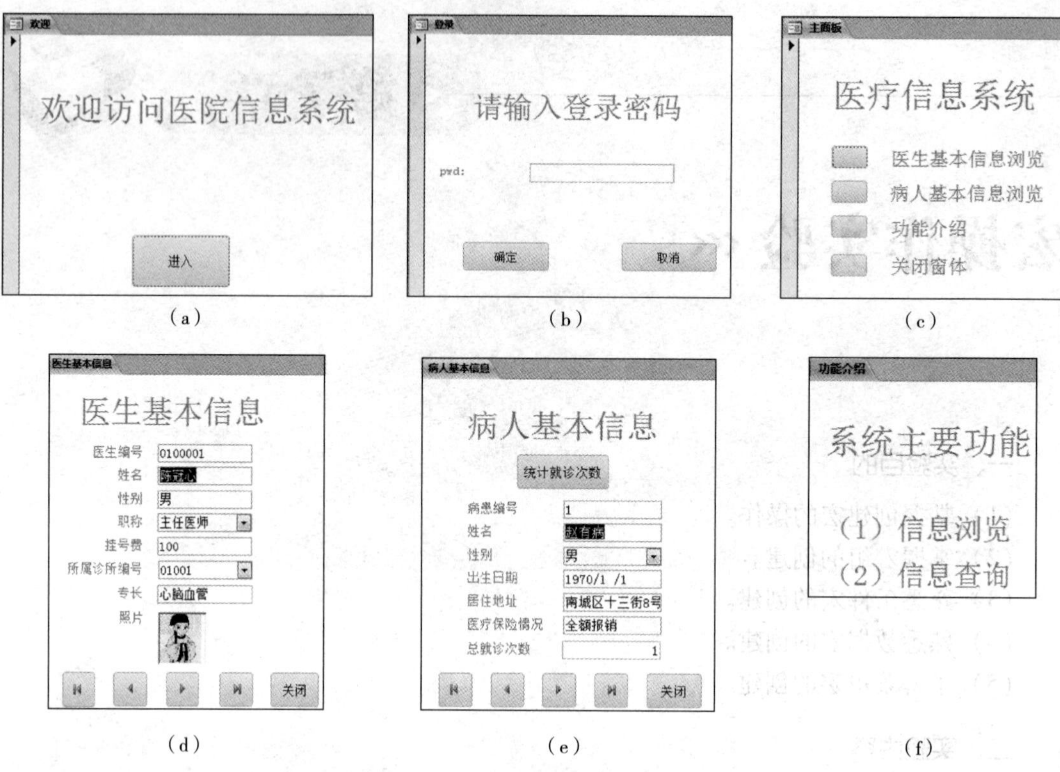

图 7-1　窗体“欢迎”“登录”和“主面板”等窗体视图

2. 系统流程

系统流程：打开系统自动调用“欢迎”窗体，单击“进入”按钮，打开“登录”窗体，输入登录密码“123456”，单击“确定”按钮，则判断密码输入是否正确，如果正确则直接打开“主面板”进行系统导航。否则，打开系统提示框，提示“密码错误”，单击“确定”按钮，则“密码”输入框重新获得焦点。单击“取消”按钮，则关闭登录窗口。登录后进入“主面板”界面，在主面板可以单击各项按钮进入分系统“医生基本信息”“病人基本信息”和“功能介绍”。系统流程如图 7-2 所示。

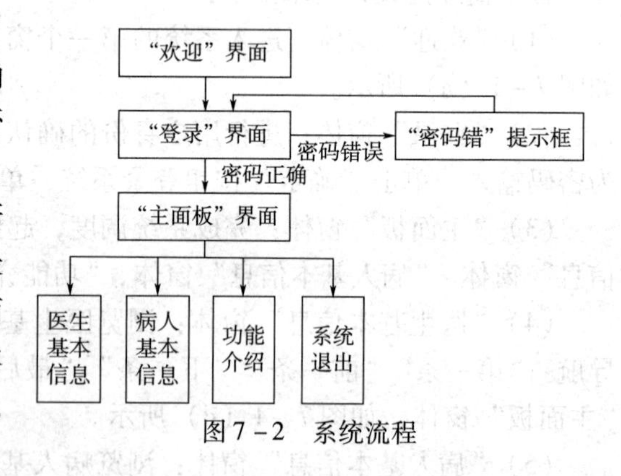

图 7-2　系统流程

3. 利用宏操作完成窗体命令设置

【任务 1】　设计系统自启动宏 AutoExec，要求打开数据库系统时，自动打开“欢迎”窗体。

操作提示：

（1）新建宏：单击“创建”选项卡“宏与代码”组中的“宏”按钮，打开“宏”窗格，如图 7-3 所示。

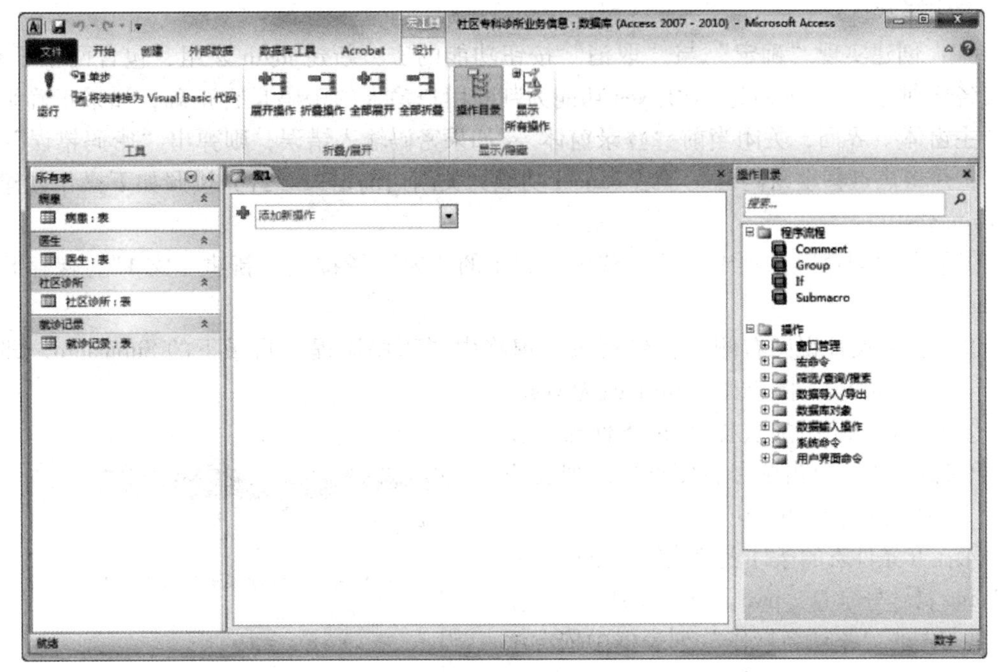

图7－3　宏操作界面

（2）设置宏：在“添加新操作”列表框中选择宏操作 OpenForm，设置“窗体名称”为“欢迎”窗体，“视图”选择“窗体”，宏设计视图如图7－4所示。

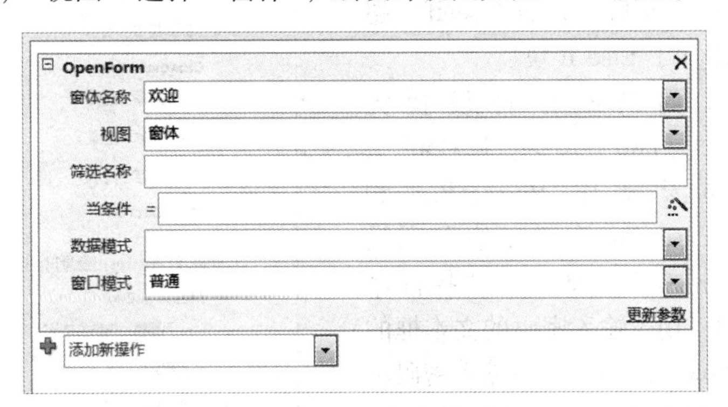

图7－4　AutoExec 宏设置

（3）保存宏：在宏标签上右击，选择“保存”命令，保存宏名为 AutoExec。

（4）新建宏 welcome，设置宏操作 OpenForm，设置“窗体名称”为“登录”窗体，“视图”选择“窗体”。

（5）在“设计视图”下打开“欢迎”窗体，双击“进入”按钮打开其“属性表”窗格，在“事件”选项卡中设置“单击”事件为宏 welcome。

（6）保存并关闭该数据库，再次打开数据库查看效果。

注意：一个数据库中只能有一个名为 AutoExec 的宏，打开数据库时，AutoExec 宏将自动运行，如果用户不想让它运行，只需在打开数据库时按住【Shift】键即可。

【任务2】　利用宏操作实现“登录”窗体中的登录系统功能。

操作提示：

（1）创建实现“确定”与“取消”按钮功能的宏：新建 login 宏组，包含两个子宏，子宏名分别为 yes、cancel。子宏 yes 功能为判断用户输入的密码是否正确，如果正确则打开“主窗体”界面，关闭当前“登录窗体”；如果密码输入错误，则弹出“密码错误”消息框，并将焦点移至密码框。子宏 cancel 功能为关闭当前窗口。首先按照如下操作创建子宏 login. yes。

①单击“创建”选项卡“宏与代码”组中的“宏”按钮，新建“宏 1”，保存此宏为 login。

②双击宏设计视图右侧“操作目录”窗格中“程序流程”目录下的 Submacro，即添加了“子宏 sub1”，将子宏名 sub1 改为 yes。

③为子宏 yes 添加宏操作 If 条件宏：在 yes 子宏窗口中，单击号右侧下拉式列表按钮，选择列表中的 If 选项。

④在 If 条件宏的条件表达式输入框中输入“[Forms]![登录]![pwd] =" 123456"”，在 If 条件宏内的“添加新操作”列表框中依次添加宏操作 OpenForm 打开“主窗体”，CloseWindow 关闭“登录”窗体和 StopMacro 停止执行以后的宏操作。

⑤单击 If 块右下角的“添加 Else If”超链接，向 If 块中添加了 Else If 块。

⑥将 Else If 的判断条件设置为“[Forms]![登录]![pwd] < >" 123456"”，向 Then 后添加宏操作 MessageBox 和 GoToControl，将 MessageBox 的“消息”项设置为“密码错误”，GoToControl 的“控件名称”项设置为 pwd（用于输入密码的文本框的“名称”项属性为 pwd）。实现了当输入密码不为“123456”时，弹出“密码错误”消息框，并将焦点移至密码框的操作。

⑦保存此宏，子宏 login. yes 的整体设置如图 7－5 所示。

⑧同样方法创建并设置子宏 login. cancel，设置的具体参数如图 7－6 所示。

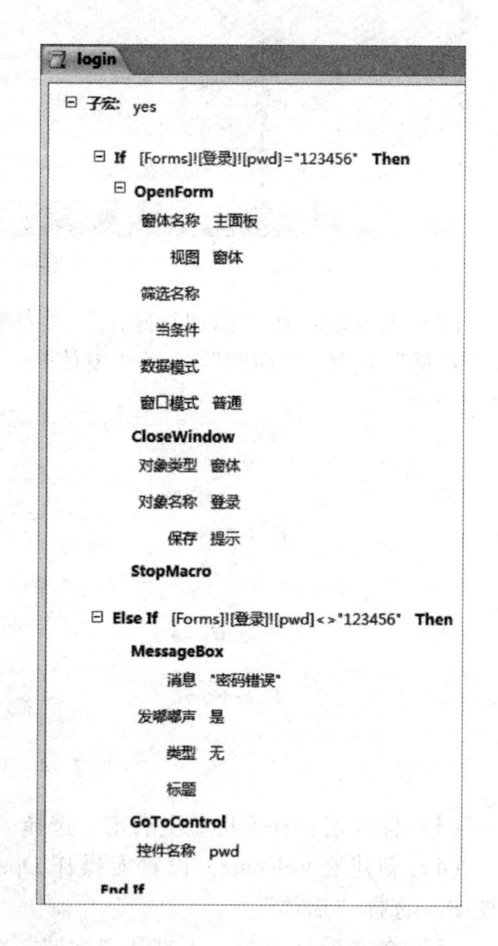

图 7－5　login 宏组的 yes 子宏设计视图

（2）调用宏：在“设计视图”下打开“登录”窗体，双击“确定”按钮打开其“属性表”窗格，在“事件”选项卡中设置“单击”事件为子宏 login. yes，如图 7－7 所示。同样设置“取消”按钮的单击事件为子宏 login. cancel。

（3）切换到“登录”窗体的窗体视图，测试效果。

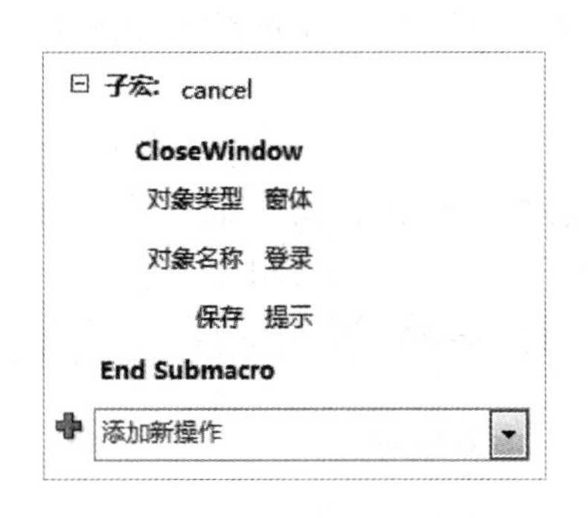

图 7-6 login 宏组的 cancel 子宏设计视图

图 7-7 设置按钮的单击事件

【任务3】 实现“主面板”窗体各个按钮的功能。

操作提示：

（1）创建宏组：单击“创建”选项卡“宏与代码”组中的“宏”按钮，创建新宏“宏1”。

（2）向“宏1”添加子宏：双击宏设计视图右侧的“操作目录”面板中“程序流程”目录下的Submacro，向当前宏中添加“子宏 sub1”，将子宏名 sub1 改为 doctor。

（3）为子宏 doctor 添加宏操作 OpenForm，在 doctor 子宏窗口中，单击号右侧下拉式列表按钮，选择列表中的 OpenForm 选项，将 OpenForm 宏操作的“窗体名称”项设置为“医生基本信息”，“视图”项设置为“窗体”。向 doctor 子宏添加 CloseWindow 宏操作，“对象类型”项设置为“窗体”，“对象名称”项设置为“主面板”。宏的参数设置如图 7-8所示，以实现打开“医生基本信息”窗口，并关闭当前窗体。

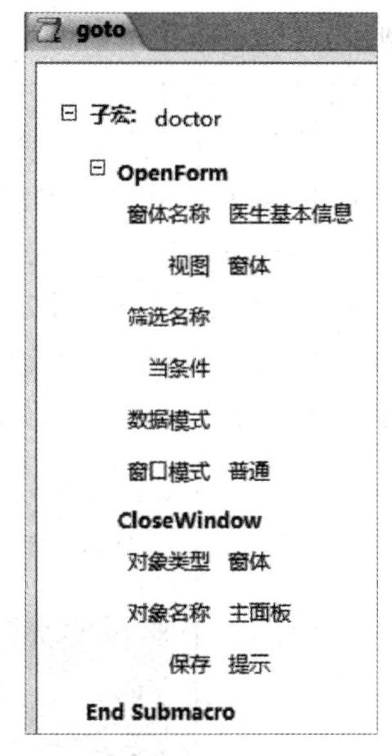

图 7-8 goto. doctor 子宏设置

（4）向宏组中添加 patient 子宏，info 子宏和 close 子宏，分别实现打开“病人基本信息”窗口，打开“功能简介”窗口和关闭“主面板”窗口。

（5）保存“宏1”，并命名为 goto。

（6）调用宏：在设计视图打开“主面板”，双击“医生基本信息”标签左侧按钮，打开“属性表”窗格，在“事件”选项卡中设置“单击”事件为子宏 goto. doctor。

（7）参考以上操作，为其他各项“按钮”控件分别关联 goto. patient、goto. info 和 goto. close 子宏，完成的界面如图 7-1（c）所示。

（8）切换到“主面板”窗体的窗体视图，测试效果。

【任务4】 设置“医生基本信息”窗体上的4个导航按钮，并利用宏实现其相应操作。

操作提示：

（1）新建与设置宏：新建宏组 record，包含 4 个子宏，子宏名分别为 first、last、next 和 end。为这些子宏添加宏操作 GoToRecord，分别实现“转至第一项记录”“前一项记录”“下一项记录”“转至最后一项记录”的操作。下面以创建宏组 record 的子宏 first 为例进行说明：

①单击“创建”选项卡“宏与代码”组中的“宏”按钮，创建“宏 1”。

②向“宏 1”添加子宏：双击宏设计视图右侧的“操作目录”面板中“程序流程”目录下的 Submacro，即向当前宏中添加“子宏 sub1”，将子宏名 sub1 改为 first。

③为子宏 first 添加宏操作 GoToRecord：在 first 子宏窗口中，单击号右侧下拉式列表按钮，选择列表中的 GoToRecord 选项，将 GoToRecord 宏操作的“记录”项设置为“首记录”，如图 7－9 所示，以实现导航到第一条记录。

④向“宏 1”中添加其他 3 个子宏，并实现导航到“前一条记录”“下一项记录”“转至最后一项记录”操作。

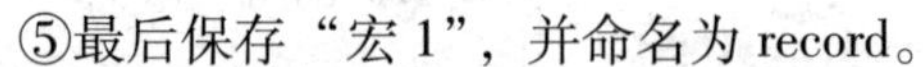

⑤最后保存“宏 1”，并命名为 record。

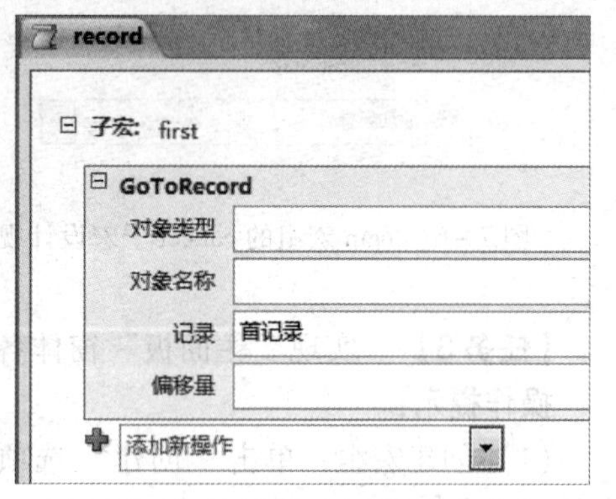

图 7－9　宏组及子宏的创建

（2）设置 4 个导航按钮上显示的图片：在设计视图下打开“医生基本信息”窗体，双击“移至第一项”按钮，打开“属性表”，单击属性面板中“格式”选项卡中“图片”项右侧按钮，打开如图 7－10 所示“图片生成器”，在“可用图片”中选择“移至第一项”。这样，“转至第一项记录”按钮控件上显示的图片被修改为如图 7－1（d）所示。分别将其余 3 个按钮图片修改为“移至上一项”“移至下一项”和“移至最后一项”。

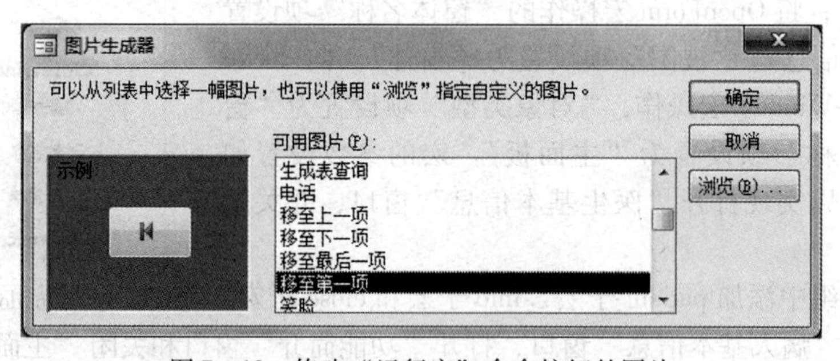

图 7－10　修改“运行宏”命令按钮的图片

（3）调用宏：单击“医生基本信息”窗体中的“导航到第一条记录”按钮，在其“属性表”窗格“事件”选项卡的“单击”项中选择关联 record. first 宏，如图 7－11 所示。

（4）用同样方法为其余 3 个命令按钮设置相应的宏。

（5）新建并调用关闭窗体宏 close：创建宏 close 以关闭当前“医生基本信息”窗体，其包含的宏操作是 CloseWindow，参数设置如图 7－12 所示。

图7－11　向窗体添加“运行宏”命令按钮

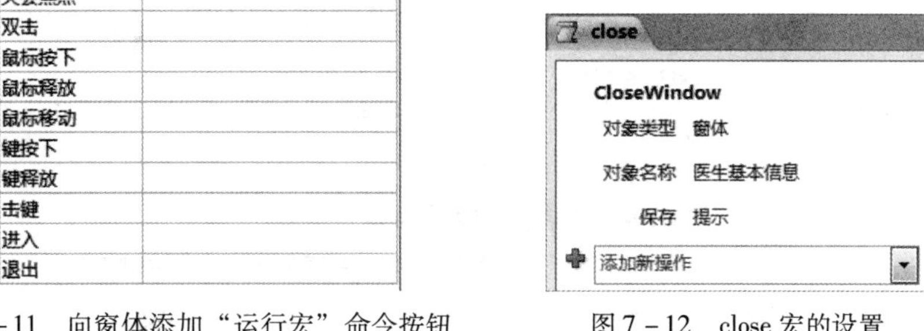

图7－12　close宏的设置

（6）将“关闭”命令按钮的“单击”事件设置为close宏。

（7）切换到“医生基本信息”窗体的窗体视图，测试效果。

【任务5】　利用宏实现“病人基本信息”窗体中“统计就诊次数”按钮的相应功能。

操作提示：

（1）按照以下操作实现统计就诊次数的数据宏。

①在数据表视图模式下打开“病患”表，添加“总就诊次数”列。

②切换到“病患”表的设计视图，单击“设计”选项卡“字段、记录和表格事件”组中的“创建数据宏”按钮，打开“创建数据宏”下拉列表。选择此菜单中的“创建已命名的宏”选项，打开创建已命名数据宏的设计视图窗口。

③在设计视图窗口中，在“添加新操作”下拉列表中选择ForEachRecord项，在“对于所选对象中的每个记录”项的下拉列表中选择“病患”，遍历“病患”表中的每条记录。

④在ForEachRecord区域内的“添加新操作”框中选择SetLocalVar，创建一个表达式值等于0的，名为sumNum的变量。

⑤在“病患”表的ForEachRecord宏操作区域内，SetLocalVar之下的“添加新操作”下拉列表中选择ForEachRecord，在其“对于所选对象中的每个记录”项的下拉列表中选择“就诊记录”，“当条件”项中输入“[就诊记录].[病患编号] = [病患].[病患编号]”，实现循环访问“就诊记录”表中的所有记录。

⑥在循环访问“就诊记录”表区域中添加新操作SetLocalVar，“名称”项输入sumNum，“表达式”项输入[sumNum]+1，实现了病患表中某位病人就诊次数的统计。

⑦将统计结果写入“病患”表的“统计就诊次数”字段：在“就诊记录”表的For Each Record宏操作区域底部的“添加新操作”下拉列表中选择EditRecord，在此操作区域中选择“添加新操作”下拉列表中的SetField，将“名称”文本框设置为“总就诊次数”，将“值”文本框设置为sumNum。

⑧如图7－13所示，设置完毕之后，保存宏为PatientRecord。

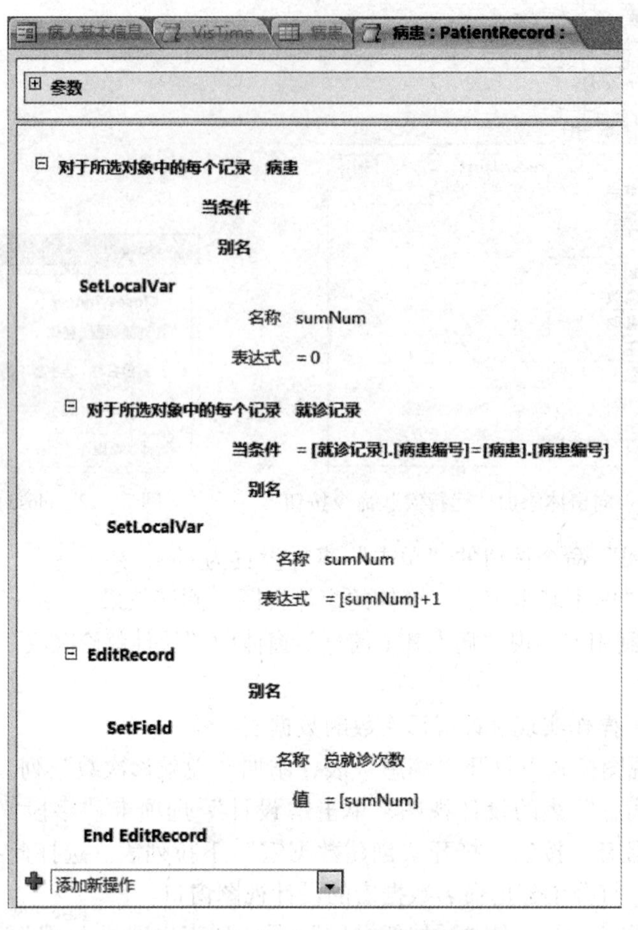

图 7－13　PatientRecord 数据宏的设置

（2）创建运行数据宏的宏 VisTime：创建新的宏，选择“添加新操作”下拉列表中的 RunDataMacro 宏操作，在“宏名称”项的下拉列表中选择“病患 . PatientRecord”。接下来，将本宏保存为 VisTime，如图 7－14 所示。

图 7－14　VisTime 宏设置

（3）在窗体设计视图式下，向“病人基本信息”窗体中添加按钮控件“统计就诊次数”，并将其“单击”事件设置为 VisTime，如图 7－15 所示。

（4）切换到“病人基本信息”窗体的窗体视图，单击“统计就诊次数”按钮，“总就诊次数”文本框中会出现“病患 . PatientRecord”数据宏所统计的就诊次数。

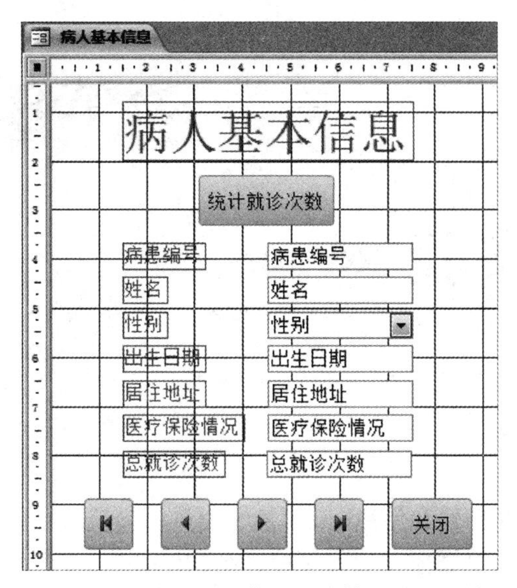

图 7－15　“病人基本信息”窗体设计视图效果

第8章

VBA编程实验 «

一、实验目的

(1) 掌握标准模块的创建和使用。

(2) 掌握顺序、分支、循环3种程序控制结构。

(3) 了解过程调用中的数据传递方式。

(4) 掌握ADO的主要对象及其属性和方法。

二、实验内容

1. 创建计算BMI指数的窗体

BMI指数（身体质量指数，Body Mass Index）是用体重千克数除以身高米数的平方得出的数字，是目前国际上常用的衡量人体胖瘦程度以及是否健康的一个标准。如图8-1所示，输入身高和体重，单击“计算BMI指数”按钮，判断输入的身高和体重是否正确。如果正确，计算BMI指数并显示BMI指数以及身体胖瘦程度；如果不正确，显示输入有误的提示信息，并清空录入的无效数据。单击“退出”按钮，提示是否退出，如果退出，直接关闭当前窗体。

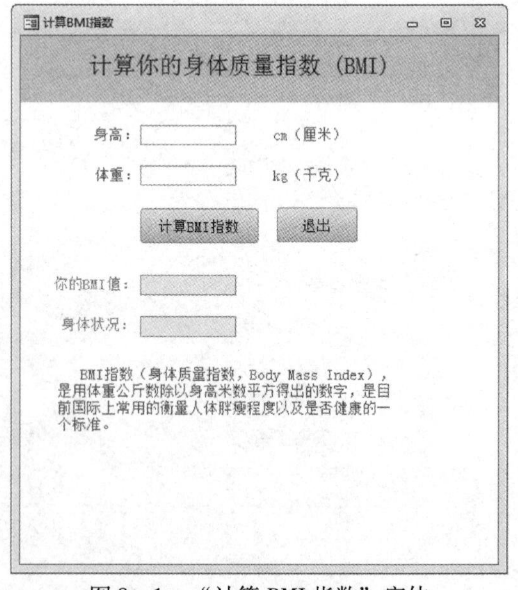

图8-1 “计算BMI指数”窗体

操作提示：

(1) 打开“社区专科诊所业务信息.accdb”数据库，创建窗体：单击“创建”选项卡“窗体”组中的“空白窗体”按钮，创建一个新的空白窗体，并切换到“设计视图”。保存该窗体为“计算BMI指数”。

(2) 添加页眉和页脚：单击“设计”选项卡“页眉/页脚”组中的“标题”按钮，添加窗体页眉和页脚。在窗体页眉的文本框中输入“计算你的身体质量指数（BMI）”，如图8-2所示。如果没有自动添加的文本框，可以单击“设计”选项卡“控件”组中的

“文本框”进行手动添加。

（3）“属性表”窗格中设置对象宽度和高度：在“设计”选项卡“工具”组单击“属性表”按钮，打开“属性表”窗格。在“属性表”窗格的下拉列表中选择“窗体页眉”，选择“格式”选项卡，设置属性“高度”为1.8 cm。同样方法，设置“主体”的高度为9 cm，“窗体”的宽度为12 cm，“窗体页脚”的高度为0.5 cm。

（4）在主体中添加13个控件：设置“设计”选项卡的控件组中“使用控件向导”按钮为未选中状态，然后添加相应的控件，按照图8－3所示摆放控件位置。

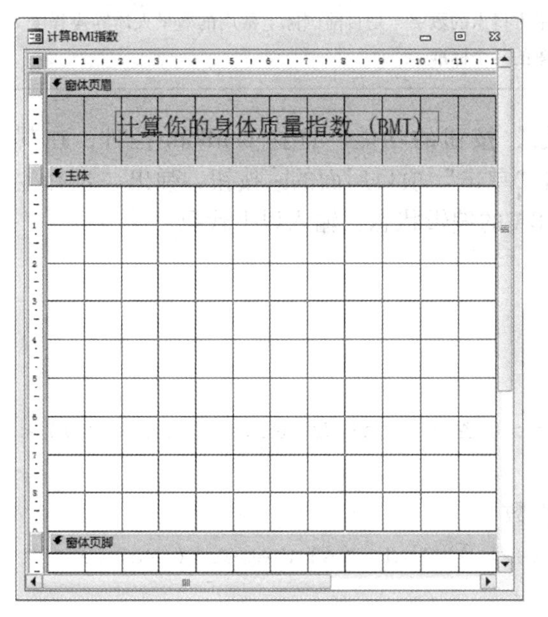

图8－2　添加窗体页眉页脚

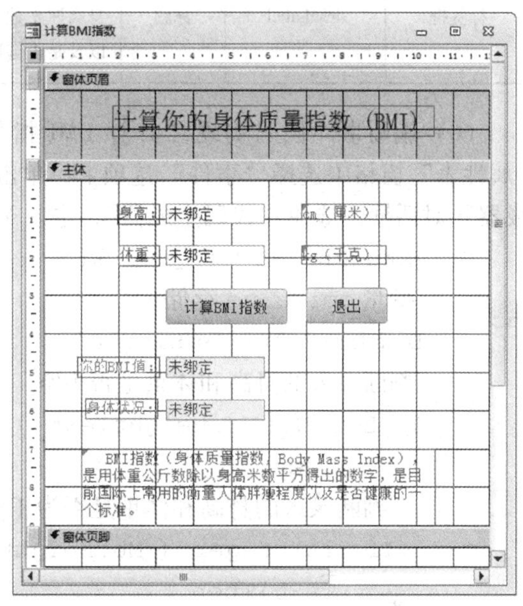

图8－3　“计算BMI指数”窗体的设计视图

（5）控件的属性设置：在“设计”选项卡的“工具组”中单击“属性表”按钮，打开“属性表”窗格。分别选择窗体中的控件，在对应的“属性表”窗格中设置属性，属性的具体设置如表8－1所示。

表8－1　计算BMI指数的窗体各个控件属性设置

控件类型	控件名称	属性	属性值
标签框	heightLabel	标题	身高：
标签框	weightLabel	标题	体重：
文本框	heightText		
文本框	weightText		
标签框	cm	标题	cm（厘米）
标签框	kg	标题	kg（千克）
按钮	bmiButn	标题	计算BMI指数
按钮	exitButn	标题	退出

续表

控件类型	控件名称	属　性	属　性　值
标签框	bmiLabel	标题	你的 BMI 值：
标签框	statusLabel	标题	身体状况：
文本框	bmiText	可用	否
文本框	statusText	可用	否
标签框	descLabel	标题	BMI 指数（身体质量指数，Body Mass Index），是用体重千克数除以身高厘米数平方得出的数字，是目前国际上常用的衡量人体胖瘦程度以及是否健康的一个标准

（6）编写事件代码实现“计算 BMI 指数”按钮的功能：选择 bmiButn 控件，在其“属性表”窗格中选择“事件”选项卡，单击“单击”项目后面的[...]按钮，弹出“选择生成器”对话框，选择“代码生成器”，进入 VBA 的编辑状态，输入以下代码：

```
Private Sub bmiButn_Click()
    '变量 bmiValue 存储 BMI 值
    Dim bmiValue As Single
    '判断录入的身高和体重是否为空
    If Len(Nz(Me.heightText)) < >0 And Len(Nz(Me.weightText)) <
      >0 Then
     '判断录入的身高和体重是否为正整数
     If  isInteger  ( Me.heightText )  And  isInteger  ( Me.weight
        Text)Then
        '判断录入的身高和体重是否合理
        If isValid(Me.heightText,Me.weightText)Then
            '函数 getBMI 计算 BMI 值
            bmi Value =getBMI(Me.heightText,Me.weightText)
            '过程 showBMI 根据 BMI 指数判断胖瘦,并在 bmiText 文本框中显示
            showBMI(bmi Value)
        Else
            '录入的身高和体重不合理时,进行以下操作
            MsgBox"请输入合理的身高和体重",,"输入有误"
            '过程 clearInput 用于清空录入的无效数据
            clearInput
            Exit Sub
        End If
     Else
        '录入的身高和体重不是正整数时,进行以下操作
        MsgBox"只能输入正整数的身高和体重",,"输入有误"
```

```
            clearInput
            Exit Sub
        End If
    Else
        '录入的身高或体重为空时,进行以下操作
        MsgBox"你的身高和体重不能为空",,"输入有误"
        clearInput
    End If
End Sub
```

说明：

代码中的 Me 表示的是当前窗体，Me. heightText 表示当前窗体名称为 heightText 的控件。

内置函数 Nz( )表示对于 NULL 和空字符串的参数返回零。

内置函数 Len( )返回参数的长度，注意对于空字符串，Len( )返回不为零。所以，需要用函数 Nz( )先对 NULL 和空字符串做返回零的处理，然后再判断录入数据是否为空。

(7) 在 VBE 环境中，编写函数 isInteger( )代码，函数 isInteger 判断录入的数据是否为正整数，如果是，返回 True，否则返回 False。具体操作：在 VBE 环境的左侧窗格双击对象“Form_ 计算 BMI 指数”，右侧代码窗口将显示该对象代码，点击右侧代码窗口，将鼠标置于代码中，然后选择“插入” | “过程”命令，弹出“添加过程”对话框，在名称框中录入函数名称 isInteger，类型选择“函数”，范围选择“私有的”，如图 8 – 4 所示。单击“确定”按钮，添加函数 isInteger。具体代码如下：

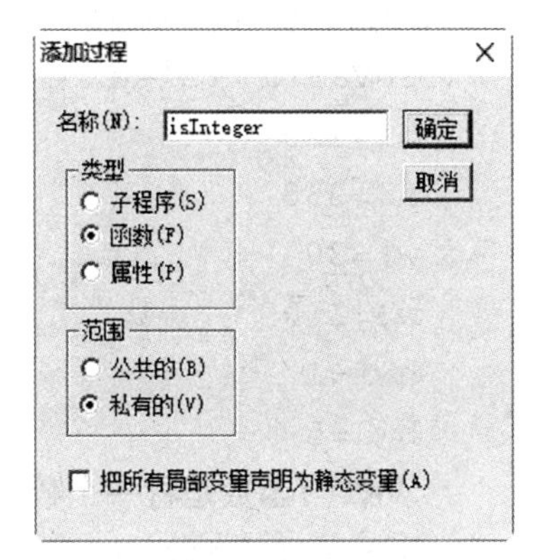

图 8 – 4 添加函数 isInteger 对话框

```
Private Function isInteger(bmi As String)As Boolean
    Dim ps As Single
    isInteger = False
    If(IsNumeric(bmi))Then
        'Val()函数是将一个数值型字符串转换成数值
        ps = Val(bmi)
        '判断 ps 是否是正整数
        If ps >0 And ps = Int(ps)Then
            isInteger = True
        End If
    End If
End Function
```

注意： 需要修改自动添加的代码，函数 isInteger（）返回值设为 Boolean，并添加形式参数 bmi。

（8）在 VBE 环境中，编写函数 isValid（）代码，函数 isValid（）判断录入的身高和体重是否合理，如果不合理返回 False，合理返回 True，具体添加函数操作同上。具体代码如下：

```
Private Function isValid(height As String, weight As String) As Boolean
    Dim h As Single
    Dim w As Single
    Dim h1 As Single            '定义身高的最小值
    Dim h2 As Single            '定义身高的最大值
    Dim w1 As Single            '定义体重的最小值
    Dim w2 As Single            '定义体重的最大值
    Dim hw1 As Single           '定义身高体重比的最小值
    Dim hw2 As Single           '定义身高体重比的最大值
    isValid = False             '初始化函数返回值为 False
    h1 = 120
    h2 = 230
    w1 = 30
    w2 = 160
    hw1 = 1
    hw2 = 5
    'Val()函数是将一个数值型字符串转换成数值
    h = Val(height)
    w = Val(weight)
    '如果身高和体重在正常范围之内并且合理,则函数返回值为 True
    If h >= h1 And h <= h2 And w >= w1 And w <= w2 Then
        '四舍五入,保留小数点后一位
        If Round(h/w,1) > hw1 And Round(h/w,1) < hw2 Then
            isValid = True
        End If
    End If
End Function
```

（9）在 VBE 环境中，编写函数 getBMI（）代码，函数 getBMI（）计算并返回 BMI 指数，其中 BMI 指数 = 体重（kg）/（身高（m）* 身高（m））。添加函数操作同上。具体代码如下：

```
Private Function getBMI(height As String, weight As String)
  As Single
```

```
    Dim h As Single
    Dim w As Single
    'Val()函数是将一个数值型字符串转换成数值
    h = Val(height)
    w = Val(weight)
    '计算 BMI =体重(kg)/(身高(m)*身高(m))
    '其中(h*h)/10000 表示单位为米的身高的平方
    get BMI = Round(w/((h*h)/10000),1)  '四舍五入,保留小数点后一位
End Function
```

（10）在VBE环境中，编写子过程showBMI代码，子过程showBMI根据BMI指数进行胖瘦程度分级，并在bmiText中显示BMI指数，格式为保留小数点后一位。具体操作：在VBE环境中，鼠标点击右侧代码框，将光标置于代码中，然后选择“插入”|“过程”命令，弹出“添加过程”对话框，在名称框中录入子过程名称showBMI，类型选择“过程”，范围“私有”，单击“确定”按钮，添加子过程showBMI。注意：需要修改自动添加的代码，子过程showBMI中添加形式参数bmiValue。具体代码如下：

```
Private Sub showBMI(bmiValue As Single)
    Select Case bmiValue
        Case Is >32
            Me.statusText.Value = "非常肥胖"
        Case Is >28
            Me.statusText.Value = "肥胖"
        Case Is >24
            Me.statusText.Value = "超重"
        Case Is >18.5
            Me.statusText.Value = "标准体重"
        Case Else
            Me.statusText.Value = "偏瘦"
    End Select
    '设置控件 bmiText 显示格式为保留小数点后一位
    Me.bmiText.Value = Format(bmiValue,"0.0")
End Sub
```

（11）在VBE环境中，编写子过程clearInput代码，子过程clearInput用于录入数据有误时，清空无效数据，并置鼠标焦点到“身高”文本框。添加子过程操作同上。具体代码如下：

```
Private Sub clearInput()
    Me.heightText.Value = ""
    Me.weightText.Value = ""
    Me.bmiText.Value = ""
```

```
        Me.statusText.Value = ""
        Me.height Text.SetFocus
    End Sub
```

说明：

代码“Me. heightText. Value = """”是给当前窗体名为heightText的文本框控件的属性Value赋值为空字符串，即窗体运行时，该文本框不显示任何内容。

SetFocus是文本框能响应的方法，它的功能是将光标定位到指定的文本框中，使用方法是：控件名 . SetFocus。

(12) 编写事件代码实现“退出”按钮的功能。实现选择“退出”按钮，弹出信息提示框，选择“是”，直接关闭窗体退出；选择“否”，不退出。具体操作：选择exit Butn控件，在其“属性表”窗格中选择“事件”选项卡，单击“单击”项目后面的...按钮，弹出“选择生成器”对话框，选择“代码生成器”，进入VBE环境，输入以下代码：

```
Private Sub exitButn_Click()
    Dim chooseNum As Integer
    chooseNum = MsgBox("是否退出?",vbYesNo,"退出")
    If chooseNum = vbYes Then
        DoCmd.Close      '关闭当前窗体
    End If
End Sub
```

(13) 保存当前窗体，并将窗体切换到窗体视图，查看运行结果。例如，输入身高170，体重65，单击“计算BMI指数”按钮，运行结果如图8－5（a）所示。单击“退出”按钮，弹出信息提示框，如图8－5（b）所示。

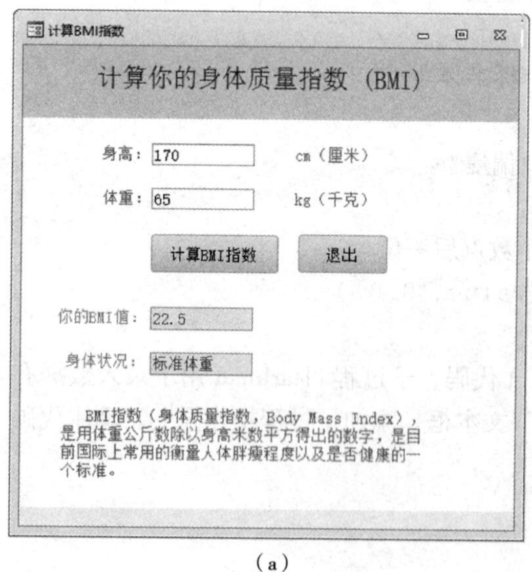

(a)

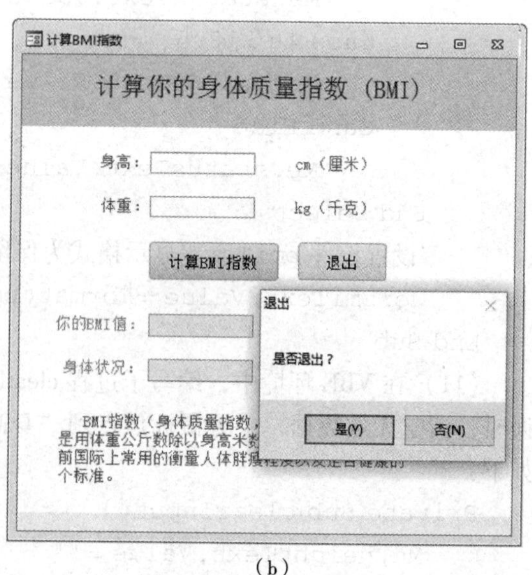

(b)

图8－5 “计算BMI指数”运行结果

2. 创建一个登录窗体

创建一个系统登录窗体，如图 8－6 所示，输入用户名和密码，单击“登录”按钮，如果录入用户名为 doctor，密码为“123”，则录入正确，关闭当前窗体，打开“医生窗体”。如果错误，则在右侧空白处显示相应的提示信息。“清空”按钮用于清除录入的用户名和密码。“退出”按钮用于退出登录窗体，并弹出提示信息框。

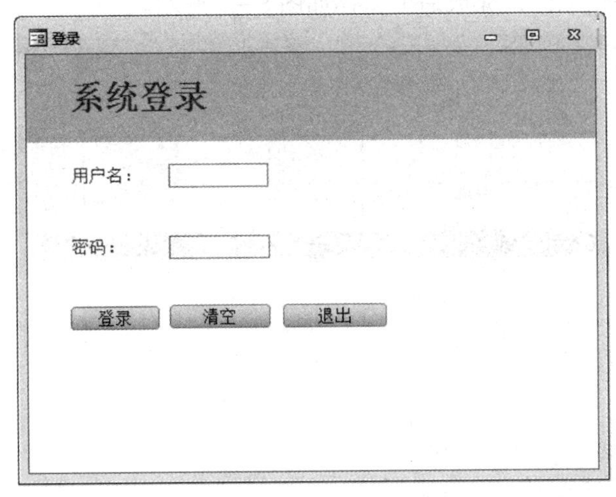

图 8－6 “登录”窗体

操作提示：

（1）打开“社区专科诊所业务信息 . accdb”数据库，创建窗体。在“创建”选项卡“窗体”组中单击“空白窗体”按钮，创建一个新的空白窗体，并切换到“设计视图”。保存该窗体为“登录窗体”。

（2）添加页眉和页脚。在“设计”选项卡“页眉/页脚”组单击“标题”按钮，添加窗体页眉和页脚。在窗体页眉的文本框中输入“系统登录”，如图 8－7 所示。

图 8－7 “登录”窗体中添加窗体页眉页脚

（3）在“属性表”窗格中设置对象宽度和高度。在“设计”选项卡的“工具”组单击“属性表”按钮，打开“属性表”窗格。在“属性表”窗格的下拉列表中选择“窗体页眉”，然后选择“格式”选项卡，设置属性“高度”为2 cm。同样方法，设置“主体”的高度为4.5 cm，“窗体”的宽度为12 cm，“窗体页脚”的高度为0.1 cm。

（4）主体中添加10个控件。使“设计”选项卡的控件组中“使用控件向导”按钮为未选中状态，添加各个控件，完成后的窗体如图8－8所示。

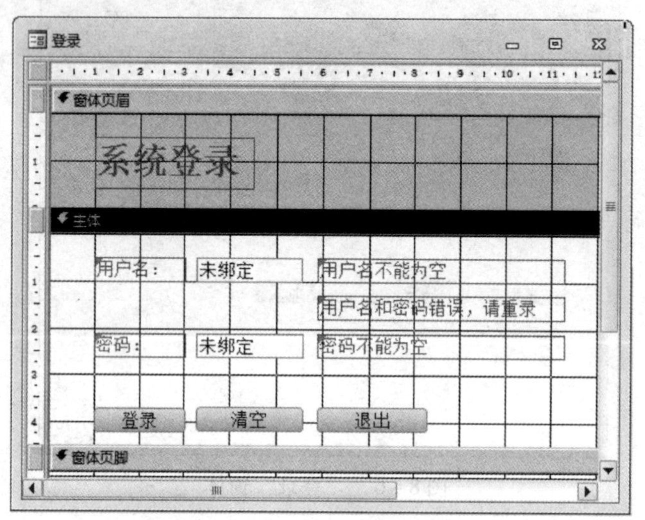

图8－8　“登录”窗体的设计视图

（5）控件的属性设置。分别选择窗体中的控件，在对应的“属性表”窗格中设置属性，属性的具体设置如表8－2所示。

表8－2　“登录”窗体各个控件属性设置

控件类型	控件名称	属性	属性值
标签框	Label1	标题	用户名：
标签框	Label2	标题	密码：
文本框	userName		
文本框	passWord	输入掩码	密码
标签框	Label3	标题	用户名不能为空
		可见	否
标签框	Label4	标题	密码不能为空
		可见	否
标签框	Label5	标题	用户名和密码错误，请重录
		可见	否
按钮	comfirmButn	标题	登录
按钮	cancelButn	标题	清空
按钮	exitButn	标题	退出

(6) 编写事件代码实现“登录”按钮功能。实现输入用户名和密码，单击“登录”按钮，判断是否输入正确的用户名 doctor 和密码“123”。如果录入正确，则关闭“登录”窗体，打开“医生窗体”；如果录入有误，则显示提示信息。具体操作：选择 confirmButn 控件，在其“属性表”窗格中选择“事件”选项卡，单击“单击”项目后面的…按钮，在弹出的对话框中选择“代码生成器”，进入 VBE 环境，输入以下代码：

```
Private Sub comfirmButn_Click()
    Dim pass As Integer
    pass =0
    Label3.Caption ="用户名不能为空"
    Label4.Caption ="密码不能为空"
    Label5.Caption ="用户名和密码错误,请重录"
    '判断是否用户名文本框和密码文本框全部为空
    If Len(Nz(Me.user Name)) =0 And Len(Nz(Me.pass Word)) =0 Then
        pass =1
    '判断是否只有用户名文本框为空
    ElseIf Len(Nz(Me.user Name)) =0 Then
        pass =2
    '判断是否只有密码文本框为空
    ElseIf Len(Nz(Me.pass Word)) =0 Then
        pass =3
    '判断用户名文本框和密码文本框不为空时,是否录入正确的用户名和密码
    ElseIf(Me.user Name < >"doctor")Or(Me.pass Word < >"123")Then
        pass =4
    End If
    '根据不同的 pass,进行不同的录入判断
    Select Case pass
        Case 1
            '标签控件属性 Visible 设置该标签的可见性。True 为可见,False 为隐藏
            Label3.Visible =True
            Label4.Visible =True
            Label5.Visible =False
            Me.userName.SetFocus
        Case 2
            Label3.Visible =True
            Label4.Visible =False
            Label5.Visible =False
            Me.userName.SetFocus
```

```
        Case 3
            Label3.Visible = False
            Label4.Visible = True
            Label5.Visible = False
            Me.pass Word.SetFocus
        Case 4
            Me.userName.Value = ""
            Me.passWord.Value = ""
            Label3.Visible = False
            Label4.Visible = False
            Label5.Visible = True
            Me.userName.SetFocus
        Case Else
            Msg Box"欢迎登录系统",,"登录成功"          '显示登录成功信息
            DoCmd.Close                                  '关闭"登录"窗体
            DoCmd.OpenForm"医生窗体"                     '打开"医生窗体"
    End Select
End Sub
```

（7）编写事件代码，实现“清空”按钮功能。单击“清空”按钮，清空录入的用户名和密码文本框的内容，并把鼠标焦点置于文本框 userName 控件上。具体操作：选择 cancelButn 控件，在其“属性表”窗格中选择“事件”选项卡，单击“单击”项目后面的⊡按钮，在弹出的对话框中选择“代码生成器”，进入 VBE 环境，输入以下代码：

```
Private Sub cancelButn_Click()
    Me.userName.Value = ""
    Me.passWord.Value = ""
    Me.userName.SetFocus
End Sub
```

（8）编写事件代码，实现“退出”按钮功能。单击“退出”按钮，弹出信息提示框，选择“是”则退出“登录”窗体，选择“否”则不退出。具体操作：选择 exitButn 控件，在其“属性表”窗格中选择“事件”选项卡，单击“单击”项目后面的⊡按钮，在弹出的对话框中选择“代码生成器”，进入 VBE 环境，输入以下代码：

```
Private Sub exitButn_Click()
        Dim chooseNum As Integer
        chooseNum = MsgBox("是否退出?",vbYesNo,"退出登录界面")
        If chooseNum = vbYes Then
            DoCmd.Close
        End If
```

```
End Sub
```

程序的运行结果如图 8－9 所示。

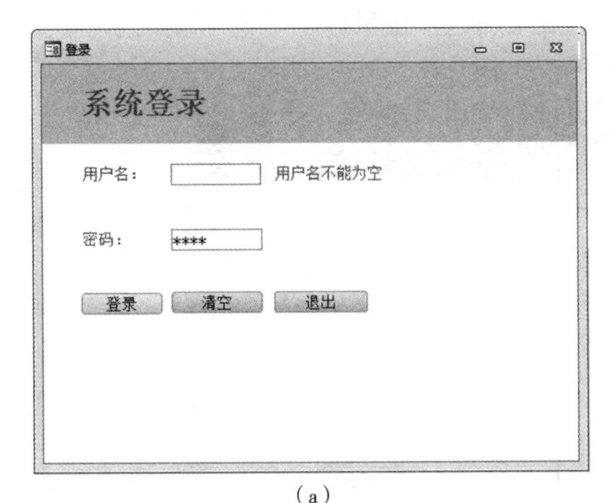

（a）

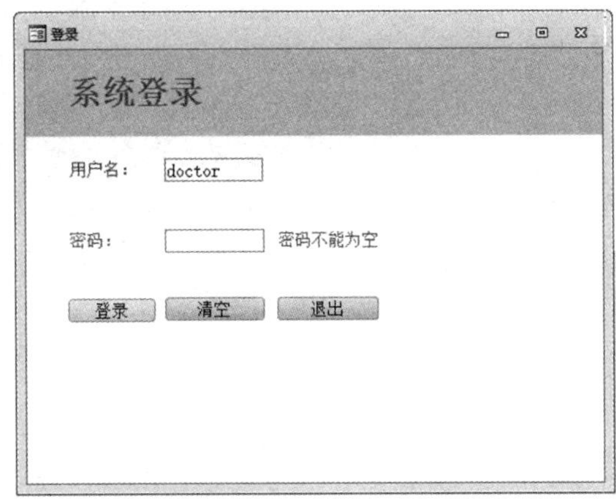

（b）

（c）

图 8－9　系统登录运行结果

3. 创建病患基本信息录入窗体

创建一个“病患基本信息录入”窗体，如图 8－10 所示，输入“病患编号”“姓名”“性别”“出生日期”“医疗保险情况”“居住地址”，单击“添加记录”按钮，如果录入正确，则添加记录成功，并弹出添加记录成功的提示框；如果录入错误，则弹出相应的错误提示框，并将焦点置于该错误录入的控件上。“重置”按钮实现初始化控件内容；“退出”按钮实现退出窗体，同时要求用户确认是否退出。其中，窗体中记录的具体录入要求为：“病患编号”为开头不为 0 的六位数字编码；“姓名”必填；“出生日期”必填，格式为 YYYYMMDD；“医疗保险情况”必填，内容必须来自下拉列表中，用户不能自行录入；“居住地址”必填。

操作提示：

（1）打开“社区专科诊所业务信息 . accdb”数据库，引用 ADO 对象库。在“数据库工具”选项卡的“宏”组中单击“Visual Basic”按钮，进入 VBE 环境。在 VBE 中，选择

“工具”|“引用”命令，弹出“引用”对话框，如图 8-11 所示。从“可使用的引用”列表框中选择“Microsoft ActiveX Data Objects 2.6 library（ADO 引用库有 2.0，2.1，2.5，2.6，…，6.1 版本，本实验使用 2.6 版本），单击“确定”按钮。

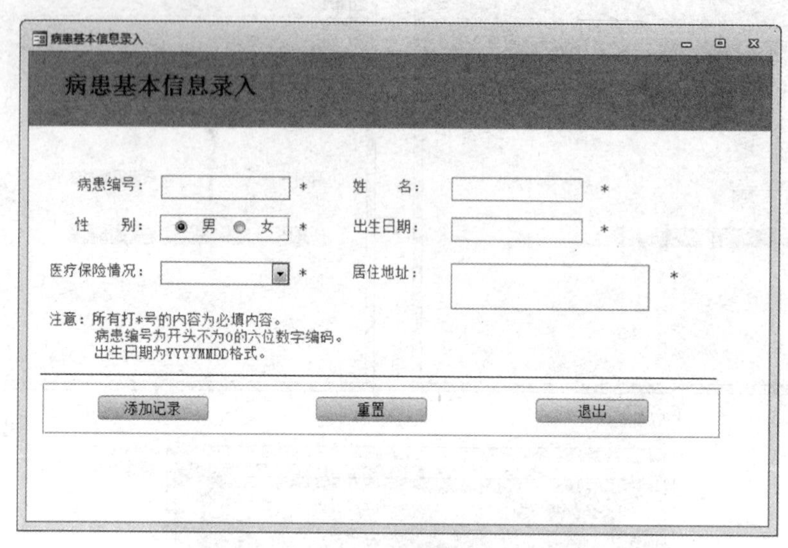

图 8-10 “病患基本信息录入”窗体

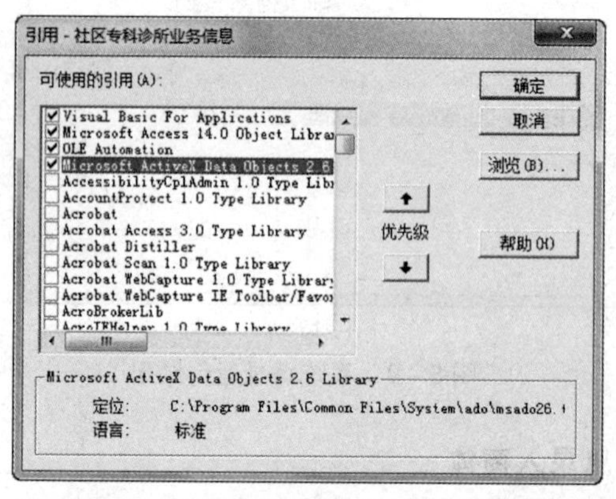

图 8-11 ADO 对象库引用对话框

（2）创建窗体。在“创建”选项卡“窗体”组中单击“空白窗体”按钮，创建一个新的空白窗体，并切换到“设计视图”。保存该窗体为“病患基本信息录入”。

（3）添加窗体页眉和页脚，设置属性。在“设计”选项卡的“页眉/页脚”组中，单击“标题”按钮，添加窗体页眉和页脚。

（4）在“属性表”窗格中设置对象宽度和高度。在“设计”选项卡的“工具”组中单击“属性表”按钮，打开“属性表”窗格。在“属性表”窗格中的下拉列表中选择“窗体”，然后选择“格式”选项卡，设置属性“宽度”为 20 cm；“记录选择器”为否；“导航按钮”为否。同样方法，设置“窗体页眉”的高度为 2 cm，背景色为“强调文字颜色 1，淡色 40%”。设置“主体”的高度为 8.5 cm，“窗体页脚”的高度为 0 cm。完成后如图 8-12所示。

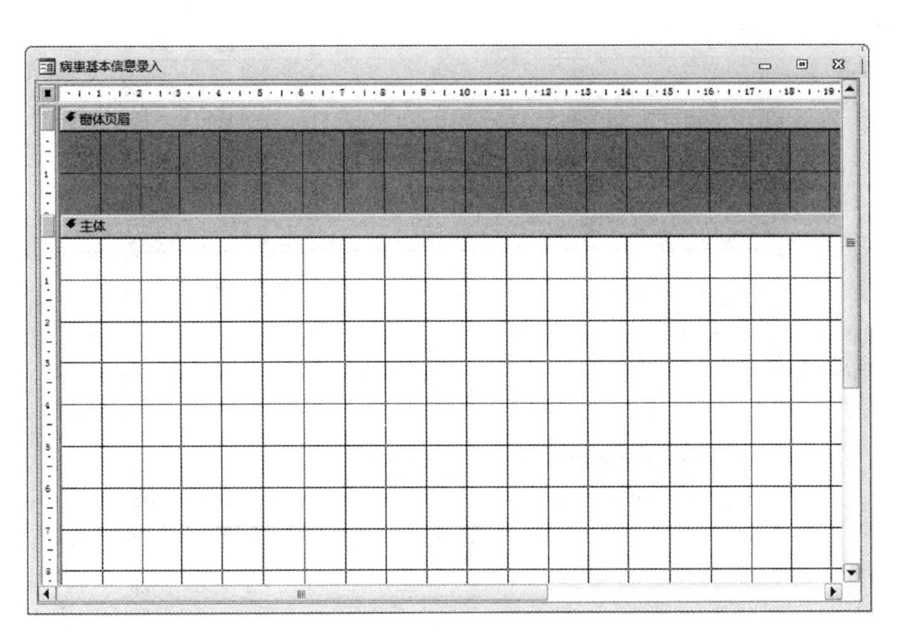

图 8－12　添加窗体页眉/页脚

（5）在“窗体页眉”中添加标签控件。将“设计”选项卡控件组中的“使用控件向导”按钮设为未选中状态，然后选择标签控件，添加名为 pInfo 的标签控件，设置 pInfo 内的文本格式为：宋体、18 号字、加粗，并录入“病患基本信息录入”文本，完成后如图 8－13所示。

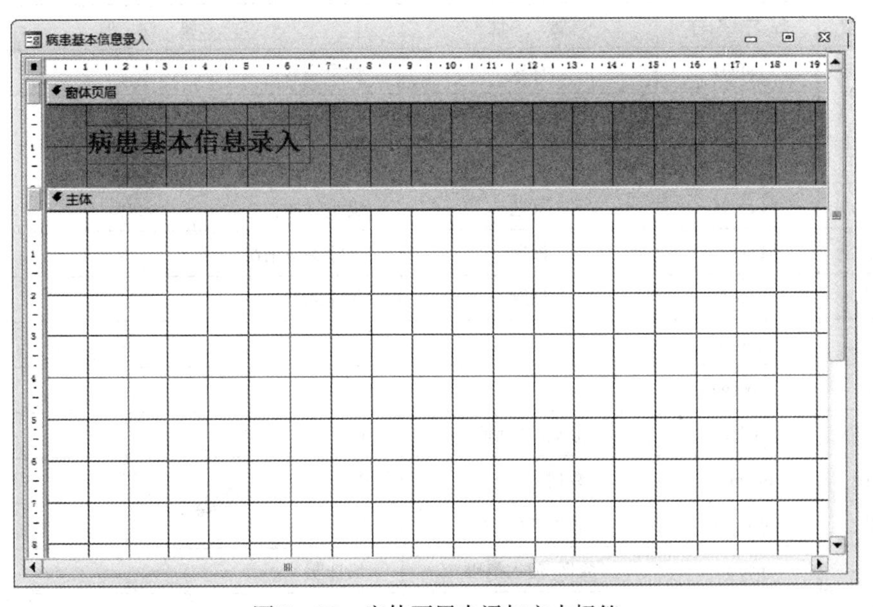

图 8－13　窗体页眉中添加文本标签

（6）主体中添加 26 个控件。将“设计”选项卡控件组中的“使用控件向导”按钮设为未选中状态，添加各个控件。完成后的窗体如图 8－14 所示。

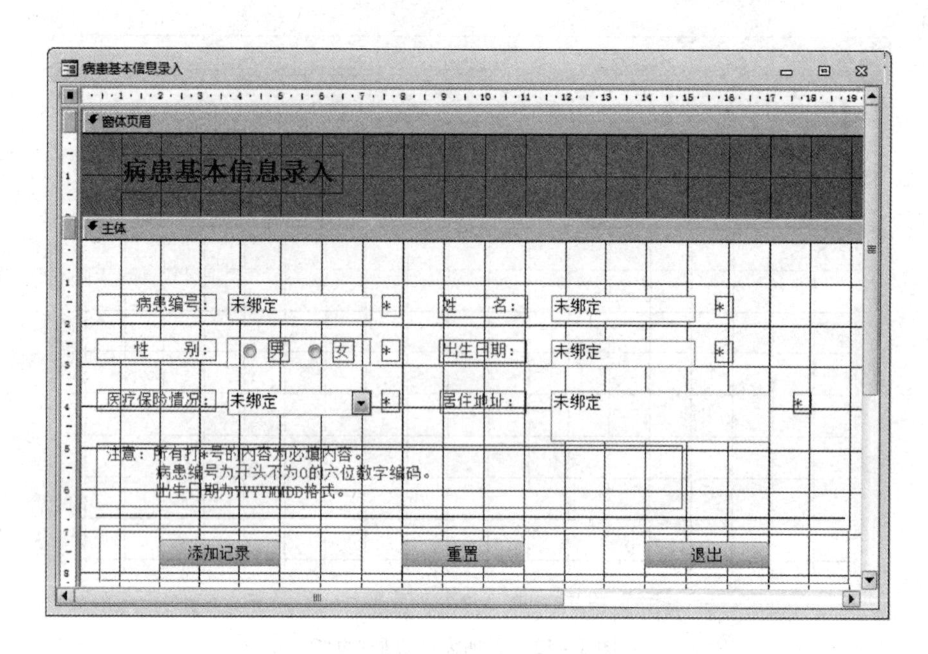

图 8－14　“病患基本信息录入”窗体的设计视图

（7）控件的属性设置。分别选择窗体中的控件，在对应的“属性表”窗格中设置属性，属性的具体设置如表 8－3 所示。

表 8－3　“病患基本信息录入”窗体主体部分各个控件属性设置

控件类型	控件名称	属　性	属性值
标签框	Label1	标题	病患编号：
标签框	Label2	标题	姓名：
标签框	Label3	标题	性别：
标签框	Label4	标题	出生日期：
标签框	Label5	标题	医疗保险情况：
标签框	Label6	标题	居住地址：
文本框	pNum		
文本框	pName		
单选按钮	pMale	数据/选项值	1
单选按钮	pFemale	数据/选项值	2
选项组	pGender	数据/默认值	1
文本框	pBirth	数据/输入掩码	长日期
组合框	pMI	数据/行来源类型	值列表
		数据/行来源	“社保”；“离休”；“低保”；“商业保险”；“医保”；“高干”；“儿保”；“全自费”

续表

控件类型	控件名称	属 性	属 性 值
		数据/限于列表	是
		数据/允许编辑值列表	否
文本框	pAdress		
标签框	note	标题	注意：所有打 * 号的内容为必填内容； 病患编号为开头不为0的六位数字； 出生日期为 YYYYMMDD 格式
选项组	BoxButn		
按钮	addButn	标题	添加记录
按钮	clearButn	标题	重置
按钮	exitButn	标题	退出
直线	Line		
标签框	star1	标题	*
标签框	star2	标题	*
标签框	star3	标题	*
标签框	star4	标题	*
标签框	star5	标题	*
标签框	star6	标题	*

（8）编写窗体初始化子过程。实现加载“病患基本信息录入”窗体时，初始化控件内容。具体操作：在“属性表”窗格的下拉列表中选择“窗体”，再选择“事件”选项卡，单击“加载”项目后面的[...]按钮，如图 8－15所示。

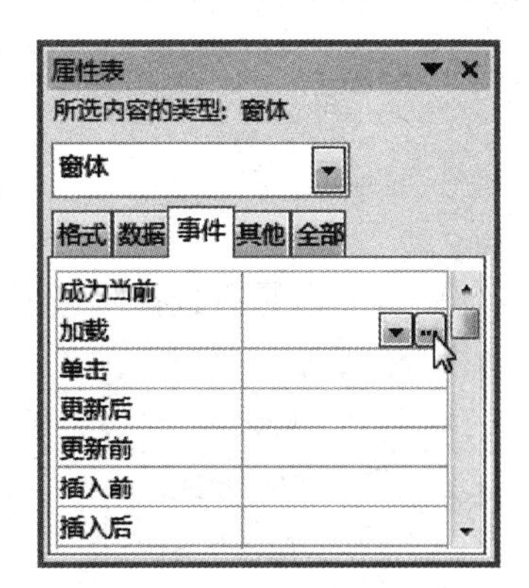

图 8－15　设置窗体加载事件代码

在弹出“选择生成器”对话框中选择“代码生成器”，进入 VBA 的编辑状态，输入以下代码：

```
Private Sub Form_Load()
    clearall'调用子过程 clearall
End Sub
```

说明：代码中子过程 clearall 实现控件内容的初始化。

（9）编写事件代码实现“添加记录”按钮功能。单击“添加记录”按钮，判断各项病患基本信息是否录入正确，如果录入正确，则弹出记录添加成功的提示框，同时将记录写入数据库中，否则弹出相应的错误提示框，并置焦点于输入错误的控件内。具体操作：选择 addButn 控件，在其“属性表”窗格中选择“事件”选项卡，单击“单击”项目后面的[...]按钮，弹出“选择生成器”对话框，选择“代码生成器”，进入 VBA 的编辑状态，输入以下代码：

```
Private Sub addButn_Click()
    Dim cn As New ADODB.Connection    '定义连接对象
    Set cn = CurrentProject.AccessConnection      '连接并打开当前数据库
    Dim rs As New ADODB.Recordset   '定义记录集对象
    Dim strSql As String       '设置 sql 查询语句

    '判断录入的病患编号是否正确
    If(Not isValidPnum(Me.pNum))Then
        Me.pNum.SetFocus
        Exit Sub
    End If

    '判断是否录入姓名
    If Len(Me.pName) = 0 Then
        MsgBox"病患姓名不能为空!",,"录入错误提示"
        Me.pName.SetFocus
        Exit Sub
    End If

    '判断录入的出生日期是否正确
    If Not isValidPbirth(Me.pBirth.Value)Then
        Me.pBirth.SetFocus
        Exit Sub
    End If

    '判断是否选择病患医疗保险情况
    If Len(Me.pMI) = 0 Then
        MsgBox"病患医疗保险情况不能为空!",,"录入错误提示"
        Me.pMI.SetFocus
        Exit Sub
    End If
    '判断是否录入地址
    If Len(Me.pAdress) = 0 Then
        MsgBox"病患居住地址不能为空!"
        Me.pAdress.SetFocus
        Exit Sub
    End If
    '在"病患"表中,查询病患编号等于控件 pNum 值
```

```
    strSql = "select * from 病患 where 病患编号 = '"& Me.p Num & "'"
    '使用 Open 方法打开数据库中的表
    rs.Open strSql,cn,adOpenKeyset,adLockPessimistic
    '判断病患编号是否有重复
    If Not rs.EOF Then
        MsgBox"此病患编号已经存在,请重新录入!",,"录入错误提示"
        Me.p Num.SetFocus
        Exit Sub
    '没有重复记录,可以写入
    Else
        rs.AddNew  '增加一条新记录
        '将窗体控件中录入的内容逐条赋值给记录集 rs
        rs("病患编号") = Me.pNum
        rs("姓名") = Me.pName
        If(Me.pGender = 1)Then
            rs("性别") = "男"
        Else
            rs("性别") = "女"
        End If
        rs("出生日期") = Me.pBirth
        rs("居住地址") = Me.pAdress
        rs("医疗保险情况") = Me.pMI
        rs.Update  '保存当前记录
        MsgBox"恭喜你,记录添加成功!!!",,"添加成功"
        clearall   '数据重置
        '关闭并回收对象变量
        rs.Close
        cn.Close
        Set rs = Nothing
        Set cn = Nothing
        Exit Sub
    End If
End Sub
```

说明：

①代码中的 Me 表示的是当前窗体，Me. pNum 表示当前窗体名称为 pNum 的控件。

②内置函数 Len( ) 返回参数的长度。函数 isValidPnum( ) 判断录入的病患编码是否正确，正确返回 True，否则返回 False。函数 isValidPbirth( ) 判断录入的出生日期是否正确，正确返回 True，否则返回 False。子过程 clearall 用于重置所有窗体中控件内容。

(10) 在VBE环境中，编写函数isValidPnum()代码。函数isValidPnum()判断录入的病患编码是否正确，正确返回True，否则返回False。具体操作：在VBE环境的左侧窗格双击对象“Form_病患基本信息录入”，右侧代码窗口将显示该对象代码，点击右侧代码窗口，将鼠标置于代码中，然后选择“插入”|“过程”命令，弹出“添加过程”对话框，在名称框中录入函数名称isValidPnum，类型选择“函数”，范围“私有”，如图8-16所示。单击“确定”按钮，添加函数isValidPnum。

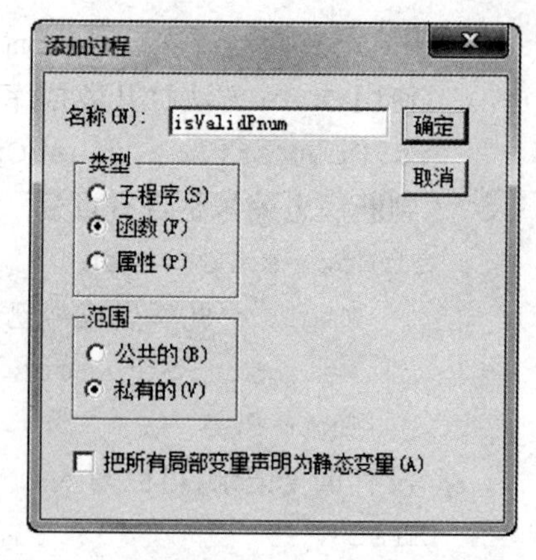

图8-16 添加函数isValidPnum()对话框

具体代码如下：

```
Private Function isValidPnum(s As String)
    isValidPnum = False'默认函数返回值为 False
    n = 6'要求输入 6 位病患编号
    '判断录入的病患编码是否为空
    If Len(s) = 0 Then
        MsgBox"病患编号不能为空!",,"录入错误提示"
    '判断录入的病患编码是否是长度为 n 的字符串
    Else
        Trim(s)'去掉字符串两端空白
        If Len(s) < > n Then
            MsgBox"请输入长度为"& n &"的病患编号!",,"录入错误提示"
        '判断病患编码是否是开头为 0 的字符
        Else
            s1 = Left(s,1)'截取字符串第一个字符
            If s1 = "0"Then
                MsgBox"病患编码不能以 0 开始!",,"录入错误提示"
            '判断病患编码后 n -1 位是否是 0 ~9 的数字
            Else
                isN = True
                For i =2 To n
                    ss = Left(s,i)'截取从左起开始第 i 个字符赋值为 s2
                    s2 = Right(ss,1)
                    Select Case s2
                     Case "0","1","2","3","4","5","6","7","8","9"
                     Case Else
                         isN = False
                         Exit For
```

```
            End Select
        Next
        If isN Then
            isValidPnum = True
        Else
            MsgBox"病患编码必须为"& n &"位数字,请重录!",,"录入错误提示"
        End If
      End If
    End If
  End If
End Function
```

(11) 在VBE环境中，编写函数isValidPbirth（）代码。函数isValidPbirth（）判断“出生日期”是否录入正确，正确返回True，错误返回False。具体代码如下：

```
Private Function isValidPbirth(s As String)
    isValidPbirth = False  '默认函数返回值为 False
    If Len(s) =0 Then      '判断录入的出生日期是否为空
        MsgBox"病患出生日期不能为空!",,"录入错误提示"
    ElseIf IsDate(s) Then  '判断录入的出生日期是否是日期型
        isValidPbirth = True
    Else
        MsgBox"请录入正确的日期格式 YYYYMMDD,如 19990206",,"录入错误提
            示"
    End If
End Function
```

(12) 在VBE环境中，编写子过程clearall代码。子过程clearall初始化窗体中的数据。具体操作：在VBE环境中，点击右侧代码框，将光标置于代码中，然后选择“插入”|“过程”命令，弹出“添加过程”对话框，名称框中录入子过程名称clearall，类型选择“过程”，范围选择“私有”，单击“确定”按钮，添加子过程“clearall”。具体代码如下：

```
Public Subclearall()
    Me.pNum = ""
    Me.pName = ""
    Me.pBirth = ""
    Me.pGender = "1"   '默认为“男性”
    Me.pMI = ""
    Me.pAdress = ""
    Me.pNum.SetFocus   '将焦点置于病患编号文本框 pNum 中
End Sub
```

(13) 编写事件代码实现“重置”按钮的功能。实现单击“重置”按钮，初始化窗体

数据。具体操作：选择 clearButn 控件，在其“属性表”窗格中选择“事件”选项卡，单击“单击”项目后面的…按钮，弹出“选择生成器”对话框，选择“代码生成器”，进入 VBE 环境，输入以下代码：

```
Private Sub clearButn_Click()
    clearall'调用子过程 clearall
End Sub
```

（14）编写事件代码实现“退出”按钮的功能。实现单击“退出”按钮，弹出信息提示框，选择“是”，直接关闭窗体退出；选择“否”，不退出。具体操作：选择 exit Butn 控件，在其“属性表”窗格中选择“事件”选项卡，单击“单击”项目后面的…按钮，弹出“选择生成器”对话框，选择“代码生成器”，进入 VBE 环境，输入以下代码：

```
Private Sub exitButn_Click()
  Dim chooseNum As Integer
    chooseNum = MsgBox("是否退出?",vbYesNo,"退出")
    If chooseNum = vbYes Then
      DoCmd.Close'关闭当前窗体
    End If
End Sub
```

（15）保存当前窗体，并将窗体切换到窗体视图，查看运行结果。例如，输入病患编号：100031；姓名：常有病；性别：女；出生日期：19990802；医疗保险情况：商业保险；居住地址：东城区幸福家园 6 号。运行结果如图 8－17（a）所示，弹出“添加成功”的信息提示框，如图 8－17（b）所示。

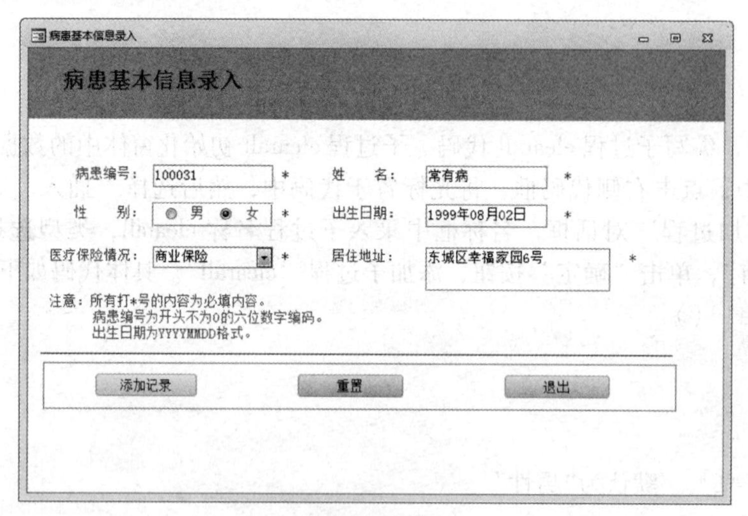

（a）运行结果

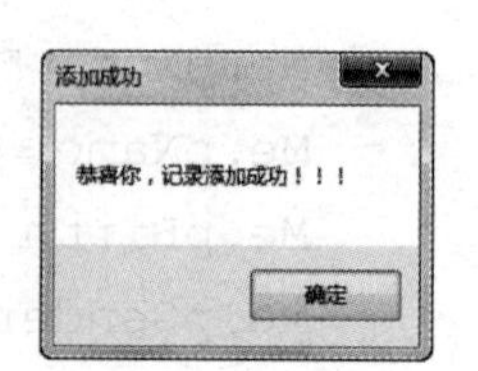

（b）信息提示框

图 8－17　窗体“病患基本信息录入”运行结果

习　题

第1章　数据库原理

一、选择题

1. 有关信息和数据，下列叙述正确的是（　　）。
   A. 信息与数据，只有区别没有联系　　B. 信息是数据的载体
   C. 同一信息必须用同一数据表示形式　　D. 信息处理本质上就是数据处理
2. 数据库系统中的软件主要是指（　　）。
   A. 数据库管理系统　　B. 应用程序
   C. 数据库　　D. 数据库管理员
3. 数据库是（　　）。
   A. 单用户独享的　　B. 多用户共享的
   C. 多用户不能共享的　　D. 单用户不能独享的
4. 数据模型是对（　　）的描述。
   A. 客观事物　　B. 事物之间的联系
   C. 客观事物及其联系　　D. 存储数据
5. 以下关于数据模型的叙述，不正确的是（　　）。
   A. 数据模型表示的是数据库本身
   B. 数据模型表示的是数据库的框架
   C. 数据模型是客观事物及其联系的描述
   D. 数据模型能够以一定的结构形式表示出各种不同数据之间的联系
6. 下列关于实体的说法，不正确的是（　　）。
   A. 实体是指现实世界中存在的事物
   B. 实体靠联系来描述
   C. 实体具有的特性统称为属性
   D. 实体和属性是信息世界中表达概念的两个不同单位
7. 在实体集中，所有属性值相应的属性均来自（　　）的域。
   A. 不同　　B. 相同　　C. 各自　　D. 固定
8. E－R图所表示的实体及其联系，属于（　　）。
   A. 概念模型　　B. 关系模型　　C. 数据模型　　D. 实体模型

9.（　　）不是E－R图的三大要素之一。

A. 属性　　B. 实体　　C. 键　　D. 联系

10. 在关系型数据库中，一个关系就是一个（　　）。

A. 数据库　　B. 文件　　C. 记录　　D. 二维表

11. 从E－R图导出关系模型的时候，图中的每一个实体，都应转换为一个（　　），其中应包括对应实体的全部（　　），并应根据关系所表达的语义确定哪个属性（或哪几个属性组合）作为（　　）。

A. 关系、主键、属性　　B. 文件、主键、属性

C. 关系、属性、主键　　D. 文件、属性、主键

12. 以下关于二维表的说法，不正确的是（　　）。

A. 二维表的列可以任意交换

B. 二维表的行可以任意交换

C. 二维表中每一列中的各个分量性质相同

D. 二维表中每一列代表一个实体

13. 以下关于二维表的论述，（　　）是不正确的。

A. 表中的每一个元组都是不可以再分的

B. 表中行的顺序不可以交换，否则会改变关系的意义

C. 表中各列取自同一个域，且性质相同

D. 表中各列的第一行通常称为属性名

14. 根据关系模式的完整性规则，一个关系中的主键（　　）。

A. 可以有两个　　B. 不能成为另一个关系的外键

C. 不允许为空　　D. 可以取空值

15. 一个关系中的外键应该是另一个关系中的（　　）。

A. 外键　　B. 主键

C. 候选键　　D. 候选键或组成候选键中包含的属性

16. 数据库设计的逻辑模式设计阶段的任务是（　　）。

A. 将总体E－R图转化为关系模型　　B. 收集和分析用户需求

C. 建立E－R模型　　D. 数据库模式设计

17. 在数据库维护工作中，重新重组数据库属于（　　）。

A. 定期维护　　B. 日程维护　　C. 故障维护　　D. 不定期维护

18. 在关系数据库中，用来表示实体及实体之间联系的是（　　）。

A. 树结构　　B. 网结构　　C. 线性表　　D. 二维表

19. 利用Access系统，按用户的应用需求设计结构合理、使用方便、高效的数据库和配套的应用程序系统，应属于（　　）。

A. 数据库　　B. 数据库管理系统

C. 数据库应用系统　　D. 数据模型

20. 二维表由行和列组成，每一列都有一个名称，该名称又被称为（　　）。

A. 属性名　　B. 字段名　　C. 集合名　　D. 记录名

21. 下列有关数据库的描述，正确的是（　　）。

A. 数据库是一个数据表

B. 数据库是一个关系

C. 数据库是一个结构化的数据集合

D. 数据库是一组文件

22. 关系型数据库中所谓的“关系”是指（　　）。

A. 各个记录中的数据彼此间有一定的关联关系

B. 数据模型符合满足一定条件的二维表要求

C. 某两个数据库文件之间有一定的关系

D. 表中的两个字段有一定的关系

23. 应用数据库的主要目的是（　　）。

A. 解决数据保密问题　　B. 解决数据完整性问题

C. 解决数据共享问题　　D. 解决数据量大的问题

24. 在数据库设计中，将 E－R 图转换成关系数据模型的过程属于（　　）。

A. 需求分析阶段　　B. 逻辑设计阶段

C. 概念设计阶段　　D. 物理设计阶段

25. 关系模型允许定义 3 类数据约束规则，下列不属于三者之一的是（　　）。

A. 实体完整性约束规则　　B. 参照完整性约束规则

C. 域完整性约束规则　　D. 用户自定义的完整性约束规则

26. 构成关系模型中的一组相互联系的“关系”一般是指（　　）。

A. 满足一定规范化要求的二维表　　B. 二维表中的一行

C. 二维表中的一列　　D. 二维表中的一个数字项

27. 在现实世界中每个人都有自己的出生地，实体“出生地”与实体“人”之间的联系是（　　）。

A. 一对一联系　　B. 一对多联系

C. 多对多联系　　D. 无联系

28. 在数据库系统中，数据的最小访问单位是（　　）。

A. 字节　　B. 字段　　C. 记录　　D. 表

29. 用二维表来表示实体及实体之间联系的数据模型是（　　）。

A. 关系模型　　B. 层次模型

C. 网状模型　　D. 实体－联系模型

30. Access 2010 的数据库类型是（　　）。

A. 层次数据库　　B. 网状数据库

C. 关系数据库　　D. 面向对象的关系型数据库

31. 关系数据库的任何检索操作都是由 3 种基本运算组合而成的，这 3 种基本运算不包括（　　）。

A. 连接　　B. 关系　　C. 选择　　D. 投影

32. 要从学生关系对应的数据表中查找出姓“刘”的学生信息，需要进行的关系运算是（　　）。

A. 选择　　B. 投影　　C. 连接　　D. 求交

33. Access 2010 文件的扩展名是（　　）。

A. doc　　B. xls　　C. accdb　　D. ppt

34. 对数据库中的数据可以进行查询、插入、删除、修改（更新），这是因为数据库管理系统提供了（　　）。

A. 数据定义功能　　B. 数据操纵功能

C. 数据维护功能　　D. 数据控制功能

35. 关系模型中最普遍的联系是（　　）。

A. 一对多联系　　B. 多对多联系

C. 一对一联系　　D. 多对一联系

36. 为了合理组织数据，应遵从的设计原则是（　　）。

A. 关系数据库的设计应遵从概念单一化原则

B. 避免在表中出现重复字段

C. 用外部关键字保证有关联的表之间的联系

D. 以上都是

37. 在 Access 数据库中，表就是（　　）。

A. 关系　　B. 记录　　C. 索引　　D. 数据库

38. 下列叙述中正确的是（　　）。

A. 用 E－R 图能够表示实体集之间一对一的联系、一对多的联系、多对多的联系

B. 用 E－R 图只能表示实体集之间一对一的联系

C. 用 E－R 图只能表示实体集之间一对多的联系

D. 用 E－R 图表示的概念数据模型只能转换为关系数据模型

39. 利用 E－R 模型进行数据库的概念设计，可以分成三步：首先设计局部 E－R 模型，然后把各个局部 E－R 模型综合成一个全局的模型，最后对全局 E－R 模型进行(　　)。

A. 简化　　B. 结构化　　C. 最小化　　D. 优化

40. 一个关系数据库文件中的各条记录（　　）。

A. 前后顺序不能任意颠倒，一定要按照输入的顺序排列

B. 前后顺序可以任意颠倒，不影响数据库中数据间的关系

C. 前后顺序可以任意颠倒，但排列顺序不同，统计处理的结果就可能不同

D. 前后顺序不能任意颠倒，一定要按照关键字段值的顺序排列

41. 如果表 A 中的一条记录与表 B 中的多条记录相匹配，且表 B 中的一条记录与表 A 中的多条记录相匹配，则表 A 与表 B 之间存在的联系是（　　）。

A. 一对一　　B. 一对多　　C. 多对一　　D. 多对多

42. 关系数据库管理系统能实现的专门关系运算包括（　　）。

A. 排序、索引、统计　　B. 选择、投影、连接

C. 关联、更新、排序　　D. 显示、打印、制表

43. 在数据库中能够唯一地标识一个元组的属性或属性组合的是（　　）。

A. 记录　　B. 字段　　C. 域　　D. 候选键

44. 数据库中数据的正确性、有效性和相容性统称为数据的（　　）。

A. 恢复　　B. 并发控制　　C. 完整性　　D. 安全性

45. 在E－R图中，用来表示实体之间联系的图形是（　　）。

A. 矩形　　B. 椭圆形　　C. 菱形　　D. 平行四边形

46. 有如下关系表：

R

A	*B*	*C*
1	1	3
1	2	5
2	1	3
2	2	6

S

A	*B*	*C*
1	2	5
1	3	1
2	1	3

T

A	*B*	*C*
1	2	5
2	1	3

则下列操作正确的是（　　）。

A. $T=R\cup S$　　B. $T=R\cap S$　　C. $T=R\times S$　　D. $T=R/S$

47. 下面正确的说法是（　　）。

A. 候选键是关系中能够用来唯一标识元组的属性集合

B. 一个关系中的所有候选键均可以被指定为主键

C. 在一个关系中，主键的值不能为空

D. 以上说法都正确

48. 现有关系：学生（学号，姓名，年龄，专业），规定其“学号”字段的值域是10个数字组成的字符串，这一规则属于（　　）。

A. 实体完整性约束　　B. 参照完整性约束

C. 用户自定义完整性约束　　D. 关键字完整性约束

49. 数据库（DB）、数据库系统（DBS）和数据库管理系统（DBMS）三者之间的关系是（　　）。

A. DBS包括DB和DBMS　　B. DBMS包括DB和DBS

C. DB包括DBS和DBMS　　D. DBS就是DB，也就是DBMS

50. 数据管理技术发展阶段中，人工阶段与文件系统阶段的主要区别是文件系统(　　)。

A. 数据共享性强　　B. 数据可长期保存

C. 采用一定的数据结构　　D. 数据独立性好

二、填空题

1. 数据库系统由__________、支持数据库运行的硬件、__________以及__________等部分组成。

2. 数据库是一个__________化的数据集合，主要是通过综合各个用户的数据，除去不必要的冗余，并使之相互联系所形成的__________。

3. 数据库管理系统简称＿＿＿＿＿，是＿＿＿＿＿中专门用于＿＿＿＿＿管理的软件。

4. DBA 是指＿＿＿＿＿，其职责是维护和管理＿＿＿＿＿，使之始终处于最佳状态。

5. 数据模型本质上是“信息模型”的＿＿＿＿＿表示，信息模型又称＿＿＿＿＿模型，是客观事物及其联系在人头脑中所形成的概念。

6. 在计算机软件系统的体系结构中，数据库管理系统位于用户和＿＿＿＿＿之间。

7. 码是唯一标识一个具体实体的最小属性集合。若一个实体中作为码的属性或属性组有多个，则称为＿＿＿＿＿，在其中指定一个常用码，称为＿＿＿＿＿。若在实体诸属性中，某属性虽非该实体的主码，却是另一实体的主码，则称此属性为＿＿＿＿＿。

8. 实体间的联系分别是＿＿＿＿＿、＿＿＿＿＿、＿＿＿＿＿。

9. E－R 方法，又称为＿＿＿＿＿＿＿。

10. 设有“教师”“学生”“课程”3 个实体，“教师”的属性有职工号、职工姓名、职称；“学生”的属性有学号、学生姓名、性别、年龄；“课程”的属性有课程号、课程名、学时数。“课程”与“教师”之间是 $1:n$ 关系，通过任课联系；“课程”与“学生”是 $m:n$ 关系，通过学习联系，且具有分数属性。写出反映 3 个实体间所有的关系模型：＿＿＿。

11. 一个关系就是一张＿＿＿＿＿，表中的每一行对应关系中的一个＿＿＿＿＿，表中的每一列对应关系中的一个＿＿＿＿＿。

12. 二维表中的各列取自＿＿＿＿＿的域，因此一列中的各个分量具有＿＿＿＿＿的性质。

13. 关系模式是指用＿＿＿＿＿描述后的关系，必须逐个对关系模型中的关系进行描述才能生成＿＿＿＿＿。

14. 关系模式的三类完整性规则是＿＿＿＿＿、＿＿＿＿＿＿＿、＿＿＿＿＿＿。

15. 连接是按给定的＿＿＿＿＿，把满足＿＿＿＿＿的两个关系的所有元组，按一切可能拼接后形成的新关系。

16. 自然连接是＿＿＿＿＿的一个重要特例，它要求被连接的两个关系＿＿＿＿＿。

17. 凡可作为候选键的属性叫＿＿＿＿＿，不能作为候选键的属性叫＿＿＿＿＿。

18. 建立 E－R 模型分两步，首先应进行＿＿＿＿＿的设计，然后再进行＿＿＿＿＿的设计。

19. 经过从＿＿＿＿＿设计到＿＿＿＿＿设计再到＿＿＿＿＿设计，标志着数据库框架构建的成功。

20. 用二维表的形式来表示实体之间联系的数据模型叫作＿＿＿＿＿。

21. 表是数据库中最基本的操作对象，也是整个数据库系统的＿＿＿＿＿。

22. 层次模型的特点是记录之间的联系通过指针来实现；关系模型是用二维表来表述实体集，用＿＿＿＿＿表示实体间的联系。

23. 关系模型的数据操纵即是建立在关系上的数据操纵，一般有＿＿＿＿＿、增加、删除和修改 4 种操作。

24. 关系模型的完整性规则是对关系的某种约束条件，包括实体完整性、__________和自定义完整性。

25. Access 数据库内包含了 3 种关系方式，即一对一、一对多和__________。

26. 一个工人可以加工多种零件，每一种零件可以由不同的工人来加工，工人和零件之间为__________的联系。

三、简答题

1. 数据库管理系统能够提供哪些主要功能？
2. 数据库系统与数据库管理系统的主要区别是什么？
3. 数据模型的组成要素有哪些？
4. 试述实体、实体型、实体集、属性、码、域的概念。
5. E－R 数据模型和关系数据模型之间有什么联系？
6. 举例说明什么是主键？什么是外键？它们的作用分别是什么？
7. 试述关系模型中的三类完整性约束的区别？
8. 试述数据库设计的任务和特点。
9. 试述将 E－R 图转换为关系模型的一般规则。
10. 数据库实施阶段的主要工作有哪些？
11. 数据库的日常维护工作主要有哪些？

四、应用题

1. 某高校有若干个学院，每个学院聘用多名教职工，且每名教职工只能在一个学院工作，学院聘用教职工有聘用期和工资。每个学院保存的记录有：学院编号、名称、电话；每名教职工需要保存的记录有：职工编号、姓名、性别、出生日期、职称。请根据描述画出两实体间聘用联系的 E－R 图。

2. 将下面所示 E－R 图转换为一组关系模式集。

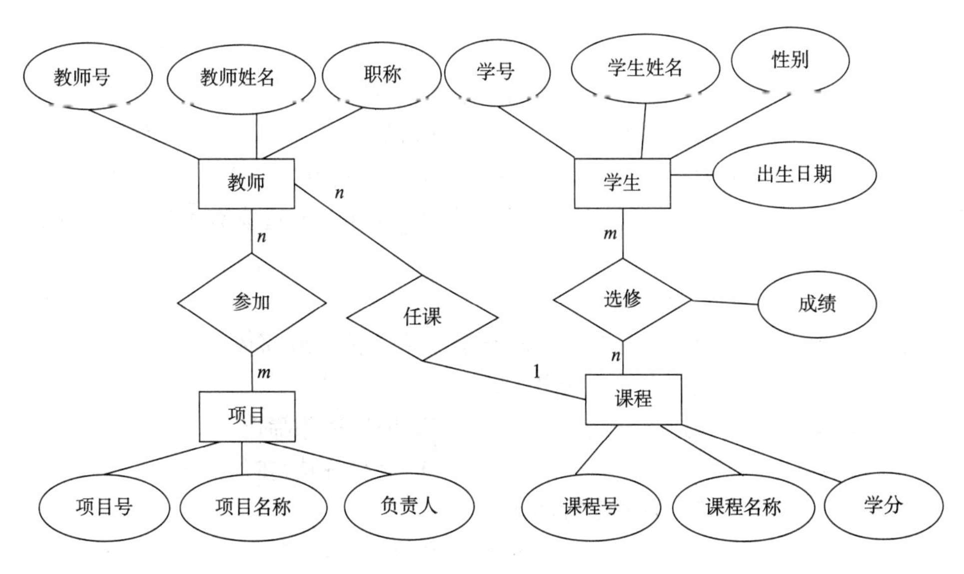

第2章　创建数据库和数据表

一、选择题

1. 在创建 Access 2010 数据表结构时，其每个字段包括（　　）。

A. 字段名称　　B. 数据类型　　C. 字段属性　　D. 以上都是

2. Access 2010 共提供了（　　）种数据类型。

A. 9　　B. 10　　C. 11　　D. 12

3. 下列不属于 Access 2010 数据表字段数据类型的是（　　）。

A. 文本型　　B. 数字型　　C. 窗口型　　D. 货币型

4. Access 常用的数据类型有（　　）。

A. 文本、数值、日期、浮点数　　B. 数字、字符串、时间、自动编号

C. 数字、文本、日期/时间、货币　　D. 货币、序号、字符串、数字

5. 字段名可以使用字母、数字、汉字、空格和一些字符的组合，最多（　　）个字符。

A. 16　　B. 32　　C. 64　　D. 128

6. 字段按其所存数据内容被分为不同的数据类型，其中的文本型字段常用于存放（　　）。

A. 图片　　B. 数字数据

C. 文字数据　　D. 文字和数字数据

7. 在 Access 2010 中，（　　）型的字段长度由系统决定。

A. 是/否　　B. 文本　　C. 货币　　D. 附件

8. 字段属性中的“字段大小”属性用来控制允许输入字段值的最大字符数，（　　）不能用于设置字段大小。

A. 双精度型　　B. 整型　　C. 长整型　　D. OLE 对象

9. 在 Access 2010 中，文本型的字段大小最大为（　　）个字符。

A. 64　　B. 128　　C. 255　　D. 256

10. 某数据表包含名为“学号”的字段，该字段是由 0、1、2、…、9 等数字字符组成的，则在进行该数据表结构设计时，“学号”字段可以设置成数字型，也可以设置为（　　）型。

A. 货币　　B. 文本　　C. 备注　　D. 日期/时间

11. 如果要从列表中选择所需的值，而不想浏览数据表或窗体中的所有记录，或者要一次指定多个准则，即筛选条件，可使用“（　　）”方法。

A. 按选定内容筛选　　B. 内容排除筛选

C. 按窗体筛选　　D. 高级筛选/排序

12. 下列字段中不能定义为主键的是（　　）。

A. 自动编号　　B. 单字段

C. 多字段　　D. OLE 对象

13. “字段大小”可设置的数据类型是（　　）型。

A. 备注　　B. 日期/时间　　C. 文本　　D. 上述皆可

14. 在表设计视图的“字段属性”窗格中，默认情况下，“标题”属性是（　　）。

A. 字段名　　B. 空　　C. NULL　　D. 字段类型

15. 在表设计视图中不能完成的操作是（　　）。

A. 修改字段的名称　　B. 删除一个字段

C. 修改字段的属性　　D. 删除一条记录

16. 关于主键，下列说法正确的是（　　）。

A. Access 2010 要求在每一个表中都必须包含一个主键

B. 在一个表中只能指定一个字段为主键

C. 主键就是序列值

D. 利用主键可以加快数据的查找速度

17. 如果一个字段在多数情况下总取某个常用的值，则可以将这个值设置成字段的（　　）。

A. 字段名　　B. 默认值　　C. 有效性文本　　D. 输入掩码

18. 邮政编码是由 6 位数字组成的字符串，为邮政编码设置输入掩码，正确的是(　　)。

A. 000000　　B. 999999　　C. CCCCCC　　D. AAAAAA

19. 使用表设计视图来定义表的字段时，(　　）不是必须设置的内容。

A. 字段名称　　B. 数据类型　　C. 说明　　D. 字段属性

20. 以下叙述中，(　　）是正确的。

A. 在数据较多、较复杂的情况下使用筛选比使用查询的效果好

B. 查询只从一个表中选择数据，而筛选可以从多个表中获取数据

C. 通过筛选形成的数据表，可以提供给查询、视图和打印使用

D. 查询可将结果保存起来，供下次使用

21. 在医生表中，查询“挂号费”字段值在 100 元至 200 元之间（不包括 200 元）的医生信息，正确的条件设置为（　　）。

A. >=100 and <200　　B. Between 100 and 200

C. >100 or <200　　D. in（100，200）

22. 若要在文本型字段中执行全文搜索，查询“Access”开头的字符串，正确的条件表达式设置应为（　　）。

A. like" Access*"　　B. like" Access"

C. like" *Access*"　　D. like" *Access"

23. 在对某文本型字段进行升序排序时，假设该字段存在这样 4 个值："132"、" 25"、"16" 和"4"，则最后的排序结果是（　　）。

A. " 132"、" 25"、" 16"、" 4"　　B. " 4"、" 16"、" 25"、" 132"

C. " 132"、" 16"、" 25"、" 4"　　D. " 16"、" 132"、" 25"、" 4"

24. 医院字段存在这样 4 个值：“友谊”“宣武”“同仁”和“天坛”，对该字段进行

升序排序的结果是（　　）。

A. “同仁”“天坛”“宣武”“友谊”　B. “天坛”“同仁”“宣武”“友谊”

C. “友谊”“宣武”“同仁”“天坛”　D. “友谊”“宣武”“天坛”“同仁”

25. 如果字段的取值只有两种可能，字段的数据类型应选用（　　）型。

A. 是/否　B. 数字　C. 文本　D. 备份

26. （　　）是数据表中其值能唯一标识一条记录的一个字段或多个字段的组合。

A. 主键　B. 字段　C. 记录　D. 属性

27. 对数据表的修改分为对（　　）的修改。

A. 字段和记录　B. 主键和字段　C. 记录和主键　D. 属性和关系

28. 以下数据类型能排序的为（　　）的字段。

A. 备注　B. 超链接　C. OLE 对象　D. 是/否

29. 以下关于自动编号数据类型的叙述中，错误的是（　　）。

A. 每次向表中添加新记录时，Access 会自动插入唯一顺序号

B. 自动编号数据类型一旦被指定，就会永久地与记录连接

C. Access 会对表中自动编号型字段重新编号

D. 自动编号数据类型占 4 个字节的空间

30. 一般情况下，使用（　　）建立表结构，要详细说明每个字段的字段名和数据类型。

A. 数据表视图　B. 设计视图　C. 表向导视图　D. 数据库视图

31. 有关字段属性，以下叙述错误的是（　　）。

A. 字段大小用于设置文本、数字或自动编号等类型字段的最大容量

B. 可对任意类型的字段设置默认值属性

C. 有效性规则属性是用于限制此字段输入值的表达式

D. 不同的字段类型，其字段属性有所不同

32. 在对表中某一字段建立索引时，若其值有重复，可选择（　　）索引。

A. 主　B. 有（无重复）　C. 无　D. 有（有重复）

33. 如果一张数据表中含有照片，那么“照片”这一字段的数据类型通常为（　　）。

A. 备注　B. 超链接　C. OLE 对象　D. 文本

34. 以下关于主键的说法，错误的是（　　）。

A. 使用自动编号是创建主键最简单的方法

B. 作为主健的字段中允许出现 Null 值

C. 作为主键的字段中不允许出现重复值

D. 不能确定任何单字段值的唯一性时，可以将两个或更多的字段组合成为主关键字

35. 能够使用“输入掩码向导”创建输入掩码的字段类型是（　　）。

A. 数字和日期/时间　B. 文本和货币

C. 文本和日期/时间　D. 数字和文本

36. 以下字符串符合 Access 字段命名规则的是（　　）。

A. ! address!　B. % address%　C. [address]　D. 'address'

37. 某数据库的表中要添加一个 Word 文档，则应该采用的字段数据类型是（　　）。

A. 附件型　　B. 超链接型　　C. 查阅向导型　　D. 自动编号型

38. 某数字型字段中已存有数据，现要修改其“字段大小”属性，将其“字段大小”重新设置为整型，则以下所存数据会发生变化的是（　　）。

A. 123　　B. 2.5　　C. －12　　D. 1563

39. 如果字段内容为声音文件，则该字段的数据类型应定义为（　　）。

A. 文本　　B. 超链接　　C. 备注　　D. 附件

40. 若要求当主数据表中没有相关记录时，就不能将该记录添加到相关数据表中，则应该在表间关系的（　　）中进行设置。

A. 参照完整性　　B. 有效性规则

C. 输入掩码　　D. 级联更新相关字段

41. 要在查找表达式中使用通配符通配一个数字字符，应选用的通配符是（　　）。

A. *　　B. ?　　C. !　　D. #

42. 在下列 Access 2010 数据表的数据类型的集合中，错误的是（　　）。

A. 文本、备注、数字　　B. 备注、OLE 对象、超链接

C. 通用、备注、数字　　D. 日期/时间、货币、自动编号

43. 在设置 Access 2010 数据表字段的数据类型时，不存在的数据类型是（　　）型。

A. 文本　　B. 逻辑　　C. 数字　　D. 备注

44. 若要求某字段在输入数据时不能为空，则可将其“有效性规则”设置为（　　）。

A. NOT　　B. IS NOT NULL　　C. NOT NULL　　D. 不空

45. 在 Access 2010 数据库的各种对象中，实际存放数据的是（　　）。

A. 表　　B. 查询　　C. 窗体　　D. 报表

46. 下列有关记录处理的说法，错误的是（　　）。

A. 添加、修改记录时，光标离开当前记录后，即会自动保存

B. 自动编号不允许输入数据

C. Access 的记录删除后，可以恢复

D. 新输入的记录必定在数据表的最下方

47. 在 Access 2010 中文版中，记录排序时的规则是中文排序，以下说法错误的是（　　）。

A. 中文按拼音字母的顺序排序

B. 数字由小至大排序

C. 英文按字母顺序排序，小写在前，大写在后

D. 以升序来排序时，任何含有空字段的记录将列在列表中的第一条

48. 下列叙述中正确的是（　　）。

A. 表的设计视图只能用于创建表结构

B. 在表的设计视图中可以对已经创建的表结构进行编辑和修改

C. 表的设计视图不能用于创建表结构

D. 表的设计视图只能用于对未创建的新表进行创建和编辑表的结构

49. 在“查找和替换”对话框中输入“Wh *”可以找到（　　）。

A. Whole　　B. Wash　　C. Way　　D. With

50. 在 Access 2010 中，字段属性“格式”的主要作用是控制字段数据在（　　）时的格式。

A. 运算　　B. 输入和输出　　C. 输入　　D. 输出

51. 在表中输入数据时，每输完一个字段值，可按（　　）转至下一个字段。

A. Tab 键　　B. 回车键　　C. 右箭头键　　D. 以上都是

52. 不能用整数表示的字段类型是（　　）。

A. 日期/时间　　B. 字节　　C. 整型　　D. 是/否

53. “是/否”数据类型又常被称为（　　）型。

A. 真/假　　B. 布尔　　C. 对/错　　D. 0/1

54. 在 Access 2010 中，表达“日期/时间”型常量时必须使用的定界符是（　　）。

A. @　　B. %　　C. #　　D. &

55. 修改数据表的字段属性只能在（　　）。

A. 数据表视图　　B. 设计视图　　C. 表向导视图　　D. 数据库视图

56. 在医生数据表中，“姓名”字段的字段大小为 10，在此字段中输入数据时，最多可输入的汉字数和英文字符数分别是（　　）。

A. 5，5　　B. 5，10　　C. 10，10　　D. 10，20

57. 在 Access 2010 数据表中，若某字段的字段值可通过同表中其他字段值获得，则应定义该字段的数据类型为（　　）。

A. 自动编号　　B. 查询向导　　C. 数字　　D. 计算

58. 创建数据库主要有两种方法：第一种方法是先建立一个空数据库，然后再向其中添加各种数据库对象；第二种方法是（　　）。

A. 使用“数据库视图”　　B. 使用“数据库向导”

C. 使用“数据库模板”　　D. 使用“数据库导入”

59. 在 Access 2010 中，可以在（　　）中打开表。

A. 数据表视图和设计视图　　B. 数据表视图和数据库视图

C. 设计视图和表向导视图　　D. 数据库视图和表向导视图

60. 定位当前记录的第一个字段的快捷键是（　　）。

A. Tab　　B. Shift + Tab　　C. Home　　D. Ctrl + Home

二、填空题

1. Access 2010 ＿＿＿＿＿是与特定主题或目的相关的一个数据集合，它相当于一个容器，用于存放＿＿＿＿＿、＿＿＿＿＿、＿＿＿＿＿、＿＿＿＿＿、＿＿＿＿＿及＿＿＿＿＿等 6 类数据库对象。

2. 开发一个数据库系统之前，首要的工作是＿＿＿＿＿。

3. Access 2010 提供了一种标准的数据库框架，即＿＿＿＿＿，利用它可以快速创建专业的数据库系统。

4. ＿＿＿＿＿是指互联网中以 Web 查询接口方式访问的数据库资源。

5. ＿＿＿＿＿是相对 Web 数据库而言的，它要求必须安装 Access 2010 才可以使用，而不像 Web 数据库，可以直接通过＿＿＿＿＿来访问，但它仍可以通过网络文件夹或文档库来共享。

6. Access 数据库有 4 种打开方式，分别是＿＿＿＿＿、＿＿＿＿＿、＿＿＿＿＿和＿＿＿＿＿打开方式。

7. Access 数据库随着使用次数的增多，数据库中的“垃圾”会越来越多，使得数据库文件变得越来越大，Access 2010 提供了缓解这种情况发生的＿＿＿＿＿命令。

8. 为了避免因为软硬件故障而造成的数据损失，应该养成＿＿＿＿＿的习惯。

9. 创建好数据库以后，就可以向其添加数据库对象了，首先要添加的数据库对象是＿＿＿＿＿。

10. 一个完整的数据表是由＿＿＿＿＿和＿＿＿＿＿两部分构成的。

11. 创建数据表时需首先建立＿＿＿＿＿，然后再添加＿＿＿＿＿。

12. 表结构由＿＿＿＿＿和＿＿＿＿＿组成。

13. ＿＿＿＿＿是表的唯一标识，用于区别其他表和使用表时的指定名称。

14. 字段由＿＿＿＿＿、＿＿＿＿＿、＿＿＿＿＿以及＿＿＿＿＿组成。

15. ＿＿＿＿＿是用户操作数据库的界面。Access 2010 的数据表有 4 种视图，分别是＿＿＿＿＿、＿＿＿＿＿、＿＿＿＿＿和＿＿＿＿＿。

16. Access 2010 提供了 12 种数据类型，分别是＿＿＿＿＿、＿＿＿＿＿、＿＿＿＿＿、＿＿＿＿＿、＿＿＿＿＿、＿＿＿＿＿、＿＿＿＿＿、＿＿＿＿＿、＿＿＿＿＿、＿＿＿＿＿、＿＿＿＿＿和＿＿＿＿＿。

17. 字段属性中的“标题”属性，其作用是仅在＿＿＿＿＿作为字段的表达方式，并不改变其对应字段在表结构中的＿＿＿＿＿。

18. 字段属性中的“有效性规则”属性是用于定义该字段数据在＿＿＿＿＿的约束规则的。

19. Access 2010 的数据表之间常见的关系有 3 种，即＿＿＿＿＿、＿＿＿＿＿、＿＿＿＿＿。

20. 在 Access 中可以定义 3 种主键，即＿＿＿＿＿、＿＿＿＿＿及＿＿＿＿＿主键。

三、简答题

1. 在 Access 2010 中，举例说明创建数据库的 2 种主要方法。
2. 在 Access 2010 中，举例说明创建数据表的 2 种主要方法。
3. 简述在表的“设计视图”环境中，创建数据表的基本步骤。
4. 简述主键的含义、作用及约束。
5. 简述“输入掩码”的作用及主要设置方法。
6. 在 Access 2010 中增加了名为“计算”的新数据类型，其作用是什么？
7. 在建立表间关系时，若设置了“实施参照完整性”的约束规则，则可相应设置的“级联更新相关字段”和“级联删除相关记录”的作用是什么？
8. Access 2010 的两种数据类型“附件”及“OLE 对象”有何相同或不同？
9. 分析“表属性”和“字段属性”的区别。

10. 在 Access 2010 中，如何实现数据库中各数据表之间的 3 种关系？

四、操作题

1. 在 Access 中已建立并打开了名为“医院门诊信息系统”的数据库，现需要在其中创建名为“病人”的数据表，该表所需定义的字段如下图所示。参考图示，说明或完成下列操作的主要步骤或方法：

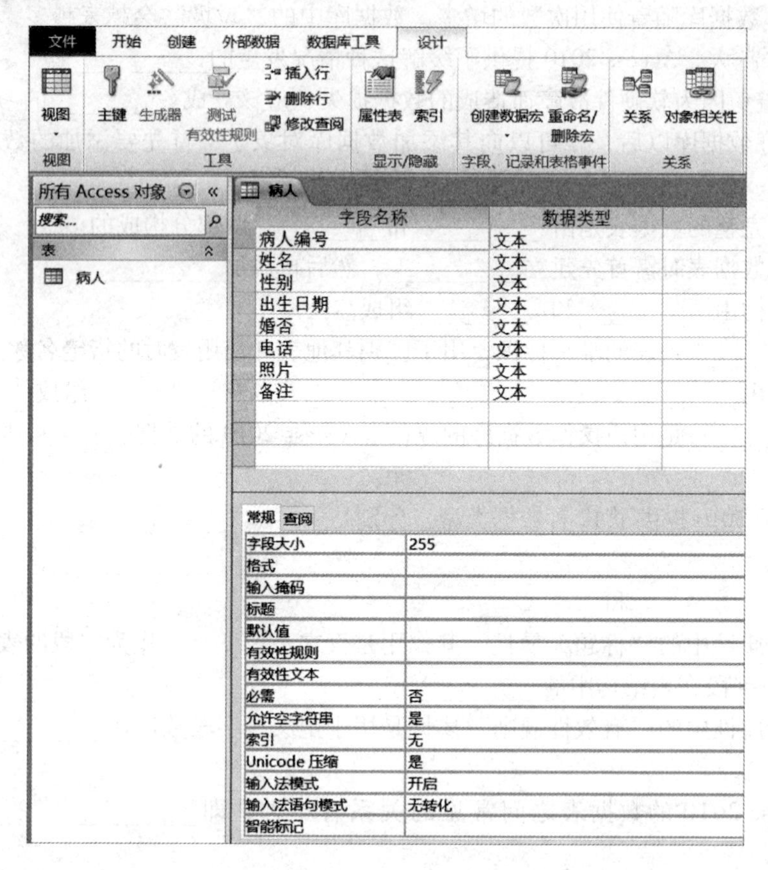

（1）字段“出生日期”“婚否”“照片”“备注”的数据类型与其字段名称的实际含义不符，试说明应修改为什么数据类型？并简述修改方法。

（2）要求“病人编号”字段为文本类型，宽度 8 位，并设置为主键，简述操作方法。

（3）若需要在“出生日期”字段后面增加一个文本数据类型的“身份证号”字段，简述操作方法。

（4）要求“性别”字段的内容直接取自“身份证号”字段内容的倒数第 2 位字符，若该字符为偶数字符，则“性别”字段值为“女”，否则为“男”。

如某病人身份证号为：110108199206×××186，则其“性别”应为：女。

试说明通过何种方法可实现上述要求，简述操作步骤并写出相应表达式。

2. 在 Access 中已建立并打开了名为“学生情况”的数据库，现需要在其中建立一名为“学生”的数据表，该表所需定义的字段如下图所示。参考图示，说明或完成下列操作的主要步骤或方法：

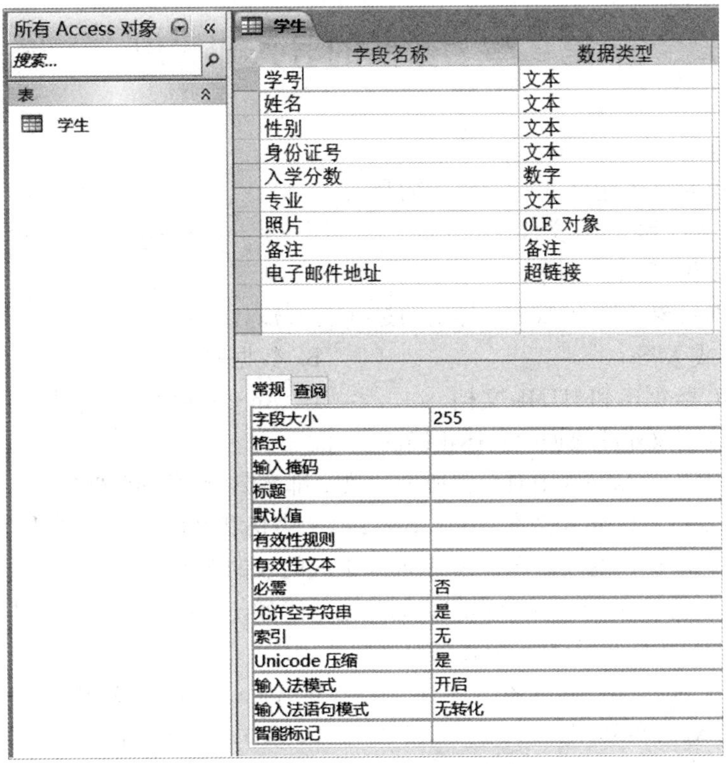

所有 Access 对象

搜索...

表

学生

学生

字段名称	数据类型
学号	文本
姓名	文本
性别	文本
身份证号	文本
入学分数	数字
专业	文本
照片	OLE 对象
备注	备注
电子邮件地址	超链接

常规　查阅

字段大小	255
格式	
输入掩码	
标题	
默认值	
有效性规则	
有效性文本	
必需	否
允许空字符串	是
索引	无
Unicode 压缩	是
输入法模式	开启
输入法语句模式	无转化
智能标记	

（1）要求限制“身份证号”字段数据在输入时只能接受 18 位数字字符，应采用什么方法实现？简述操作过程。

（2）要求“性别”字段在数据输入时只能输入“男”或“女”，且在输入错误时显示文字提醒“输入错误，请重新输入”，简述操作方法。

（3）要求若“专业”字段值为“七年制医疗”时，则“入学分数”字段值需不低于 600 分，否则提示出错信息，并要求重新输入，简述操作方法。

（4）对于“学号”字段的内容字符串，要求其左数第 3、4 位置字符必须为“身份证号”字段中年份的后两位，即“身份证号”18 位中第 9、10 位置字符，如若某学生“身份证号”为：110102199110153×××，则其学号应为：＊＊91＊＊＊＊，试说明通过何种方法可实现上述要求，简述操作步骤并写出相应表达式。

第3章　数据的导入和导出

一、选择题

1. 下列数据对象不能被 Access 导入的是（　　）。
   A. 文本文件和 XML 文件　　B. Access 和 ODBC 数据库
   C. Excel 和 HTML 文档　　D. 电子邮件和 Word
2. 下列数据对象不能由 Access 导出的是（　　）。
   A. PDF 或 XPS　　B. 数据服务
   C. ODBC 数据库和 HTML 文档　　D. Access 和 Word 合并
3. 下列有关获取外部数据的叙述正确的是（　　）。
   A. 导入表后，Access 中对数据所做的改变都会影响原数据文件
   B. Access 中可以导入文本文件、Excel 电子表格和其他 Access 数据中的表
   C. 链接表后形成的表的图标是 Access 生成的表的图标
   D. 链接表后，在 Access 中修改、删除记录等操作不影响原数据文件
4. 下列数据对象能由 Access 链接的是（　　）。
   A. 文本文件和 Access 对象　　B. Access 对象和 XML 文件
   C. Excel 对象和 PDF　　D. Visual FoxPro 表
5. Access 导出 Excel 电子表格数据时，下列说法正确的是（　　）。
   A. 只能导出为 *. xlsx 格式
   B. 只能导出为 *. xls 格式
   C. 既能导出为 *. xlsx 格式，又能导出为 *. xls 格式
   D. 导出数据时只能导出表
6. 下列关于 Access 导入并链接外部数据，说法不正确的是（　　）。
   A. 可以导入一个 XPS 到当前数据库中
   B. 可以导入一个 Access 数据表到当前数据库中
   C. 可以导入一个文本文件到当前数据库中
   D. 可以导入一个 HTML 文档到当前数据库中
7. 下列关于 Access 导出到外部数据，说法错误的是（　　）。
   A. 可以导出一个 dBASE 文件　　B. 可以导出到一个 PowerPoint 文件
   C. 可以导出到一个文本文件　　D. 可以导出到一个 Excel 电子表格
8. Access 导出文本文件时，下列说法正确的是（　　）。
   A. 只能修改导出格式
   B. 可以选择“制表符”作为字段分割符
   C. 可以选择“分号”作为字段分割符
   D. 以上都正确
9. 链接数据和导入数据的区别主要是（　　）。
   A. 导入是将源数据复制到了目标对象，链接没有将源数据复制

B. 导入后的数据不会随源数据的变化而变化
C. 链接后的数据会随着源数据的变化而变化
D. 以上都是

10. Access 链接文本文件时，下列说法错误的是（　　）。
A. 可以更改或删除链接到文本文件的数据
B. Access 将创建一个表，它将维护一个到源数据的链接
C. 可以添加新记录
D. 不能更改或删除链接到文本文件的数据

11. Access 链接 Excel 电子表格时，下列说法错误的是（　　）。
A. Access 将创建一个表，它将维护一个到 Excel 中的源数据的链接
B. 对 Excel 中的源数据所做的更改将反映到链接表中
C. 可以从 Access 内更改源数据
D. 无法从 Access 内更改源数据

12. 关于 Access 数据库数据的导入导出操作，下列说法错误的是（　　）。
A. 可以将 Excel 数据导入 Access 数据库现有的表中或形成新表
B. 数据导出只能保存在 Excel 中
C. 可以将数据库中的查询导出并保存在 Excel 中
D. 导入功能要求外部数据表的结构与当前数据表的结构相同

13. Access 导出到外部数据时，可以实现（　　）。
A. 仅导出所选记录
B. 完成导出操作后打开目标文件
C. 导出数据时包含格式和布局
D. 完成导出操作后关闭源数据文件

14. 使用外部链接数据时，下列说法正确的是（　　）。
A. 可以更改链接数据库中链接表的数据
B. 不可以选择链接数据库中链接表的字段
C. 可以更改链接数据库中链接表的结构
D. 不能更改链接数据库中链接表的结构

15. 将文本文件导入到 Access 数据库的新表时，下列说法不正确的是（　　）。
A. 对源数据所做的更改将会反应在该数据库中
B. 对源数据所做的更改不会反应在该数据库中
C. 指定的表不存在，Access 会予以创建
D. 指定的表已存在时，Access 可能会用导入的数据覆盖其内容

二、填空题

1. Access 2010 可以导入的数据对象有：__________、__________、__________等。
2. Access 2010 可以链接的数据对象有：__________、__________、__________等。
3. Access 2010 可以导出的数据对象有：__________、__________、__________等。
4. Access 导入文本文件数据时，可以选择____________或____________格式分割

数据。

5. Access 导入文本文件数据时，可以作为字段分割符的有：________、________或________。

6. Access 2010 中包含外部数据操作命令在________选项卡中。

7. Access 导出为 Excel 电子表格时，可导出的文件格式有：________或________。

8. 导入 Excel 数据时，可以选择数据表中________作为标题。

9. 通过选择________________可以链接外部数据。

10. 选择拟删除的链接表，在快捷菜单中选择________命令，或者直接按________键实现链接表的删除。

三、简答题

1. Access 2010 可以导入和导出的数据分别有什么？

2. Access 中外部数据的导入和链接操作的主要区别是什么？

第 4 章　数据库查询与 SQL 操作

一、选择题

1. Access 2010 选择查询中不包括以下（　　）类型。

A. 简单选择查询　B. 统计查询　C. 重复查询　D. 定位查询

2. 如在课程表中，要查找课程名称中包含“Access”的课程，对应“课程名称”字段的正确的条件表达式是（　　）。

A. Like"Access"　B. Like"*Access"

C. Like"*Access"　D. Like"*Access*"

3. 若在学生成绩表中查找所有姓“李”的记录，可以在查询设计视图的条件行中输入（　　）。

A. Like"李"　B. like"李*"　C. ="李"　D. ="李*"

4. 将数据库中的两个表 T1 与 T2 按照关键字 k 进行关联，与连接条件 where T1. k = T2. k 查询结果相同但效率更高的 SQL 子句是（　　）。

A. T1 inner join T2 on T1. k = T2. k　B. T1 left join T2 on T1. k = T2. k

C. T1 right join T2 on T1. k = T2. k　D. T1 union T2 on T1. k = T2. k

5. 将表 A 的记录复制到表 B 中，且不删除表 B 中的记录，可以使用的查询是（　　）。

A. 删除查询　B. 生成表查询　C. 追加查询　D. 交叉表查询

6. 下列不属于操作查询的是（　　）。

A. 参数查询　B. 生成表查询　C. 更新查询　D. 删除查询

7. 如果在数据库中已有同名的表，（　　）将覆盖原有的表。

A. 删除查询　B. 追加查询　C. 生成表查询　D. 更新查询

8. 在查询中，默认的字段显示的顺序（　　）。

A. 在表的“数据表视图”中显示的顺序　B. 添加时的顺序

C. 按照字母顺序　D. 按照笔画顺序

9. 要找出不属于某个集合的所有数据，可使用的逻辑运算符为（　　）。

A. AND　B. OR　C. NOT　D. IN

10. 2014 级同学进行体检后校医院得到体检表，体检表中肝脏检查分为“正常”“轻度脂肪肝”“中度脂肪肝”“重度脂肪肝”，若校医院领导想得到肝脏检查结果在性别上的分布，可以使用（　　）。

A. 简单查询向导　B. 相关嵌套查询

C. 查找重复项查询向导　D. 交叉表查询向导

11. 根据指定的查询准则，从一个或多个表中获取数据并显示结果的查询是（　　）。

A. 选择查询　B. 交叉表查询　C. 参数查询　D. 操作查询

12. 在病人数据表中含有出生日期字段，但是不含有年龄字段，现需要由出生日期字段计算显示出每个病人的年龄，应采用的查询是（　　）。

A. 选择查询　B. 更新查询　C. 追加查询　D. 参数查询

13. 某图书管理系统中含有读者表和借出书籍表，两表中均含有读者编号字段，现在为了查找读者表中尚未借书的读者信息，应采用的创建查询方式是（　　）。

A. 使用设计视图创建查询　　B. 使用交叉表向导创建查询

C. 使用查找重复项向导创建查询　　D. 使用查找不匹配项向导创建查询

14. 查询向导不能创建（　　）。

A. 选择查询　　B. 交叉表查询　　C. 重复项查询　　D. 删除查询

15. 以下关于查询的叙述中正确的是（　　）。

A. 只能根据数据库表创建查询　　B. 只能根据已建查询创建查询

C. 可以根据数据库表和已建查询创建查询　　D. 以上说法都不正确

16. 在查询设计视图中（　　）。

A. 只能添加数据库表　　B. 可以添加数据库表，也可以添加查询

C. 只能添加查询　　D. 以上说法都不对

17. 某同学打开一个拥有 100 000 条记录的表 P（n1，n2，n3），打开浏览时由于误操作更改了表中的某几个记录的（n2 或 n3）数据，并另存为表 Pnew，事后她希望参照原表 P，查找到 Pnew 中误修改的那几条记录，其查询语句应该为：

select * from P inner join Pnew on P. n1 = Pnew. n1 where（　　）。（n1、n2、n3 为字段名）

A. P. n2 < > Pnew. n2 or P. n3 < > Pnew. n3

B. P. n2 = Pnew. n2 and P. n3 = Pnew. n3

C. P. n2 = Pnew. n2 or P. n3 = Pnew. n3

D. P. n2 < > Pnew. n2 and P. n3 < > Pnew. n3

18. 从一个或多个表中将一组记录添加到一个或多个表的尾部，应该使用（　　）。

A. 生成表查询　　B. 删除查询　　C. 更新查询　　D. 追加查询

19. 下列不属于查询的 3 种视图的是（　　）。

A. 设计视图　　B. 模板视图　　C. 数据表视图　　D. SQL 视图

20. 假设一位顾客想知道是否有某部特定的影片。该顾客记得这部影片的内容，但是不记得它的名字，只知道是以 C 打头，且影片名长为 8 个字母。那么顾客可以在基于 Movie 表的查询中使用查询准则（　　）。

A. Like "C???????"　或者 Like "c???????"

B. Like "c *"

C. Like "c?????????"

D. Like "C?????????"

21. 使用查询向导不可以创建（　　）。

A. 简单的选择查询　　B. 基于一个表或查询的交叉表查询

C. 操作查询　　D. 查找重复项查询

22. 在总计查询中，若要计算平均分，应选择的函数是（　　）。

A. Where　　B. Avg　　C. Var　　D. Sum

23. 若在“总计”行上设置了“Where”，则它实现的功能是（　　）。

A. 定义要执行的计算组　　B. 指定不用于分组的字段准则

C. 指定分组准则　　　　　　　　　D. 指定计算组数值

24. 某辅导员有1班和2班的学生基本情况表，两表的结构相同，要计算两个班的男生人数，不可以使用（　　）

A. select　count（*）　as 人数 from
(select * from 1 班 where 性别 ='男'union all select * from 2 班 where 性别 ='男')

B. select　count（*）　as 人数 from
(select * from 1 班 union all select * from 2 班) where 性别 ='男'

C. select　count（*）　as 人数 from
(select * from 1 班 union all select * from 2 班) group by 性别 having 性别 ='男'

D. select　count（*）　as 人数 from
1 班 inner join 2 班 on 1 班. 性别 =2 班. 性别 group by 性别 having 性别 ='男'

25.（　　）查询会在执行时弹出对话框，提示用户输入必要的信息，再按照这些信息进行查询。

A. 选择查询　　B. 参数查询　　C. 交叉表查询　　D. 操作查询

26. 口腔班的同学进行跳高比赛，规则是每人跳三次，以三次最好成绩作为该学生成绩，有如下跳高表，下列（　　）语句不能查询出每位学生三次跳高的最好成绩。

学号	成绩
001	1.71
001	1.72
001	1.38
002	1.65
002	1.70
002	1.46
…	…

A. select 学号，max（成绩）from 跳高表 group by 学号;

B. select 学号，成绩 from 跳高表 as A where 成绩 in
(select Max（成绩）from 跳高表 as B where A. 学号 =B. 学号);

C. select 学号，成绩 from 跳高表 as A where 成绩 >= all
(select 成绩 from 跳高表 as B where A. 学号 =B. 学号);

D. select 学号，成绩 from 跳高表 as A where 成绩 >= any
(select 成绩 from 跳高表 as B where A. 学号 =B. 学号);

27. 某高校新生入学后网上选课，网络管理员利用“查找不匹配项查询向导”查找“学生表”和“选课表”学号的不匹配记录，以便及时通知没有选课的学生进行网上选课。查询向导生成的SQL语句应该是（　　）。

A. Select 学生表. 学号 From 学生表 inner join 选课表 on 学生表. 学号 = 选课表.

学号 where 选课表．学号 Is Null

B. Select 学生表．学号 From 学生表 left join 选课表 on 学生表．学号 = 选课表．学号 where 选课表．学号 Is Null

C. Select 学生表．学号 From 学生表 right join 选课表 on 学生表．学号 = 选课表．学号 where 选课表．学号 Is Null

D. Select 学生表．学号 From 学生表，选课表 where 学生表．学号 = 选课表．学号 and 选课表．学号 Is Null

28. 已知一个 Access 数据库，其中含有系别、性别等字段，若要统计每个系男女教师的人数，则应使用（　　）。

A. 选择查询　　B. 操作查询　　C. 参数查询　　D. 交叉表查询

29. 设 S 为学生关系，SC 为学生选课关系，Sno 为学生号，Cno 为课程号，执行下面 SQL 语句的查询结果是（　　）。

Select * From S，SC　When S. Sno = SC. Sno　and　SC. Cno = 'C2'

A. 选出选修 C2 课程的学生信息

B. 选出选修 C2 课程的学生名

C. 选出 S 中学生号与 SC 中学生号相等的信息

D. 选出 S 和 SC 中的一个关系

30. 某数据库中包括医生数据表和挂号数据表，医生数据表以“医生编号”字段为主键，而在挂号数据表中“医生编号”字段为其外键，现需要查找某日无患者挂号的医生信息，应采用的查询方式是（　　）。

A. 使用查询设计视图创建查询　　B. 使用交叉表向导创建查询

C. 使用查找重复项向导创建查询　　D. 使用查找不匹配项向导创建查询

二、填空题

1. 操作查询共有 4 种类型，分别是________、________、________、________。

2. 病人表中含有“病人意见”字段，要求病人意见字段不能为空，且最后输入的结果必须含有“满意”两字（如：“很满意”“不满意”“不太满意”“不是不满意”“满意极了”等）的有效性规则表达式为：IS NOT NULL AND ________

3. ××市于 12 月 8 日 7 时至 12 月 10 日 12 时将启动空气重污染红色预警，这也是××市首次启动空气重污染红色预警，某小学停课不停学，学生自愿到校学习，校长创建数据表 TKBTX（学号，姓名，到校否），（到校否为 Yes/No 型字段），书写 SQL 语句统计“到校”和“不到校”的学生人数：

Select “到校人数” as 到校情况，count（*） as 人数 from TKBTX where 到校否 ________Select “不到校人数”，count（*）from TKBTX where NOT 到校否

4. 查询视图包括________、________、________3 种形式。

5. SQL 语言功能包括________、________、________和________四方面。

6. 在 SQL 查询语句中，同学们讨论满足条件表达式：SELECT * from 医生表 where 挂号费 < = some（select 挂号费 from 医生表）的查询结果，张大山同学认为是全部医生记

录，李聪聪同学认为是挂号费最低的医生记录，你认为这两位同学中__________同学是正确的。

7. 在 SQL 的嵌套查询中，不相关嵌套查询中的“不相关”含义是__________。

8. 执行__________查询后，字段的旧值将被新值替换。

9. 在设置查询的“准则”时，可以直接输入表达式，也可以使用表达式__________来帮助创建表达式。

10. 表达式 Weekday（Date（））的结果值为__________。

11. 用 SQL 语句将记录（20141212，马大糊，男，二流教授，2014－12－12）插入到 doctor（DID，姓名，性别，职称，出生日期）数据表中，其实现命令为____。

12. 用 SQL 语句将 doctor 数据表中姓名为“马大糊”的职称修改为“一流教授”，其实现命令为__________。

三、简答题

1. 有学生情况表 XSQK（学号，姓名，性别等）和学生体检表 TJ（SID，腰围等）表，学号与 SID 是一对多的连接关系，请按性别查询大于该性别平均腰围的学生学号、姓名、腰围。

2. 有学生情况表 XSQK（学号，姓名等）和学生体检表 TJ（SID，肝脏，体重等），学号与 SID 是一对多的连接关系，请将相同的肝脏检查结果作为一个类，查询各类中最低体重学生的学号、姓名、肝脏检查结果、体重。

3. 有学生情况表 XSQK（学号，姓名等）和学生体检表 TJ（SID，鼻甲等），学号与 SID 是一对多的连接关系，请查询出两次以上体检都显示患有鼻炎的学生的姓名、学号、体检次数。

第 5 章　窗体设计与制作

一、选择题

1. 窗体的（　　）属性中可以设置窗体的数据来源。

A. 格式　B. 数据　C. 事件　D. 其他

2. 下列控件不可以表示“是/否”字段的是（　　）。

A. 复选框　B. 命令按钮　C. 切换按钮　D. 选项按钮

3. Access 中，以下（　　）控件不允许用户在运行时输入信息。

A. 文本框　B. 标签　C. 输入框　D. 组合框

4. 在 Access 中，使用（　　）按钮工具是创建窗体的最迅速、最简便的方法。

A. “窗体向导”　B. “窗体设计”　C. “窗体”　D. “空白窗体”

5. 使用窗体向导创建基于一个表的窗体，可选择的布局方式有（　　）种。

A. 4　B. 5　C. 2　D. 3

6. 使用窗体向导创建窗体，打开“窗体向导”对话框后，第二步需要（　　）。

A. 确定窗体上使用的布局　B. 确定窗体上使用哪些控件

C. 确定所需的样式　D. 指定窗体标题

7. 采用同时创建主窗体和子窗体的方法，创建基于多个表的主/子窗体。打开“窗体向导”对话框后，第二步是（　　）。

A. 确定窗体上使用的布局　B. 确定窗体上使用哪些控件

C. 确定查看数据的方式　D. 指定窗体标题

8. 创建选项组控件，打开“选项组向导”对话框后，第三步需要（　　）。

A. 为每个选项指定标签　B. 确定某选项为默认选项

C. 为每个选项赋值　D. 确定对所选项的值采取的行动

9. （　　）控件用于以图的格式显示数据。

A. 图像　B. 图表　C. 绑定　D. 非绑定

10. 下列不是窗体控件的是（　　）。

A. 数据表　B. 单选按钮　C. 图像　D. 直线

11. 在创建主/子窗体之前，要确定主窗体与子窗体的数据源之间存在着（　　）关系。

A. 一对一　B. 一对多　C. 多对一　D. 多对多

12. 下列关于数据表与窗体的叙述，正确的是（　　）。

A. 数据表和窗体均能输入数据、编辑数据

B. 数据表和窗体均能存储数据

C. 数据表和窗体均只能以行和列的形式显示数据

D. 数据表的功能用窗体也能实现

13. 从外观上看与数据表和查询显示界面相同的是（　　）窗体。

A. 纵栏式　B. 表格式　C. 数据表　D. 数据透视表

14. 窗体有 8 种视图，用于创建窗体或修改窗体的窗口是窗体的（　　）。

A. “设计视图”　　B. “窗体视图”

C. “数据表视图”　　D. “布局视图”

15. “特殊效果”属性值用于设定控件的显示特效，下列属于“特殊效果”属性值的是（　　）。

①“平面”，②“颜色”，③“凸起”，④“蚀刻”，⑤“透明”，⑥“阴影”，⑦“凹陷”，⑧“凿痕”

A. ①②③④⑤　　B. ①③④⑤⑦　　C. ①④⑥⑦⑧　　D. ①③④⑥⑦

16. 窗口事件是指操作窗口时所引发的事件，下列不属于窗口事件的是（　　）。

A. “加载”　　B. “打开”　　C. “关闭”　　D. “确定”

17. 键盘事件是操作键盘所引发的事件，下列不属于键盘事件的是（　　）。

A. “击键”　　B. “键按下”　　C. “键释放”　　D. “键锁定”

18. 数据透视图窗体中的字段不包括（　　）。

A. 筛选字段　　B. 分组字段　　C. 系列字段　　D. 数据字段

19. 下列不属于控件格式属性的是（　　）。

A. 标题　　B. 正文　　C. 字体大小　　D. 字体粗细

20. 窗体是 Access 数据库中的一种对象，以下（　　）不是窗体具备的功能。

A. 输入数据　　B. 编辑数据

C. 输出数据　　D. 显示和查询表中的数据

21. 窗体中可以包含一列或几列数据，用户只能从列表中选择值，而不能输入新值的控件是（　　）。

A. 列表框　　B. 组合框

C. 列表框和组合框　　D. 以上三者都不可以

22. 当窗体中的内容太多无法放在一页中全部显示时，可以用（　　）控件来分页。

A. 选项卡　　B. 命令按钮　　C. 组合框　　D. 选项组

23. 下列不属丁窗体类型的是（　　）。

A. 纵栏式窗体　　B. 表格式窗体　　C. 模块式窗体　　D. 数据表窗体

24. 在 Access 数据库中，若要求在窗体上设置输入的数据是取自某一个表或查询中记录的数据，或者取自某固定内容的数据，可以使用的控件是（　　）。

A. 选项组控件　　B. 列表框或组合框控件

C. 文本框控件　　D. 复选框、切换按钮、选项按钮控件

25. 在 Access 中，已建立了“雇员”表，其中有可以存放照片的字段，在使用向导为该表创建窗体时，“照片”字段所使用的默认控件是（　　）。

A. 图像框　　B. 绑定对象框　　C. 非绑定对象框　　D. 列表框

26. 表格式窗体同一时刻能显示（　　）。

A. 1 条记录　　B. 2 条记录　　C. 3 条记录　　D. 多条记录

27. 属于交互式控件的是（　　）。

A. 标签控件　　B. 文本框控件　　C. 命令按钮控件　　D. 图像控件

28. 下面关于列表框和组合框的叙述正确的是（　）。

A. 列表框和组合框可以包含一列或几列数据

B. 可以在列表框中输入新值，而组合框不能

C. 可以在组合框中输入新值，而列表框不能

D. 在列表框和组合框中均可以输入新值

29. 在显示具有（　）关系的表或查询中的数据时，子窗体特别有效。

A. 一对一　B. 多对多　C. 一对多　D. 复杂

30. 用户使用“其他窗体”功能创建（　）种特殊用途的窗体。

A. 6　B. 5　C. 4　D. 3

31. 在设计视图中对窗体进行自定义，下列说法中正确的是（　）。

A. 节可以添加、删除、隐藏窗体的页眉、页脚和主体节，或者调整其大小，也可以设置节属性以控制窗体的外观与打印

B. 记录源不能更改窗体所基于的表和查询

C. “窗体”窗口可以添加控件以显示计算值、总计、当前日期与时间，以及其他有关的有用信息

D. 不可以移动控件、调整控件的大小或设置其字体属性

32. 下列关于标题的叙述错误的一项是（　）。

A. 用于显示文本框及显示其他控件的标题　B. 位于页眉中

C. 位于页脚中　D. 在标题中不能放置绑定控件

33. 用于设定控件的输入格式的是（　）。

A. 有效性规则　B. 有效性文本　C. 是否有效　D. 输入掩码

34. 主要针对控件的外观或窗体的显示格式而设置的是（　）属性。

A. 格式　B. 数据　C. 状态栏文字　D. 有效性规则

35. 窗体类型中将窗体的一个显示记录按列分隔，每列的左边显示字段名，右边显示字段内容的是（　）。

A. 表格式窗体　B. 数据表窗体　C. 纵栏式窗体　D. 主/子窗体

36.（　）不是数据透视表中的字段。

A. 筛选字段　B. 数据字段　C. 汇总或明细字段　D. 行字段

37. 可以作为窗体记录源的是（　）。

A. 表　B. 查询

C. Select 语句　D. 表、查询或 Select 语句

38. 同时具有两种布局形式的窗体是（　）。

A. 分割窗体　B. 数据表窗体　C. 表格式窗体　D. 纵栏式窗体

39. 下列窗体中不可以自动创建的是（　）。

A. 纵栏式窗体　B. 表格式窗体

C. 图表窗体　D. 主/子窗体窗体

40. 打开窗体后，通过工具栏上的“视图”按钮可以切换的视图不包括（　）。

A. 设计视图　B. 窗体视图　C. SQL 视图　D. 数据表视图

41. 若要求在一个记录的最后一个控件按下【Tab】键后，光标会移至下一个记录的第一个文本框，则应在窗体属性里设置（　　）属性。

A. 记录锁定　　B. 记录选定器　　C. 滚动条　　D. 循环

42. 下列控件中，用来显示窗体或其他控件的说明文字，而与字段没有关系的是(　　)。

A. 命令按钮　　B. 标签　　C. 文本框　　D. 复选框

43. 假设已在 Access 中建立了包含“书名”“单价”和“数量”3 个字段的 book 表，以该表为数据源创建的窗体中，有一个计算订购总金额的文本框，其控件来源为(　　)。

A. ［单价］ * ［数量］

B. = ［单价］ * ［数量］

C. ［book］!［单价］ * ［book］!［数量］

D. = ［book］!［单价］ * ［book］!［数量］

44. 要在窗体中显示当前日期时间，应当使用的控件是（　　）。

A. 日期与时间　　B. 日期/时间　　C. 日期和时间　　D. 日期或时间

45. 要想在窗体添加控件时，让系统自动启动控件向导，需要使（　　）命令处于有效状态。

A. “使用控件”　　B. “使用向导”

C. “使用向导控件”　　D. “使用控件向导”

二、填空题

1. 窗体的结构包括__________、__________、__________、__________和__________。

2. 窗体的种类有__________、__________、__________、__________、__________、__________、__________和__________等。

3. 窗体的“属性表”窗格包括的选项卡有：__________、__________、__________、__________和__________。

4. 选项组由__________、__________、__________或__________组成。

5. 使用主/子窗体显示具有一对多关系的表或查询中的数据时，使用__________显示来自关系的“一”端的数据，__________显示来自关系的“多”端的数据。

6. 窗体由多个部分组成，每个部分称为一个__________。

7. 使用__________虽然可以快捷地创建窗体，但所建窗体只适用于简单的单列窗体。

8. 窗体的主要作用是接收用户输入的数据和命令，__________、__________数据库中的数据。

9. 组合框和列表框的主要区别是：是否可以在框中__________。

10. 主窗体只能显示为__________式的窗体，子窗体可以显示为__________窗体，也可以显示为__________窗体。

三、简答题

1. 简述窗体的功能。

2. 简述窗体的结构。

3. 如何创建窗体?

第6章　报　表

一、选择题

1. 报表的种类可以是（　　）。

A. 表格式报表　　B. 纵栏式报表　　C. 标签式报表　　D. 以上均可

2. 报表的“主体”节，需要在（　　）视图下进行编辑。

A. 报表　　B. 打印预览　　C. 布局　　D. 设计

3. 在报表的设计视图下，通常包含（　　）节。

A. 报表页眉、报表页脚　　B. 页面页眉、页面页脚

C. 主体　　D. 以上均可

4. 对于已经创建的报表，可以从（　　）窗格添加字段。

A. 导航　　B. 字段列表　　C. 属性表　　D. 编辑

5. 报表的功能不包括（　　）。

A. 对数据进行修改和存储　　B. 对数据进行分组并排序

C. 对数据进行分组并汇总　　D. 呈现格式化数据

6. 在报表“属性表”窗格的（　　）选项卡中可以设置报表的记录源。

A. 格式　　B. 数据　　C. 事件　　D. 其他

7. 在报表中可以按“字段”对数据进行（　　）。

A. 分组　　B. 排序　　C. 汇总　　D. 以上均可

8. 在设计视图下，报表显示数据的主要区域是（　　）节。

A. 报表页眉　　B. 页面页眉　　C. 主体　　D. 报表页脚

9. 在“报表设计工具”选项卡组“页面设置”选项卡上的“页面布局”组中，可以完成（　　）设置。

A. 纸张大小　　B. 页面方向　　C. 页边距　　D. 以上均可

10. 在报表向导中设置报表的数据来源和字段时，可以将所有字段一次性全部添加到选定字段中的按钮是（　　）。

A. >　　B. >>　　C. <　　D. <<

11. 在报表中使用计算表达式时，表达式前都要加上（　　）运算符。

A. “ = ”　　B. “!”　　C. “. ”　　D. “Like”

12. 将报表与某一数据表或查询绑定起来的报表属性是（　　）。

A. “数据”｜“记录源”　　B. “事件”｜“记录源”

C. “格式”｜“记录源”　　D. “帮助”｜“记录源”

13. 在 Access 2010 中，报表对象的数据源可以为（　　）。

A. 表中部分数据　B. 查询　　C. 表或查询　　D. 表

14. 在报表中添加时间时，需将在报表上添加一个（　　）控件，且需要将“控件来源”属性设置为时间表达式。

A. 文本框　　B. 子窗体/子报表　C. 标签　　D. 列表框

15. 为了在报表的每一页底部均显示页码，应该设置（　　）节。

A. 主体　　B. 页面页眉　　C. 页面页脚　　D. 报表页脚

16. 在 Access 2010 中，对于插入的图片，若希望以实际图片内容和大小进行显示，则需在报表“属性表”|“格式”|“缩放模式”属性中，选择（　　），并通过拖动图片边框实现不同大小下图片的显示。

A. 拉伸　　B. 剪裁　　C. 缩放　　D. 平铺

17. 若某医院需要为医师制作工作胸牌，最好使用（　　）。

A. 纵栏式报表　　B. 表格式报表　　C. 图表式报表　　D. 标签式报表

18. 有关主/子报表，以下说法正确的是（　　）。

A. 子报表是插在其他报表中的报表

B. 包含子报表的报表称为主报表

C. 主报表中的记录和子报表中的记录是一对多的关系

D. 以上均正确

19. 使用“创建”选项卡“空报表”创建的报表，通常在（　　）视图下打开。

A. 报表　　B. 打印预览　　C. 布局　　D. 设计

20. 使用“创建”选项卡“空报表”创建的报表，切换至“设计”视图后，通常只包括（　　）节。

A. 报表页眉和报表页脚　　B. 页面页眉、主体和页面页脚

C. 主体和页面页脚　　D. 报表页眉和主体

21. 报表的视图包括（　　）。

A. 报表视图、设计视图、页面视图、预览视图

B. 报表视图、打印预览视图、布局视图、设计视图

C. 报表视图、页面视图、设计视图、打印视图

D. 设计视图、页面视图、布局视图、打印预览视图

22. 报表中背景图片的属性包括（　　）。

A. 图片的可见性　　B. 图片的缩放模式

C. 图片的边框颜色　　D. 以上均可

23. 若要创建多列报表，则应单击“页面设置”选项卡“页面布局”组中的（　　）按钮进行列数设置。

A. “行”　　B. “列”　　C. “纸张大小”　　D. “页边距”

24. 如果想要在报表中计算数字字段的合计、均值、最大值、最小值等，则需要设置（　　）。

A. 排序字段　　B. 添加查询　　C. 分组间隔　　D. 追加查询

25. 在报表中，改变一个节的宽度将（　　）。

A. 只改变这个节的宽度

B. 只改变报表的页眉、页脚宽度

C. 改变整个报表的宽度

D. 报表的宽度是确定的，不会有任何改变

26. 在报表中，有关“节的高度的调整”，以下说法正确的是（　　）。
    A. 节的高度的调整只与本节有关
    B. 只能改变主体节的高度，报表的报表页眉及页脚节、页面页眉及页脚节的高度是固定不变的
    C. 改变其中一个节的高度，其余节的高度将随之等比例调整
    D. 报表的高度是系统随机调整的，不受用户手动调整而调整
27. 若要使报表的标题在每一页上都显示，需设置（　　）。
    A. 报表页眉　　B. 页面页眉
    C. 组页眉　　D. 以上说法都不对
28. 以下不属于报表组成部分的是（　　）。
    A. 报表页眉节　　B. 页面页脚节
    C. 主体节　　D. 分组、排序和汇总窗格
29. 利用（　　），可以更直观地表示数据之间的关系。
    A. 纵栏式报表　　B. 表格式报表
    C. 图表报表　　D. 标签报表
30. 在 Access 中，有关图表报表，以下说法正确的是（　　）。
    A. 可以利用“设计”选项卡“控件”组中的“图表”控件实现
    B. 不可以创建图表报表
    C. 可以通过“创建”选项卡“报表”组中的“报表向导”图标在“报表向导”中直接实现图表报表的创建
    D. 可以通过“创建”选项卡“报表”组中的“标签”图标在“标签向导”中直接实现图表报表的创建
31. 在 Access 的布局视图下，以下说法不正确的是（　　）。
    A. 在布局视图下可以调整字段列宽
    B. 在布局视图下可以实现函数的修改
    C. 在布局视图下可以修改报表标题
    D. 在布局视图下可以添加页眉/页脚
32. 有关 Access 2010 中的分组和汇总，以下说法正确的是（　　）。
    A. 在设计视图中自动显示“分组、排序和汇总”窗格
    B. 在布局视图中通过单击“设计”选项卡“分组和汇总”组可以添加“分组、排序和汇总”窗格
    C. 在“分组、排序和汇总”组中不需要基于某种分组或排序即可进行汇总
    D. 汇总时可以进行“记录计数”，不能进行“值计数”
33. 在 Access 中，排序级别和分组级别最多为（　　）。
    A. 4　　B. 6　　C. 8　　D. 10
34. 多列报表最常使用的报表形式是（　　）。
    A. 标签报表　　B. 图表报表
    C. 视图报表　　D. 数据表报表

35. 有关纵栏式报表，以下描述不正确的是（　　）。

A. 通常以垂直方式排列报表上的控件

B. 每页可显示一条或多条记录

C. 将记录数据的字段标题信息与字段记录数据一起安排在每页主体节内显示

D. 将记录数据的字段标题信息与字段记录数据一起安排在每页报表页眉节内显示

36. 在 Access 中，报表可以分为（　　）4 种类型。

A. 纵栏式、表格式、图表式、标签式

B. 纵栏式、表格式、数据式、标签式

C. 弹出式、表格式、图表式、标签式

D. 纵栏式、表格式、图表式、主次式

37. 用于实现报表的分组统计数据的操作区间的是（　　）。

A. 报表的主体区域　　B. 页面页眉或页面页脚区域

C. 报表页眉或报表页脚区域　　D. 组页眉或组页脚区域

38. 利用报表向导创建报表时，如果有分组级别，则可以设置报表的布局是（　　）。

A. 阶梯　　B. 块　　C. 大纲　　D. 以上均可

39. 若需给报表中偶数页添加页码在左侧，奇数页添加页码在右侧，则应选择的页码对齐方式是（　　）。

A. 左　　B. 右　　C. 内　　D. 外

40. 创建主/次报表时，主报表中包含的是一对多关系中的（　　）端的记录，而子报表显示（　　）端的相关记录。

A. 一，多　　B. 多，一　　C. 一，一　　D. 多，多

二、填空题

1. 报表可以对数据源中的数据所做的操作为__________。

2. 在报表“设计”视图中，各区段被表示成带状形式，称为__________。

3. 在 Access 2010 中，除了报表页眉节、页面页眉节、主体节、页面页脚节、报表页脚节之外，还可以有用户设置的__________节和__________节。

4. 在报表的设计视图中，单击“设计”选项卡上的“__________”按钮，可以在主界面右侧打开“字段列表”窗格。

5. 在设计报表时，可以利用__________控件为报表的每一个记录添加行号。

6. 用于查看报表的页面数据输出状态的视图是__________。

7. 包含子报表的报表称为__________。

8. 在对报表记录进行分组操作时，选定字段的值__________的记录数据视为同一组。

9. 在报表每一页的顶部都输出的信息，需要在__________中进行设置；在报表最后一页主体之后输出的信息，需要在__________中进行设置。

10. 报表中排序是指__________。

11. 报表中分组是指__________。

12. 在报表中进行分组、排序或汇总时，使用__________窗格更加灵活和便捷。

13. 在报表中创建计算控件时，可以利用系统提供的__________来创建表达式。

14. 报表中的报表页眉是用来__________。

15. 创建多列报表与创建其他报表一样，主要不同之处在于__________。

三、简答题

1. 在 Access 2010 中，报表有几种视图？
2. 在 Access 2010 中，创建报表的方法有哪几种？
3. 简述如何在 Access 2010 中，实现报表的分组、排序和汇总操作。
4. 在 Access 2010 中，可以为表或查询结果创建图形报表吗？

第7章　宏　操　作

一、选择题

1. （　　）宏操作打开窗体。

   A. OpenForm　　B. OpenQuery

   C. OpenTable　　D. OpenModule

2. 下列说法错误的是（　　）。

   A. 宏是Access 2010数据库的对象之一

   B. 宏是由一个或多个宏操作组成的集合

   C. 宏操作由内置的VBA程序模块所构成

   D. 宏仅能通过响应窗体控件事件来运行

3. 下列不能通过独立宏的设计窗口完成的操作是（　　）。

   A. 运行和调试宏　　B. 添加或删除宏

   C. 调整宏顺序　　D. 创建数据宏

4. 调用宏组格式为（　　）。

   A. 宏组名称.子宏名　　B. 子宏名

   C. 宏组名称　　D. 都不对

5. MsgBox是（　　）的宏。

   A. 显示消息框　　B. 编辑消息　　C. 输入消息　　D. 撤销消息

6. Submacro宏操作的作用是（　　）。

   A. 创建宏组中的子宏　　B. 运行子宏

   C. 退出当前子宏　　D. 创建条件子宏

7. 下列关于Group宏操作的作用说法错误的有（　　）。

   A. 将宏内的宏操作分成若干组进行管理

   B. 宏内的各个组可以分别命名，分别展开和折叠

   C. 多个Group组成的宏仍然是独立宏

   D. 运行时可以分Group单独运行

8. 有关宏操作，以下叙述错误的是（　　）。

   A. 宏的条件表达式中不能引用窗体或报表的控件值

   B. 所有宏操作都可以转化为相应的模块代码

   C. 使用宏可以启动其他应用程序

   D. 可以利用宏组来管理相关的一系列宏

9. 运行宏的宏操作是（　　）。

   A. CancelEvent　　B. RunMacro　　C. StopMacro　　D. StopAllMacros

10. 以下不是宏的运行方式的是（　　）。

    A. 直接运行宏　　B. 运行宏组里的宏

    C. 以窗体的事件响应而运行宏　　D. 为查询事件响应而运行宏

11. 下列关于宏的创建说法错误的是（　　）。

A. 在宏生成窗口中打开“添加新操作”下拉式列表，可以选择和添加宏操作

B. 在宏生成窗口右侧“操作目录”面板里，通过“操作”树状结构目录也可添加宏操作

C. 通过宏生成窗口，仅可以向当前宏添加一个宏操作

D. 宏的创建按钮在“创建”选项卡中

12. 下列关于宏组的说法中错误的是（　　）。

A. Submacro 用于生成宏组中的一个子宏

B. “宏”是“宏操作”的集合，“宏组”是“子宏”的集合

C. “子宏”也是若干“宏操作”的集合

D. “宏组”可以整体运行

13. 下列关于 If 条件宏说法错误的是（　　）。

A. If 条件宏首先进行条件判断，再根据判断结果执行相应的宏操作

B. 可以向 If 条件宏添加 Else，或 Else if 块

C. If 条件宏的条件式须为布尔表达式

D. If 条件宏只能通过宏生成窗口的“添加新操作”方式进行添加

14. 使用（　　）可以决定在某些情况下运行宏时某个操作是否运行。

A. 函数　　B. 表达式

C. 条件表达式　　D. If... Then 语句

15. 用于使计算机发出“嘟嘟”声的宏命令是（　　）。

A. Echo　　B. MsgBox　　C. Beep　　D. Restore

16. 下列选项中关于嵌入式宏说法错误的是（　　）。

A. 嵌入式宏是嵌入到窗体、控件或报表的任何事件属性当中的宏

B. 嵌入式宏与独立宏不同，其仅存在于数据库对象的事件属性之中

C. 嵌入式宏能够显示在导航窗格的宏对象下面

D. 被嵌入的宏只能在嵌入该宏的对象中运行，无法在其他对象中运行

17. 宏不能修改的是（　　）。

A. 窗体　　B. 宏本身　　C. 表　　D. 数据库

18. 用于退出 Access 的宏命令是（　　）。

A. Creat　　B. Quit Access　　C. Ctrl + All + Del　　D. Close

19. 下列不属于数据宏的是（　　）。

A. 更新后　　B. 删除后　　C. 更改前　　D. 未命名的宏

20. 下列关于数据宏说法错误的是（　　）。

A. 数据宏可以分为两类：一类是由表事件触发的数据宏，称为“事件驱动的数据宏”，另一类数据宏是“已命名的宏”

B. “事件驱动的数据宏”包括插入后、更新后、删除后、删除前、更改前

C. “已命名的宏”仅与特定表有关，不与特定的事件相关

D. 数据宏都可以通过创建独立宏的方式进行创建

21. 宏的命名方法与其他数据库对象相同，宏按（　　）调用。

A. 顺序　　B. 名　　C. 目录　　D. 系统

22. 下列关于“已命名的宏”的说法错误的是（　　）。

A. “已命名的宏”是一种独立的数据宏

B. “已命名的宏”与特定表有关

C. “已命名的宏”与特定的表事件有关

D. 可以用宏操作 RunDataMacro 调用“已命名的宏”

23. 用于打开查询的宏命令是（　　）。

A. OpenForm　　B. OpenQuery　　C. OpenReport　　D. RunSQL

24. 在一个宏的操作序列中，如果既包含带条件的操作，又包含无条件的操作，则带条件的操作是否执行取决于条件式的真假，而没有指定条件的操作则会（　　）。

A. 无条件执行　　B. 有条件执行　　C. 不执行　　D. 出错

25. 下列关于宏运行和调试工具的说法错误的是（　　）。

A. 仅能通过“设计”选项卡“运行”按钮运行宏

B. 调试过程中，“单步执行宏”对话框中的“单步执行”按钮的作用是单步地执行宏操作

C. 调试过程中，“单步执行宏”对话框中的“停止所有宏”按钮的作用是终止宏，并关闭此对话框

D. 调试过程中，“单步执行宏”对话框中的“继续”按钮的作用是关闭单步运行，并继续执行其余的宏操作

二、填空题

1. 当宏与宏组创建完成后，只有运行__________，才能实现相应的宏操作。
2. 被命名为__________的宏，在打开该数据库时会自动运行。
3. 在宏中加入__________，可以限制宏在满足一定的条件时才能完成某种操作。
4. 在宏的调试中，使用__________，可以观察宏的流程和每一个操作的结果。
5. 在一个宏中运行另一个宏时，使用的宏操作命令是__________。
6. 宏是指一个或多个__________的集合。
7. 在 Access 中，用户可以在__________中创建或修改宏的内容。
8. 在一个宏中可以包含多个宏操作，在运行宏时将按__________的顺序来运行这些宏操作。
9. 数据宏“已命名的宏”在__________的设计视图下可以被创建。
10. 宏中的条件项是__________，返回值只有“真”和“假”。

三、简答题

1. 简述什么是宏。
2. 基本宏与宏组的区别是什么？
3. 简述数据宏的分类、特点及创建和运行方式。
4. 简述宏的几种运行方式。

第8章　VBA　编　程

一、选择题

1. 在 VBA 中，可以用关键字（　　）定义符号常量。

   A. Const　　B. Dim　　C. Public　　D. Sub

2. 在 VBA 中，可以用关键字（　　）定义变量。

   A. Const　　B. Dim　　C. Public　　D. Sub

3. 在 VBA 中，Sub 过程和 Function 过程最根本的区别是（　　）。

   A. Sub 过程不能返回值，而 Function 过程能通过过程名返回值

   B. Sub 过程可以使用 Call 语句或直接使用过程名，而 Function 过程必须使用 Call 语句调用

   C. 两种过程参数的传递方式不同

   D. Function 过程可以有参数，Sub 过程不能有参数

4. 在 VBA 中，变量 x、y 是整型，则下列赋值语句正确的是（　　）。

   A. x + y = 3　　B. - y = 3 * x * x

   C. y = x mod 30　　D. 3 * y = x

5. 在 VBA 中，下面（　　）是合法的字符串常量。

   A. ABC $　　B. " ABC888"　　C. ABC　　D. 'ABC'

6. 在 VBA 中，逻辑值进行算术运算时，True 的值为（　　）。

   A. 0　　B. 1　　C. -1　　D. -10

7. 在 VBA 中，逻辑值进行算术运算时，False 的值为（　　）。

   A. 0　　B. 1　　C. -1　　D. -10

8. 在 VBA 中，定义了二维数组 A（1 to 5，4），则该数组的元素个数为（　　）。

   A. 20　　B. 8　　C. 25　　D. 24

9. 在 VBA 中，假定有以下循环结构

```
Do While 条件
    循环体
Loop
```

则正确的叙述是（　　）。

   A. 如果“条件”值为 False，则只执行一次循环体

   B. 如果“条件”值为 True，则至少执行一次循环体

   C. 如果“条件”值不为 False，则至少执行一次循环体

   D. 不论“条件”是否为“True”，至少要执行一次循环体

10. 在 VBA 中，表达式 2 +9 * 7 mod 15 的值是（　　）。

   1. 5　　B. 3　　C. 65　　D. 20

11. 在 VBA 中，VBA 多条语句可以写在一行中，其分隔符必须使用符号（　　）。

   A. :　　B. ’　　C. ;　　D. ,

12. 在 VBA 中，VBA 程序使用符号（　　）注释语句。

A. :　　B. '　　C. $　　D. ,

13. 在 VBA 中，下列逻辑表达式中，能正确表示条件“x 或 y 是偶数”的是（　　）。

A. x Mod 2 =1 Or y Mod 2 =1　　B. x Mod 2 =0 Or y Mod 2 =0

C. x Mod 2 =1 And y Mod 2 =1　　D. x Mod 2 =0 And y Mod 2 =0

14. 在 VBA 中，以下程序运行结束后，变量 a 的值为（　　）。

```
a =2
k =4
DO
    a =a * k
    k =k +1
Loop While k <5
```

A. 2　　B. 4　　C. 8　　D. 32

15. 在 VBA 中，在窗体中添加一个命令按钮（名称为 ComButn），然后编写如下代码：

```
Private Sub Com Butn_Click(    )
    Dim a as Integer
    a =85
    If a >60 Then b =1
    If a >70 Then b =2
    If a >80 Then b =3
    If a >90 Then b =4
    Msg Box b
End Sub
```

打开窗体运行后，单击命令按钮，则消息框的输出结果是（　　）。

A. 1　　B. 2　　C. 3　　D. 4

16. 在 VBA 中，在窗体中添加一个命令按钮（名称为 ComButn），然后编写如下代码：

```
Private Sub ComButn_Click(    )
    Dim a,b as Integer
    a =85
    b =0
    Select Case a
        Case Is >=80
          b =1
        Case Is >=60
          b =2
        Case Else
          b =3
    End Select
```

```
    Msg Box b
End Sub
```

打开窗体运行后，单击命令按钮，则消息框的输出结果是（　　）。

A. 1　　B. 2　　C. 3　　D. 0

17. 在 VBA 中，在窗体中添加一个命令按钮（名称为 ComButn），然后编写如下事件代码：

```
Private Sub ComButn_Click( )
    a =85
    If a >60 Then
        b =1
    ElseIf a >70 Then
        b =2
    ElseIf a >80 Then
        b =3
    ElseIf a >90 Then
        b =4
    End If
    MsgBox b
End Sub
```

打开窗体运行后，单击命令按钮，则消息框的输出结果是（　　）。

A. 1　　B. 2　　C. 3　　D. 4

18. 在 VBA 中，在窗体中添加一个命令按钮（名称为 ComButn），然后编写如下事件代码：

```
Private Sub ComButn_Click()
    Dim sum,i As integer
    sum =0
    For i =1 To 3
      sum =sum +i
    Next i
    MsgBox  sum
End Sub
```

打开窗体运行后，单击命令按钮，则消息框的输出结果为（　　）。

A. 1　　B. 3　　C. 4　　D. 6

19. 在 VBA 中，执行完下列 VBA 语句后，变量 num 的值是（　　）。

```
num =0
For i =3 to 1 step -3
    num =num +1
Next i
```

A. 0　　B. 1　　C. 2　　D. 3

20. 在 VBA 中，执行完下列 VBA 语句后，变量 n 的值是（　　）。

```
n =0
For i =1 to 3
    For j = -3 to -1
        n =n +1
    Next j
Next i
```

A. 0　　B. 3　　C. 4　　D. 9

21. 在 VBA 中，在窗体中添加一个命令按钮（名称为 ComButn），然后编写如下事件代码：

```
Private Sub ComButn_Chck(    )
      Dim x,n As integer
      x =1
      n =0
      Do While x <10
        x =x * 2
        n =n +1
      Loop
      Msgbox  x
End Sub
```

程序运行后，单击按钮，输出结果为（　　）。

A. 2　　B. 4　　C. 8　　D. 16

22. 在 VBA 中，已定义好有参子过程 get Sum（m，n），其中形参 m、n 是整型量。下面调用该子过程，传递实参为 a 和 b。以下正确的是（　　）。

A. get Sum m，n　　B. get Sum a，b

C. Call get Sum（m，n）　　D. get Sum（a，b）

23. 在 VBA 中，已定义好有参函数 getSum（m），其中形参 m 是整型量。下面调用该函数，传递实参为 6，将返回的函数数值赋给变量 mysum。以下正确的是（　　）。

A. mysum = getSum（m）　　B. mysum = Call getSum（m）

C. mysum = getSum（6）　　D. mysum = Call getSum（6）

24. 在 VBA 中，窗体模块和报表模块都属于（　　）。

A. 标准模块　　B. 类模块

C. 过程模块　　D. 函数模块

25. 在 VBA 代码调试过程中，能够显示出所有在当前过程中变量声明及变量值信息的是（　　）。

A. 快速监视窗口　　B. 监视窗口

C. 立即窗口　　D. 本地窗口

26. 在 VBA 中，假定当前窗体中文本框名称为 textNum，则把 textNum 的内容设置为

"Access Test"的语句是（　　）。

A. Me = "AccessTest"　　B. Me. Caption = "AccessTest"

C. Me. textNum = "AccessTest"　　D. Me. Name = "AccessTest"

27. 在 VBA 中，加载一个窗体时触发的事件是（　　）。

A. Load 事件　　B. Open 事件

C. Click 事件　　D. DbClick 事件

28. 在 VBA 中，在窗体中添加一个名称为 Command1 的命令按钮，然后编写如下事件代码：

```
Private Sub Command1_Click( )
    str = "abcdefg"
    i = 3
    x = Mid(str,i,i)
    y = Left(str,i)
    z = Right(str,i)
    z = x&y&z
    MsgBox z
End Sub
```

窗体打开运行后，单击命令按钮，则消息框的输出结果是（　　）。

A. cdeabcefg　　B. abcdefg　　C. cdece　　D. gfedcbc

29. 在 VBA 中，在窗体上设置命令按钮控件 testButn 为可用的属性是（　　）。

A. testButn. Colore　　B. test Butn. Capiton

C. testButn. Enabled　　D. test Butn. Visible

30. 以下内容中不属 VBA 提供的数据验证函数是（　　）。

A. IsText　　B. IsDate　　C. IsNumeric　　D. IsNull

31. 在 VBA 中，ADO 对象模型中可以打开并返回 RecordSet 对象的是（　　）。

A. Connection 对象　　B. SQL 对象

C. OPEN 对象　　D. ADO 对象中的对象都可以

32. 在 VBA 中，ADO 的 Connection 对象的（　　）方法，可以打开与数据源的连接

A. Open　　B. Recordset　　C. Close　　D. Connect

33. 在 VBA 中，ADO 的 Recordset 对象的（　　）方法可用来新建记录

A. Open　　B. Addnew　　C. New　　D. Delete

34. 在 VBA 中，若要判断 ADO 的记录集对象 rs 是否已经到该记录集尾部，使用的条件表达式为（　　）。

A. rs. BOF　　B. rs. EOF　　C. rs. END　　D. rs. Last

35. 在 VBA 中，要执行 SQL 查询命令，可使用 ADO 的（　　）对象。

A. Open　　B. Recordset　　C. Command　　D. Delete

36. 在 VBA 中，窗体 Form1 的 Name 属性是 Fm1，它的单击事件过程名是（　　）。

A. Form1_ Click　　B. Form_ Click　　C. Fm1_ Click　　D. Me_ Click

37. 在 VBA 中，过程 GetRecNum 的功能是：通过对象变量返回当前窗体的 Recordset 属性记录集引用，消息框中输出记录集的记录个数。MsgBox 后面应该选择（　　）。

```
Sub Get Rec Num(    )
    Dim rs As Object
    Set rs = Me.Recordset
    Msg Box(    )
End Sub
```

A. Count　　　　B. rs. Count

C. Record Count　　　　D. rs. Record Count

38. 在 ADO 的含义是（　　）。

A. 开放数据库互连应用编程接口　　　　B. 数据库访问对象

C. 动态链接库　　　　D. ActiveX 数据对象

39. 在 VBA 中，ADO 提供了两种记录状态的标识属性：BOF 和 EOF。其中描述正确的是（　　）。

A. EOF 标识记录集尾部

B. EOF 标识记录集首部

C. 如果当前记录位于记录集的开头，则 BOF 为 False

D. 如果当前记录位于记录集的末尾，则 EOF 为 False

40. 在 VBA 中，以下是 ADO 提供了在记录集内实现数据的快速检索的方法（　　）。

A. Find　　B. Sort　　C. Look　　D. Move

二、填空题

1. 在 VBA 中，模块由__________和__________构成。

2. Access 模块有两个基本类型，分别是__________和__________。

3. 在 VBA 中，变量的声明语法结构：Dim __________ as __________。

4. ADO 对象有 3 个主要组件：__________、__________和__________。

5. ADO 对象中 RecordSet 表示__________。

三、简答题

1. 简述 VBA 和 VB 之间的区别。

2. 在 VBA 中，指出运算符“/”“\”“Mod”“^”分别指什么，并说出优先级。

3. 在 VBA 的变量中，全局变量与局部变量的应用范围是什么？

4. 编写子过程 getGrade1( )，用于判断成绩级别（成绩 > =90，显示“优”；90 > 成绩 > =70，显示“良”；70 > 成绩 > =60，显示“及格”；成绩 <60，显示“不及格”）的程序，其中定义成绩整形变量为 grade。要求使用 If 语句编写。

5. 编写子过程 getGrade2( )，用于判断成绩级别（成绩 > =90，显示“优”；90 > 成绩 > =70，显示“良”；70 > 成绩 > =60，显示“及格”；成绩 <60，显示“不及格”）的程序，其中定义成绩整形变量为 grade。要求使用 Select Case 语句编写。

6. 简述利用 ADO 访问数据库的一般步骤。

习题参考答案

第 1 章

一、选择题

1	D	2	A	3	B	4	C	5	A
6	B	7	B	8	A	9	C	10	D
11	C	12	D	13	B	14	C	15	D
16	A	17	A	18	D	19	C	20	B
21	C	22	B	23	C	24	B	25	C
26	A	27	B	28	B	29	A	30	C
31	B	32	A	33	C	34	B	35	B
36	D	37	A	38	A	39	D	40	B
41	D	42	B	43	D	44	C	45	C
46	B	47	D	48	C	49	A	50	B

二、填空题

1. 数据库、数据库管理系统、应用程序
2. 结构、数据结构
3. DBMS、数据库系统、数据
4. 数据库管理员、数据库
5. 数据化、实体联系
6. 操作系统
7. 候选码、主码、外码
8. 一对一联系、一对多联系、多对多联系
9. 实体－联系方法
10. 教师（职工号，职工姓名，职称，课程号）、课程（课程号，课程名，学时数）、学生（学号，学生姓名，性别，年龄）、学习（学生学号，课程号，分数）
11. 二维表、元组、属性
12. 相同、相同
13. 关系数据描述语言、数据库概念模式
14. 实体完整性规则、参照完整性规则、用户定义完整性规则
15. 条件、条件
16. 连接、至少具有一个相同的属性名
17. 主属性、非主属性

18. 局部 E－R 模型、总体 E－R 模型
19. 概念结构、逻辑结构、物理结构
20. 关系模型
21. 数据来源
22. 外键
23. 查询
24. 参照完整性
25. 多对多
26. 多对多

三、简答题

1. 答：数据库管理系统的功能包括：

（1）数据库定义功能。

（2）数据操作功能。

（3）数据库运行管理。

（4）数据组织、存储和管理。

（5）数据库的建立和维护功能。

（6）其他功能：包括数据库管理系统在网络上与其他软件系统的通信功能、两个数据库管理系统间的数据转换功能、异构数据库间的互访功能等。

2. 答：数据库管理系统是对数据库进行管理的系统软件，用于创建数据库、组织和维护数据库中数据，对数据库中数据进行查询以及增、删、改等操作。而数据库系统是由数据库、数据库管理系统、应用程序和数据库管理员组成的存储、管理、处理和维护数据的系统。因此，数据库管理系统是数据库系统的核心软件，是数据库管理系统中最重要的组成部分。

3. 答：数据模型作为从现实世界到计算机过渡的产物，必须满足四方面的要求：一是能够比较真实地模拟现实世界；二是容易被人们理解和使用；三是便于在计算机上实现；四是既能够描述数据本身，又能够反映数据间的联系。事实上，一种数据模型要全面满足四方面的要求是很困难的。因此，数据模型在分析和构造过程中针对不同的使用对象和应用目的，采用不同的数据模型。一般将数据模型分成三级，分别是概念数据模型、逻辑数据模型和物理数据模型。

4. 答：

（1）实体（Entity）：客观存在并可相互区别的事物称为实体。具体的人、事、物及抽象的概念或联系都是实体。

（2）实体型（Entity Type）：具有相同属性的实体必然具有相同的特征和性质，用实体名及其属性名集合来抽象和描述同类实体，称为实体型。

（3）实体集（Entity Set）：具有相同属性的实体集合称为实体集。

（4）属性（Attribute）：实体所具有的某方面特性称为属性。一个实体可以用若干个属性来描述。

（5）码（Key）：可以唯一标识一个具体实体的最小属性集合称为码。若一个实体中作为码的属性或属性组有多个，则称为候选码。在候选码中指定的常用码，称为主码。

（6）域（Domain）：属性的取值范围称为该属性的域。

5. 答：E-R数据模型在数据模型的整体定位中属于概念数据模型，处于由现实世界向计算机世界转换过程中的第一个阶段。而关系数据模型在数据模型的整体定位中属于（逻辑）数据模型，处于由现实世界向计算机世界转换过程中的第二个阶段。它们都是最终建立数据库系统的前期和基础阶段，而二者之间在数据库技术理论中有着完整性、可操作性的转换和过渡理论方法。

6. 答：

主键：是为了实现对关系的各种操作以及建立不同关系间的联系，需为每一个关系都指定一个常用候选键，称为主键。例如，“学生”二维表中，可选定“学号”作为主键，一般表示为：学生（学号，姓名，性别，出生年月，专业名称）。

外键：如果关系 *A* 中的某个属性或属性组不是关系 *A* 的主键，而是关系 *B* 的主键，则称该属性或属性组为关系 *A* 的外键。例如，如下两个关系模式：

学生（学号，姓名，性别，出生年月，专业名称）

专业（专业名称，负责人姓名，联系电话）

其中，“学生”关系的主键为“学号”，“专业”关系的主键为“专业名称”，因此，在“学生”关系中的属性“专业名称”即为其外键。

主键的主要作用：一是为了方便本关系自身的各项操作，二是为与其他关系建立联系做准备。而外键的主要作用就是为了建立关系之间的联系。

7. 答：关系模型的完整性规则，是对关系的某种约束条件，以保证数据的正确性和有效性。关系模型中包括三类完整性约束：实体完整性（Entity Integrity）、参照完整性（Referential Integrity）和用户定义完整性（User-Defined Integrity）。

（1）实体完整性规则：要求关系中的主键不能取空值。

（2）参照完整性规则：若关系 *R* 中的属性 *A* 为外键，即属性 *A* 为另一关系 *S* 的主键，则参照完整性规则规定，关系 *R* 中外键属性 *A* 的取值只能是两种情况之一，或者为空值或者为关系 *S* 的主键 *A* 中已有的值。

（3）用户定义完整性规则：指用户因特殊需要而对某个关系约定的特殊约束条件。

8. 答：数据库设计包括两方面的内容，一是数据库结构设计，二是数据库应用设计。前者是数据库设计的核心，是数据库整体框架结构的设计，是相对稳定、静态的；后者是数据库中应用程序的设计，由于用户的操作易使数据库的内容发生变化，故应用设计是动态的。两方面的设计必须密切结合，循序渐进，逐步求精，进而建立一个完整、独立的数据库系统。

数据库设计的特点是设计过程的阶段性，常将数据库设计分为6个设计阶段，即需求分析阶段、概念结构设计阶段、逻辑结构设计阶段、物理结构设计阶段、数据库实施阶段、数据库运行与维护阶段。

9. 答：E-R模型中的不同实体需要转换为不同的关系，E-R模型中的不同联系也需要转换为不同的关系，即E-R模型中的实体及实体间的联系都是由关系实现的，具体实现方法具有一定的规律，具体分以下几种情况。

（1）一个实体转换为一个关系模式，实体的名就是关系的名，实体的属性就是关系的属性，实体的主码就是关系的主键。

（2）两个实体1:1联系可以转换为一个独立的关系模式，也可以与其联系的任一个实体合并为一个关系模式。

（3）两个实体1:n联系可以转换为一个独立的关系模式，也可以与其n方对应的关系模式合并为一个关系模式。

（4）两个实体m:n联系只能转换为一个独立的关系模式。其方法是将联系转换成一个独立的关系模式，其属性为联系双方实体的主键加上联系的属性，该关系模式的主键为双方主键的组合。

（5）3个或以上实体间的多元联系只能转换为一个独立的关系模式，关系的属性是与该多元联系相连的各实体主键及联系本身的属性组成，关系模式的主键为各实体主键的集合。

（6）同一实体型内部各实体间联系的转换，只需在原实体对应的关系模式中增加一个与联系有关的属性即可。

10. 答：数据实施是根据逻辑设计和物理设计的结果，在计算机上创建数据库并进行数据库的测试和试运行过程。一般包括如下过程：

（1）建立数据库结构。

（2）数据载入。

（3）应用程序编码与调试。

（4）数据库试运行：主要包括两方面的工作，一是测试应用系统的功能；二是测试系统的性能指标。

11. 答：数据库的日常维护阶段主要包括以下内容。

（1）数据库的转储和恢复：数据库管理员定时对数据库及数据库运行中日志文件进行备份，以保证在数据库系统发生较严重故障时，可利用这些备份将数据库系统恢复到备份时的状态，尽可能减少对数据库的破坏。

（2）数据库的安全性和完整性控制：在数据库系统运行期间，数据库管理员可根据实际情况修改原有的安全性控制。同样，数据库管理员也需要不断地修正数据库的完整性约束条件，来满足用户的要求。

四、应用题

1. 答：

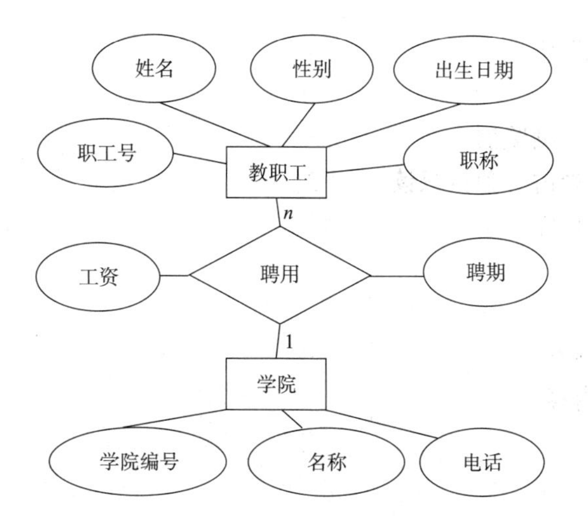

2. 答：

教师（教师号，教师姓名，职称，课程号）

项目（项目号，项目名称，负责人）

课程（课程号，课程名称，学分）

学生（学号，学生姓名，性别，出生日期）

参加（教师号，项目号）

选修（学号，课程号，成绩）

第 2 章

一、选择题

1	D	2	D	3	C	4	C	5	C
6	D	7	A	8	D	9	C	10	B
11	C	12	D	13	C	14	B	15	D
16	D	17	B	18	A	19	C	20	D
21	A	22	A	23	C	24	B	25	A
26	A	27	A	28	D	29	C	30	B
31	B	32	D	33	C	34	B	35	C
36	B	37	A	38	B	39	D	40	A
41	D	42	C	43	B	44	B	45	A
46	C	47	C	48	B	49	A	50	D
51	D	52	A	53	B	54	C	55	B
56	C	57	D	58	C	59	A	60	C

二、填空题

1. 数据库，表、查询、窗体、报表、宏、模块
2. 创建数据库
3. Access 数据库模板
4. Web 数据库
5. 客户端数据库、浏览器
6. 一般、只读、独占、独占只读
7. 压缩和修复数据库
8. 备份数据库
9. 表
10. 表结构、表内容
11. 表结构、表内容
12. 表名、字段
13. 表名

14. 字段个数、字段名称、字段数据类型、各种字段属性

15. 视图，数据表视图、数据透视表视图、数据透视图视图、设计视图

16. 文本型、备注型、数字型、日期/时间型、货币型、自动编号型、是/否型、OLE对象型、超链接型、附件型、计算型、查阅向导型

17. 显示时、原字段名

18. 输入时

19. 一对一关系、一对多关系、多对多关系

20. 自动编号、单字段、多字段

三、简答题

1. 答：第一种是创建空数据库，第二种是利用系统提供的数据库模板创建数据库。可通过举例简单描述两种创建数据库方法的操作过程，具体见教材相关内容。

2. 答：第一种是利用 Access“创建”选项卡中的“表”按钮，在数据表视图下创建表，此种创建表的方法对于表结构的设置功能较弱，但能够直接在新创建的表中输入记录数据；第二种是利用 Access“创建”选项卡中的“表设计”按钮在表的设计视图下创建表，此种创建表的方法具有全面的表结构设置功能，但不能在此视图下直接输入记录数据。

3. 答：在表的“设计视图”环境中，创建数据表的基本步骤如下。

（1）单击 Access“创建”选项卡“表格”组中的“表设计”按钮，打开表的设计视图。

（2）在表的设计视图上部窗格中输入新创建表各字段的“字段名称”，并确定各字段的数据类型。

（3）在表的设计视图下部窗格中设置各字段的“字段属性”。

（4）如果需要，单击“设计”选项卡“显示/隐藏”组中的“属性表”按钮，打开“属性表”窗格设置表的各种属性。

（5）为表指定主键。

（6）存盘并为数据表指定正式名称。

（7）切换到数据表视图中输入记录数据。

4. 答：主键是指可以唯一确定一条记录的字段或字段组合。其作用首先是确保每条记录在表中的唯一性，其次是可以加快表中记录的查询速度。对于定义为主键的字段或字段组合，要求其不能为空且不能有重复值。

5. 答：“输入掩码”的主要作用是控制用户的输入数据，以最大限度保证输入数据的正确性，其可控制的输入数据范围包括格式、长度、内容、性质等。“输入掩码”的主要设置方法一个是调用系统提供的“输入掩码向导”，另一个是用户直接编制输入掩码的专用控制字符串。

6. 答：“计算”数据类型的主要作用是可以使数据表中某字段的字段值直接通过同表中其他字段的字段值计算而来，而不再需要用户的输入。

7. 答：“级联更新相关字段”的作用是当主表中关联字段值发生变化时，对应的相关表中相关字段值也随之变化；“级联删除相关记录”的作用是当主表中关联字段值被删除时，对应的相关表中相关记录也会随之整体删除。

8. 答：Access 2010的两种数据类型“附件”及“OLE对象”的相同之处在于它们都可用于在数据库中存储由外界应用软件生成的完整数据对象，如图片、声音、视频、表格、文档等；两者的不同之处在于“OLE对象”型在一个字段中只能接受存储一个外部数据对象，而“附件”型在一个字段中可以同时接受存储多个外部数据对象，而且“附件”型可接受的最大存储容量也远远大于“OLE对象”型。

9. 答：Access 2010数据表的“表属性”用于设置涉及整个数据表的属性内容，如数据表各字段间关系的属性等，而“字段属性”只用于设置针对数据表中某个字段自身的那些属性，不涉及此字段之外的属性问题。

10. 答：在Access 2010中，单击“数据库工具”选项卡“关系”组中的“关系”按钮，打开“关系设计视图”，可以直接建立数据库数据表之间的“一对一”和“一对多”关系；而对于数据库中数据表之间的“多对多”关系，则必须通过创建中间表将一个“多对多”关系转化为两个“一对多”关系来实现。

四、操作题

1. 参考答案

（1）答：“出生日期”字段应改为“日期/时间”型、“婚否”字段应改为“是/否”型、“照片”字段应改为“附件”或“OLE对象”型、“备注”字段应改为“备注”型。修改方法是单击字段名称对应的数据类型栏右边下拉按钮，在其中选择需改为的数据类型即可。

（2）答：单击选择“病人编号”字段，再单击“设计”选项卡“工具”组中的“主键”按钮，即可将该字段设置为主键。修改“病人编号”字段的宽度为8位的方法是：在其对应的“字段属性”窗格“常规”标签的“字段大小”属性栏中直接输入8即可。

（3）答：单击“婚否”字段行标签，再单击“设计”选项卡“工具”中的“插入行”按钮，在“出生日期”字段后面插入一个空行，在空行中输入新加入的字段“身份证号”相关信息即可。

（4）答：可通过将“性别”字段修改为“计算”数据类型来达到题目要求。

具体方法是：先将“性别”字段删除，再在原位置插入一个空行，将该空行中的字段名称仍定义为“性别”，数据类型改为“计算”型，此时会弹出一个名为“表达式生成器”的对话框，在该对话框的“表达式”输入栏中输入如下表达式：

```
IIf(Mid([身份证号],17,1)In("0","2","4","6","8"),"女","男")
```

即可。另外，还需注意将“计算”类型字段“性别”“常规”字段属性中的“结果类型”设置为“文本”型。

2. 参考答案

（1）答：可以采用对“身份证号”字段设置“输入掩码”属性来实现题目要求，具体方法是：在表的设计视图下，单击选定“身份证号”字段，再单击字段属性窗格“常规”选项中的“输入掩码”栏右边的“输入掩码向导”按钮，打开输入掩码向导对话框，在其中选择“身份证号”项，按向导操作即可。

（2）答：在表的设计视图下，单击选择“性别”字段，在字段属性窗格“常规”选

项“有效性规则”栏中输入表达式：“男” Or “女”；在“有效性文本”中输入：输入错误，请重新输入。

(3) 答：可采用如下步骤实现题目要求。

①在“专业”字段后添加一个名为“专业最低分数”的新字段，数据类型为“计算”型，计算表达式为：IIf（[专业] ="七年制医疗"，600，IIf（[专业] ="五年制医疗"，550，520））。

②单击“设计”选项卡“显示/隐藏”组中的“属性表”按钮，打开“属性表”窗格。

③在“属性表”窗格的“有效性规则”栏中输入限制表达式：

[入学分数] > =[专业最低分数]

④在“属性表”窗格的“有效性文本”栏中输入出错提示信息：

入学分数未达到本专业最低要求,请重新输入!

⑤保存数据表。

(4) 答：可采用如下步骤实现题目要求。

①单击“设计”选项卡“显示/隐藏”组中的“属性表”按钮，打开“属性表”窗格；

②在“属性表”窗格的“有效性规则”栏中输入限制表达式：

Mid([学号],3,2) = Mid([身份证号],9,2)

③在“属性表”窗格的“有效性文本”栏中输入出错提示信息：

学号输入错误,请重新输入!

④保存数据表。

第 3 章

一、选择题

1	D	2	B	3	B	4	A	5	C
6	A	7	B	8	D	9	D	10	A
11	C	12	B	13	C	14	D	15	A

二、填空题

1. Execl、Access、文本文件（1、2、3 题的答案不唯一，参考简答题第 1 题，答出 3 个即可）
2. Execl、Access、文本文件、ODBC 数据库
3. Execl、文本文件、PDF
4. 带分隔符、固定宽度
5. 制表符、分号、逗号
6. 外部数据
7. *. xlsx、 *. xls
8. 第一行
9. 通过创建链接表来链接到数据源

10. 删除、Delete

三、简答题

1. 答：Access 2010 可以导入的数据有：Excel、Access、ODBC 数据库、文本文件、XML 文件、HTML 文档、dBASE 文件等；Access 2010 可以导出的数据有：Excel、Access、ODBC 数据库、文本文件、XML 文件、PDF 或 XPS、HTML 文档、dBASE 文件等；

2. 答：外部数据导入是将外部数据存储在 Access 中，链接只是在 Access 里存储了目标文件地址；导入是将源数据复制到了目标对象，导入后的数据与源数据没有任何关系；链接只是建立了引用关系，没有复制源数据，链接后的数据会随着源数据的变化而变化。

第 4 章

一、选择题

1	D	2	D	3	B	4	A	5	C
6	A	7	C	8	B	9	C	10	D
11	A	12	A	13	D	14	D	15	C
16	B	17	A	18	D	19	B	20	A
21	C	22	B	23	B	24	D	25	B
26	D	27	B	28	D	29	A	30	D

二、填空题

1. 删除、更新、追加、生成表查询
2. like" ＊满意＊"
3. UNION
4. 设计视图、SQL 视图、数据表视图
5. 数据查询、数据操纵、数据定义、数据控制
6. 张大山
7. 内层查询可独立运行，不受外层查询限制
8. 更新
9. 生成器
10. 根据答题时的实际星期填写
11. INSERT INTO doctor（DID，姓名，性别，职称，出生日期）VALUES（"20141212"，"马大糊"，"男"，"二流教授"，#2014/12/12#)
12. Update doctor SET 职称 ="一流教授" where 姓名 ="马大糊"；

三、简答题

1. 答：

SELECT 学号，姓名，腰围，性别

FROM（SELECT 学号，性别，姓名，腰围 from TJ inner join XSQK on TJ. SID = XSQK. 学号）as A

WHERE 腰围 > （SELECT AVG（腰围）from（select 学号，性别，姓名，腰围 from TJ inner join XSQK on TJ. SID = XSQK. 学号）as B where A. 性别 = B. 性别）

2. 答：

SELECT　M. 学号，M. 姓名，N. 肝脏，N. 体重
FROM XSQK as M inner join
(SELECT SID，体重，肝脏
FROM TJ A
WHERE 体重 IN（SELECT MIN（体重）FROM TJ B WHERE A. 肝脏 = B. 肝脏)）as N on M. 学号 = N. SID

3. 答：

SELECT XSQK. 姓名，XSQK. 学号，次数
FROM
(SELECT 学号，count（ * ）as 次数
FROM（SELECTXSQK. 学号，XSQK. 姓名，TJ. 鼻甲
FROMXSQK，TJ
WHEREXSQK. 学号 = TJ. SID and TJ. 鼻甲 like'* 鼻炎 *')
GROUP by 学号 having count（ * ） > =2）as a，XSQK
WHERE a. 学号 = XSQK. 学号

第 5 章

一、选择题

1	B	2	B	3	B	4	C	5	A
6	A	7	C	8	C	9	B	10	A
11	B	12	A	13	C	14	A	15	D
16	D	17	D	18	B	19	B	20	C
21	A	22	A	23	C	24	B	25	B
26	D	27	B	28	C	29	C	30	A
31	C	32	C	33	D	34	A	35	C
36	B	37	D	38	A	39	C	40	C
41	D	42	B	43	B	44	C	45	D

二、填空题

1. 窗体页眉、页面页眉、主体、页面页脚、窗体页脚

2. 纵栏式窗体、表格式窗体、数据表窗体、主/子窗体、图表窗体、数据透视表窗体、数据透视图窗体、分割窗体

3. 格式、数据、事件、其他、全部

4. 一个组框、一组复选框、切换按钮、选项按钮

5. 主窗体、子窗体

6. 节

7. 自动创建窗体

8. 编辑、显示、

9. 输入数据

10. 纵栏式、数据表、表格式

三、简答题

1. 答：窗体可以完成的主要功能如下。

（1）显示编辑数据。

（2）控制应用程序的流程。

（3）显示信息。

（4）打印数据。

2. 答：窗体主要由窗体页眉、页面页眉、主体、页面页脚、窗体页脚五节组成。窗体页眉显示在窗体视图中顶部或打印页的开头。页面页眉显示在窗体中每页的顶部。窗体主体用于显示窗体的主要部分。页面页脚用于在窗体中每页的底部显示汇总、日期或页码等。窗体页脚显示在窗体视图中的底部和打印页的尾部。

3. 答：创建窗体的方法主要有直接创建窗体、利用“窗体向导”创建窗体、利用“设计视图”创建窗体、利用“其他窗体”创建窗体、创建主/子窗体。

第 6 章

一、选择题

1	D	2	D	3	D	4	B	5	A
6	B	7	D	8	C	9	B	10	B
11	A	12	A	13	C	14	A	15	C
16	B	17	D	18	D	19	C	20	B
21	B	22	D	23	B	24	C	25	C
26	A	27	B	28	D	29	C	30	A
31	B	32	B	33	D	34	A	35	D
36	A	37	D	38	D	39	D	40	A

二、填空题

1. 显示

2. 节

3. 组页眉、组页脚

4. 添加现有字段

5. 文本框

6. 打印预览视图

7. 主报表
8. 相同
9. 页面页眉、报表页脚
10. 按某个字段值将记录排序
11. 按某个字段值进行归类，将字段值相同的记录分在一组之中
12. 分组、排序和汇总
13. 表达式生成器
14. 显示报表的标题、图形或说明性文字
15. 页面设置中列数的设置

三、简答题

1. 答：报表有4种视图，分别为报表视图、打印预览视图、布局视图、设计视图，分别用于帮助用户对报表进行浏览、打印设置、布局浏览、结构创建和修改。

2. 答：可以通过使用“创建”选项卡“报表”组中的“报表”“报表设计”“空报表”“报表向导”及“标签”创建简单报表、报表设计、空报表、标签报表等。此外，用户还可以创建多列报表、子报表、图像报表、弹出式报表。

3. 答：在“报表布局工具”选项卡组的“设计”选项卡“分组和汇总”组中，单击“分组和排序”，在工作界面中下部将显示“分组、排序和汇总”窗格，利用该窗格可实现分组、排序和汇总操作。更为简单的排序、分组和汇总操作还可通过在布局视图中右击字段，在弹出的快捷菜单中选择所需的操作来完成。

4. 答：在 Access 2010 中，利用控件中的图表控件，可以为表或查询结果建立可视化的图形报表。

第 7 章

一、选择题

1	A	2	D	3	D	4	A	5	A
6	A	7	D	8	A	9	B	10	D
11	C	12	D	13	D	14	C	15	C
16	C	17	B	18	B	19	D	20	D
21	B	22	C	23	B	24	A	25	A

二、填空题

1. 宏或宏组
2. AutoExec
3. If 条件宏
4. 单步跟踪执行
5. RunMacro
6. 宏操作

7. 宏设计视图
8. 从上到下
9. 表
10. 逻辑表达式

三、简答题

1. 答：宏是在Access中除了表、查询、窗体、报表等对象之外的又一个重要的数据库操作对象。宏是一个或多个宏操作命令的集合。用户可以通过创建宏、编辑宏、执行宏或调用宏来完成数据库系统中较为复杂的功能，使数据库系统成为一个完整的可以统一调度的系统，从而方便用户使用。

2. 答：基本宏是一系列宏操作的集合，其中每个操作能够完成一个指定的动作。宏组是将多个基本宏保存在宏组中，使用时可以分别调用，便于数据库中宏对象的管理。宏组中宏的调用格式：宏组名+“.”+宏名。

3. 答：数据宏包括“插入后”“更新后”“删除后”“删除前”“更改前”“已命名的宏”6种。所有这6种数据宏可以分为两类：一类是由表事件触发的数据宏，称为“事件驱动的数据宏”，每当在表中添加、更新或删除数据时，都会发生表事件。事件驱动的数据宏允许在插入、更新或删除表事件之后，或发生删除或更改表事件之前运行。“插入后”“更新后”“删除后”“删除前”“更改前”都属于表事件触发的数据宏。另一类数据宏是“已命名的宏”。“已命名的宏”是一种独立的数据宏，它与特定表有关，但不与特定的事件相关，可以用标准宏调用已命名的数据宏。数据宏的创建方式为：在设计视图中打开表。在“表格工具”下的“设计”选项卡的“字段、记录和表格事件”组里，单击“创建数据宏”选项，打开“创建数据宏”下拉列表，在列表中选择需要创建的数据宏。

4. 答：

（1）直接运行宏或宏组。

（2）通过定义窗体、报表控件的事件属性，触发控件事件运行宏或宏组。

（3）通过宏命令间接运行宏或宏组。

第 8 章

一、选择题

1	A	2	B	3	A	4	C	5	B
6	C	7	A	8	C	9	B	10	A
11	A	12	B	13	B	14	C	15	C
16	A	17	A	18	D	19	B	20	D
21	D	22	D	23	C	24	B	25	D
26	C	27	A	28	A	29	C	30	A
31	A	32	A	33	B	34	B	35	B
36	C	37	D	38	D	39	A	40	A

二、填空题

1. 变量的声明、过程
2. 类模块、标准模块
3. 变量名、数据类型
4. Connection 连接对象、Command 命令对象、RecordSet 记录集对象
5. RecordSet 表示数据操作返回的记录集

三、简答题

1. 答：VBA 和 VB 之间是紧密相关的，VBA 是基于 Visual Basic 发展而来的，与 VB 具有相似的语言结构。两者的开发环境也几乎相同。可以理解 VBA 为“寄生在 Office 产品中的 Visual Basic”。但是它们设计目的不一样，VB 用于设计创建标准的应用程序，有自己的开发环境，自带编译器，可制作可执行文件，而 VBA 则是使已有的应用程序自动化，不提供编译器，只能依附于各软件而执行，无法制作可执行文件。

2. 答：“/” 用来进行两个数的除法运算，并返回一个浮点数。“\ ” 用于对两个操作数作除法并返回一个整数。Mod 用于对两个操作数作除法返回余数。“^” 用来求一个数字的某次方。优先级：^>/>\ >Mod。

3. 答：局部变量是在模块的某个过程内声明的变量，其他过程不能调用该变量。全局范围（Public）定义在模块的所有过程外部的起始位置，运行时在所有类模块和标准模块所包含的所有过程中可用。

4. 答：

```
Sub getGrade1(    )
    Dim grade as Integer
    If grade >=90And grade <=100 Then
        Msg Box"优"
    ElseIf grade >=70And grade <90 Then
        Msg Box"良"
    ElseIf grade >=60And grade <70 Then
        Msg Box"及格"
    Else
        Msg Box"不及格"
    End If
End Sub
```

5. 答：

```
Sub getGrade2(    )
    Dim grade as Integer
    Select case grade
    Case Is >=90
        Msg Box"优"
    Case Is >=70
```

```
        Msg Box"良"
    Case Is >=60
        Msg Box"及格"
    Else
        Msg Box"不及格"
    End Select
End Sub
```

6. 答：

（1）定义和创建 ADO 对象实例变量。

（2）设置数据库连接参数并打开连接。

（3）设置查询参数并打开记录集。

（4）对记录集进行操作（检索、追加、更新、删除）。

（5）关闭所有对象，回收内存空间。